黑龙江省精品图书出版工程
材料研究与应用著作

U0184685

吸波材料原理与设计

Principles and Design of Microwave Absorbing Materials

主　编　夏　龙　钟　博

副主编　闫　旭　刘冬冬

哈尔滨工业大学出版社
HARBIN INSTITUTE OF TECHNOLOGY PRESS

内 容 简 介

碳材料、碳化物和铁氧体等在电磁波吸收方面体现出一系列优异性能,被广泛应用于吸波领域。本书是作者在多年从事吸波材料教学和科学研究工作的基础上编写的,力求全面而系统地阐述吸波材料的基本理论、工艺原理和国内外研究进展。本书的主要内容包括四个部分:材料的电磁性质;微波传输和材料电磁特性测试方法;吸波材料的介电损耗机制;吸波材料与吸波体的结构设计。

本书适合作为高等学校、科研院所的材料专业及相关专业的教材,也可供相关专业的科技人员参考。

图书在版编目(CIP)数据

吸波材料原理与设计/夏龙,钟博主编. —哈尔滨:哈尔滨工业大学出版社,2023.9
ISBN 978－7－5603－9320－9

Ⅰ.①吸⋯ Ⅱ.①夏⋯ ②钟⋯ Ⅲ.①吸波材料－研究
Ⅳ.①TB304

中国版本图书馆 CIP 数据核字(2021)第 016868 号

策划编辑　许雅莹
责任编辑　张　颖
封面设计　刘长友
出版发行　哈尔滨工业大学出版社
社　　址　哈尔滨市南岗区复华四道街 10 号　邮编 150006
传　　真　0451－86414749
网　　址　http://hitpress.hit.edu.cn
印　　刷　哈尔滨市工大节能印刷厂
开　　本　787mm×1092mm　1/16　印张 13.5　字数 317 千字
版　　次　2023 年 9 月第 1 版　2023 年 9 月第 1 次印刷
书　　号　ISBN 978－7－5603－9320－9
定　　价　44.00 元

前　言

　　随着科学技术的发展,电磁波辐射对环境的影响日益增大。如在机场,航班因电磁波干扰无法起飞;在医院,电子诊疗仪器因移动电话干扰无法正常工作。因此,治理电磁污染,寻找一种能抵挡并削弱电磁波辐射的材料——吸波材料,已成为材料科学领域的重要课题。在通信行业和军事工业的创新驱动背景下,近年来以石墨烯、三元层状陶瓷、碳化物和超材料等为代表的新型介电材料逐渐在航空航天、能源环境中发挥关键作用。为了使教学内容能够与科技发展同进步,培养高质量的创新型人才,编写一本能够反映吸波材料原理与工艺的教材非常必要,旨在使学生对吸波材料原理与吸波材料设计有更加深入的了解,为未来从事吸波材料开发和研究打下坚实的理论基础。

　　本书结合了作者在材料科学专业的教学实践,以吸波机制和吸波材料的设计方法为主线,吸收了国内现有教材、有关书籍的有益内容,综合了国内外吸波材料的新技术和科研成果。本书编写重点主要分为两个方面,一是注重吸波的基本理论,在完整地介绍材料吸波机理的基础上,给出相关材料电磁性质的测试方法和设计方法;二是系统和完整地阐述吸波材料的物理本质,包括微观机制和宏观机制。

　　本书共5章,主要介绍吸波材料的分类、设计及相关理论。第1章介绍吸波材料基本概念和基本特性,第2章主要论述电磁波传输和材料电磁特性的主要测试方法,第3章介绍常用吸波材料的物理特性和介电损耗机制,第4章主要论述吸波剂的混合机理与关键工艺参数,第5章介绍吸波涂层的设计原理与工艺。

　　在本书编写过程中,学生李天天、杜承真、王元帅、陈传亮、王敬宇、姜炎君、何云飞、吴寅宝、王敬宇、但纲纲提供了协助,使本书的文献查找、图片整理和文字输入工作顺利进行。另外,在本书的构思和具体写作过程中得到了哈尔滨工业大学张晓东副教授、张涛教授的支持和协助,在此对他们表示衷心的感谢。

　　吸波材料内容范围较广泛,理论和应用背景较强,由于编者学识水平有限,书中难免存在不足之处,希望读者给予指正。

编　者

2023 年 4 月

目　　录

第 1 章　材料电磁特性

本章首先介绍微波频率下的材料研究,重点介绍材料电磁特性的研究意义和应用,在微观和宏观尺度上讨论材料与电磁场之间的相互作用机理;分析典型的电磁材料,包括介电材料、半导体、导体、磁性和人造材料,并讨论电磁材料固有的性质和外在性能。

1.1　微波频率下的材料研究

尽管技术水平决定了电磁材料的利用方式,但科学解释了为何材料会有如此表现。电磁材料对电磁场的响应取决于电场对自由电子和限制电子的位移以及磁场对原子矩的定向影响。使用理论和实验方法可揭示材料与电磁场之间的相互作用,更深刻地理解和充分利用电磁材料。

本书主要介绍了电磁材料的表征方法和材料属性在科学与工程学的应用,材料电磁特性的重要性主要体现在以下几个方面。

(1)尽管电磁特性是物理学的一个领域,但是研究微波频率下材料的电磁特性具有重要的电磁学意义,特别是对于磁性材料、超导体和铁电体。从微波测量中得到的信息有助于人们获得材料的宏观和微观特性,因此,微波技术对于材料特性研究非常重要。迄今为止,对微波频率下电磁特性的研究成为阻碍微波磁电发展的因素之一。如超导体是最有前途的微波电子材料,在研究超导体的微波特性方面虽然已经付出很多努力,但还有许多领域尚待探索。

(2)微波通信在军事、工业和人们生活中起着越来越重要的作用,而微波工程要求对微波频率下材料的电磁特性有精确了解。自第二次世界大战以来,在电磁控制方面已投入了大量资源,微波吸收器已广泛用于减小雷达横截面(RCS)。材料电磁性能的研究和调控对于雷达吸收材料和其他功能性电磁材料的设计和开发非常重要。

(3)随着电子设备的使用频段接近微波频率,研究用于电子元件、电路和包装材料的微波电子特性变得必不可少。在微波频率下工作的电子元件需要具有电磁传输特性,例如霍尔迁移率和载流子密度,并且需要材料的基本结构特性,例如介电常数和磁导率。同时,在电路和封装的设计中应考虑电磁干扰(EMI),必要时需要材料的复合来确保电磁兼容性(EMC)。

(4)材料电磁性能的研究对于科学和技术领域具有重要意义。微波遥感的原理是基于不同物体对微波信号的反射和散射,而物体的反射和散射特性主要取决于电磁特性。此外,电磁性能的研究对农业、食品工程、医学治疗和生物工程学也有帮助。

(5)由于材料的电磁特性与其他宏观或微观特性有关,因此可以从材料的电磁特性中获得人们感兴趣的信息。在材料研究和工程应用中,表征材料特性的微波技术被广泛用于产品在制造过程中的无损检测。

本章旨在提供电磁方面的基本知识,以了解微波测量结果。在微观和宏观尺度上对电磁材料进行介绍,并讨论描述材料电磁特性的参数、电磁材料分类以及典型电磁材料的特性。在后面的章节或引用的参考文献中可找到相关内容的进一步讨论。

1.2　电磁材料物理学

电磁材料涉及物理学与材料科学等多种领域,通常在微观及宏观尺度上对材料展开研究,如在微观层面上,分析原子、分子中电子的磁矩能带;在宏观层面上,研究材料整体对外部电磁场的响应等。

1.2.1　微观尺度

在微观尺度上,材料的电性能主要由能带决定。根据价带和导带之间的能隙,将材料分为绝缘体、半导体和导体。由于电子自旋和围绕原子核的电子轨道运动,所以原子具有磁矩。根据磁矩对磁场的响应,通常可以将材料分为抗磁性材料、顺磁性材料和有序磁性材料。

1. 电子能带

根据玻尔模型,原子的特征在于其离散的能级。当原子聚集在一起构成固体时,离散能级结合形成能带,并且能带中电子的占有率由费米 — 狄拉克(Fermi — Dirac)统计决定。当原子靠近时,能带变宽,而且通常外能带比内能带更宽。对于某些元素(例如锂),当原子间距减小时,能带可能会拓宽到足以合并相邻能带,从而形成更宽的带。然而对于某些元素(例如碳),合并的宽带可能会在更近的原子间距内进一步分成单独的频段。

固体中的电子在 0 K 时所占据的最高能带称为价带,价带可以被电子完全填充或仅被电子部分填充。价带中的电子与原子核结合。导带是价带之上的能带,包含 0 K 处的空位能级。导带中的电子称为自由电子,它们能够自由移动。通常,价带和导带之间存在禁带,导带中自由电子的可用性主要取决于禁带能量。如果禁带间隙大,则可能没有自由电子可用,这种材料称为绝缘体。对于禁带间隙小的材料,导带中自由电子的可用性使一些电子导电,这种材料称为半导体。在导体中,导带和价带可能重叠,这就导致在任何环境温度下都有大量自由电子可用,从而提供高电导率。

对于大多数绝缘体,其价带和导带之间的禁带间隙大于 5 eV。假设绝缘体是非磁性的,在这种情况下,绝缘体称为电介质。金刚石是碳的一种形式,是电介质的典型示例。碳在1s、2s 和2p轨道分别各有两个电子,在金钢石中,碳原子之间通过共享电子的共价键连接,每个原子在 2p 电子中都有一个份额。因此,所有电子都通过这种共价键紧密地固定在原子之间。金刚石结构的键合方式具有一个完整的价带,并在价带和导带之间有相当大的禁带间隙。而石墨是另一种碳形式,不是电介质,而是导体。这是因为石墨结构中所有电子都没有被共价键锁定,其中一些自由电子可用于传导。因此,能带不仅与原子结构有关,而且与原子的结合方式有关。

半导体价带和导带之间的间隙约为 1 eV。锗和硅是典型的半导体。每个锗或硅原子都有四个价电子,可与四个相邻原子共享电子,通过共价键结合在一起,因此所有电子都被束缚在键中。虽然在价带和导带之间存在间隙,但是,间隙相对绝缘体较小。在室温下,一些价电子可以脱离键,并具有足够的能量跨过禁带,到达导带。对于大多数半导体,自由电子的密度为 $10^{16} \sim 10^{19}$ m^{-3}。

对于导体,在价带和导带之间没有间隙。自由电子的密度约为 10^{28} m^{-3}。锂是典型的导体。它在1s轨道中有两个电子,在2s轨道中仅有一个电子。2s和2p谱带合并,形成一个仅被部分占据的大谱带,在电场作用下,电子可以轻松移动到空能级。

在导体类别中,超导体受到广泛关注。这是因为在导体中,单个电子会被杂质和声子散射,但是,对于超导体,电子与自旋相反和波矢量相反的电子配对,形成库珀对,通过交换声子将它们结合在一起。在巴丁·库珀·史瑞佛(Bardeen－Cooper－Schrieffer,BCS)理论中,这些库珀对不会被正常机制分散。在超导体中发现了一个超导间隙,间隙的大小在微波频率范围内,因此研究微波频率下的超导体对于了解导电性至关重要。

2. 磁矩

材料中的磁效应有时很强,不可忽略。在微波工程应用中,常利用材料中的磁极化来设计器件。材料中的磁极化是由磁矩集中造成的。物质是由原子组成的,而原子由电子、质子和中子组成。绕原子核运行的电子等效于单匝线圈中的电流,因此原子具有磁偶极矩。同时,电子也旋转,如果将电子视为一个小的带电球体,球体表面上的电荷旋转也像单匝电流环路一样,并且还会产生磁矩。在磁化过程中,材料的磁性能主要由电子轨道和旋转产生的磁矩决定。根据材料中原子的磁矩对外部磁场的响应,通常可以将材料分为抗磁性、顺磁性和有序磁性。

抗磁性是由于轨道上的电子磁极化造成的,根据电动力学中的楞次定律,感应磁化与磁场的响应方向相反,因此,抗磁材料的磁化率为负值。典型的有铜、银和水,它们的磁化率 $\chi_m \approx -1 \times 10^{-6}$,非均质材料中的宏观导电回路也有类似的效果。反磁性材料中的电子与反平行的电子自旋配对,因此不出现净磁性。当施加外部磁场时,电子轨道发生变化,从而在与施加磁场相反的方向上产生净磁矩。由于所有材料都具有绕行电子,因此材料都具有反磁性。然而,对于抗磁性材料,电子自旋对磁性没有贡献;而对于顺磁性和铁磁性材料,由电子旋转引起的磁偶极矩的影响比抗磁作用大得多。

由于原子中不成对的电子旋转,顺磁性材料中的原子具有净磁矩。对于顺磁性材料,感生磁偶极矩的平均取向与入射磁场方向相同。然而,由于热运动使偶极取向随机化,所产生的磁化强度非常小。只有在低温下,如液氢环境下,才能观察到 10^{-3} 数量级的顺磁磁化率。当没有外部磁场时,这些单独的力矩将随机排列,材料不会显示宏观磁性。当施加外部磁场时,磁矩沿外部磁场的方向对齐。如果去除施加的磁场,则对齐立即消失。因此,顺磁性材料仅在存在外部磁场时才具有弱磁性。顺磁性材料中磁矩的排列如图1.1(a)所示。铝和铂是典型的顺磁性材料,镁的磁化率很小但是正数,也属于顺磁性材料。

在有序磁性材料中,磁矩按某些顺序排列。根据磁矩的布置方式,有序磁性材料分为几个子类别,主要包括铁磁、反铁磁和亚铁磁三类。图1.1分别显示了顺磁性、铁磁性、反铁磁性和亚铁磁性材料中磁矩的排列。

如图1.1(b)所示,铁磁材料中的原子与相邻偶极子在相同方向上结合,铁磁材料原子之间的耦合导致图 1.1(b) 所示的磁偶极有序排列,这与顺磁性材料原子之间的耦合有很大不同,即图 1.1(a) 所示的磁偶极无规则排列。铁、钴和镍是典型的铁磁材料。

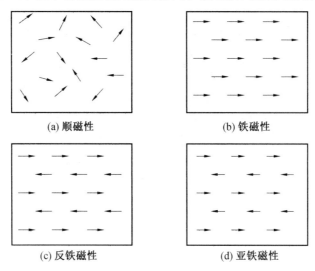

(a) 顺磁性　　　　　　　　　　　(b) 铁磁性

(c) 反铁磁性　　　　　　　　　　(d) 亚铁磁性

图 1.1　　小区域内原子磁矩自发排列形式

在反铁磁性材料中,如锰、氧化锰和铬,如果偶极大小相同,则一半的磁偶极会在一个方向上对齐,而另一半的磁矩会在相反的方向上对齐,互相抵消,如图 1.1(c) 所示。然而,对于亚铁磁性材料(也称为铁氧体),磁偶极子的大小不同,不会互相抵消,如图 1.1(d) 所示。磁铁矿(Fe_3O_4)、镍铁氧体($NiFe_2O_4$)和钡铁氧体($BaFe_{12}O_{19}$)是典型的铁氧体。

一般而言,铁磁性或亚铁磁性材料中的偶极子可能不会全部沿相同方向排布。在一个磁畴内,所有偶极子都沿其易磁化方向排列,但是不同的磁畴可能具有不同的排列方向。由于畴的随机取向,该材料在没有外部磁场的情况下不具有宏观磁性。

磁性材料中的晶体缺陷对材料的磁化有重要影响。对于理想的磁性材料,例如没有任何缺陷的单晶铁,当施加磁场 H 时,由于最小能量规则,沿 H 方向的畴尺寸增大,而其他畴的尺寸减小。随着磁场的增加,畴的结构连续变化,最终得到 H 方向的单个畴。在这种理想情况下,畴壁的位移是自由的。当去除磁场 H 时,材料返回其初始状态,因此磁化过程是可逆的。铁磁材料中的畴如图 1.2 所示。

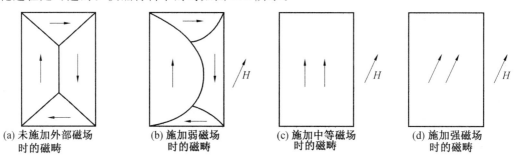

(a) 未施加外部磁场　(b) 施加弱磁场　(c) 施加中等磁场　(d) 施加强磁场
　　时的磁畴　　　　　时的磁畴　　　　时的磁畴　　　　时的磁畴

图 1.2　　铁磁材料中的畴

由于不可避免的晶体缺陷,磁化过程变得复杂。如图 1.2(a) 所示,未施加外部磁场时,铁磁材料中的磁畴被晶体缺陷所固定。如图 1.2(b) 所示,在施加外部磁场时,其方向接近外部磁场方向的畴的尺寸会增大,而相反方向的畴的尺寸则会减小。当磁场非常弱时,畴壁的行为就像弹性膜,变化是可逆的。当磁场增加时,畴壁上的压力会导致钉扎点让位,畴壁会发生一系列跳跃。一旦畴壁发生跳跃,磁化过程将变得不可逆。如图1.2(c) 所示,当磁场 H 达到一定水平时,所有磁矩都平行于最接近外部磁场 H 方向排列。如果外部磁场 H 进一步增加,则磁矩沿 H 方向排列,从而偏离易磁化方向,如图 1.2(d) 所示。在这种状态下,材料表现出最大的磁化作用,材料磁饱和。在多晶磁性材料中,每个晶粒中的磁化过程类似于如上所述的单晶材料中的磁化过程。然而,相邻晶粒间的静磁和磁致伸缩,导致材料的整体磁化变得相当复杂。晶粒结构对于多晶磁性材料的整体磁化强度很重要。磁性材料的磁化过程在第 1.3.4 节详细介绍。

需要指出的是,对于铁磁性材料,存在一个特殊的温度,称为居里温度(T_c)。如果温度低于居里温度,则材料处于磁有序相;如果温度高于居里温度,则材料处于顺磁相。铁的居里温度为 770 ℃,镍的居里温度为 358 ℃,钴的居里温度为 1 115 ℃。

1.2.2 宏观尺度

宏观材料和电磁场之间的相互作用通常可以用麦克斯韦(Maxwell) 方程描述:

$$\nabla \cdot \boldsymbol{D} = \rho \tag{1.1}$$

$$\nabla \cdot \boldsymbol{B} = 0 \tag{1.2}$$

$$\nabla \times \boldsymbol{H} = \partial \boldsymbol{D}/\partial t + \boldsymbol{J} \tag{1.3}$$

$$\nabla \times \boldsymbol{E} = -\partial \boldsymbol{B}/\partial t + \boldsymbol{J} \tag{1.4}$$

并且具有以下本构关系:

$$\boldsymbol{D} = \varepsilon \boldsymbol{E} = (\varepsilon' - j\varepsilon'') \boldsymbol{E} \tag{1.5}$$

$$\boldsymbol{B} = \mu \boldsymbol{H} = (\mu' - j\mu'') \boldsymbol{H} \tag{1.6}$$

$$\boldsymbol{J} = \sigma \boldsymbol{E} \tag{1.7}$$

式中,$\boldsymbol{H}$ 为磁场强度矢量;$\boldsymbol{E}$ 为电场强度矢量;$\boldsymbol{B}$ 为磁通密度矢量;$\boldsymbol{D}$ 为电位移矢量;$\boldsymbol{J}$ 为电流密度矢量;ρ 为电荷密度;ε 为材料的复介电常数,$\varepsilon = \varepsilon' - j\varepsilon''$;$\mu$ 为材料的复磁导率,$\mu = \mu' - j\mu''$;σ 为电导率。

式(1.1) ~ (1.7) 表明,电磁材料对电磁场的响应主要由三个参数确定,即介电常数 ε、磁导率 μ 和电导率 σ。这些参数还确定了电磁场在给定频率下可以穿透到材料中的空间范围。

Maxwell 方程组必须补充本构关系,可以将通量密度与场联系起来,即

$$\boldsymbol{D} = \boldsymbol{D}(\boldsymbol{E}, \boldsymbol{H}) \tag{1.8}$$

$$\boldsymbol{B} = \boldsymbol{B}(\boldsymbol{E}, \boldsymbol{H}) \tag{1.9}$$

这里,函数依赖性由场中的材料性质决定。在真空中,这种关系可以忽略,即

$$\boldsymbol{D} = \varepsilon_0 \boldsymbol{E} \tag{1.10}$$

$$\boldsymbol{B} = \mu_0 \boldsymbol{H} \tag{1.11}$$

自由空间介电常数 ε_0 和磁导率 μ_0 的值为

$$\varepsilon_0 = \frac{1}{c^2 \mu_0} \approx 8.854 \times 10^{-12} \frac{A_s}{V_m} \tag{1.12}$$

$$\mu_0 = 4\pi \times 10^{-7} \frac{V_s}{A_m} \tag{1.13}$$

式中,c 为真空中的光速,$c = 299\ 792\ 458\ \text{m/s}$。

材料的本构关系不像真空中那么简单,当电位移较大时,公式为

$$\boldsymbol{D} = \varepsilon_0 \boldsymbol{E} + \boldsymbol{P} \tag{1.14}$$

式中,P 为平均极化电偶极矩密度。

对于线性各向同性的介质材料,在其简单形式中,每个点的极化与电场强度成正比,即

$$\boldsymbol{P} = \chi_e \varepsilon_0 \boldsymbol{E} \tag{1.15}$$

式中,χ_e 为电极化率;ε 为电容率或介电常数。

电位移和电场之间的关系如下式所示

$$\boldsymbol{D} = \varepsilon \boldsymbol{E} \tag{1.16}$$

这里的关系是标量的相乘,但在更复杂的材料中,这种响应不容易写出来,其中一些复杂材料的本构关系将在本书的后面部分讨论。

式中通常使用的是相对真空介电常数 ε_τ,它是无量纲,$\varepsilon_\tau = 1 + \chi_e$,则

$$\varepsilon = \varepsilon_\tau \varepsilon_0 \tag{1.17}$$

接下来介绍两种材料类别的参数:低电导率材料和高电导率材料。

1. 低电导率材料的参数

电磁波可以在低电导率的材料中传播,因此材料的表面和内部均会响应电磁波。描述低电导率材料电磁特性的参数有两种:本构参数和传播参数,这里主要介绍本构参数。

式(1.5)～(1.7)中定义的本构参数通常用于描述低导电材料的性能。由于电导率 σ 的值较小,因此将重点放在介电常数和磁导率上。通常,介电常数和磁导率都是复数,介电常数的虚部与材料的电导率有关。在下面的讨论中,将微波信号模拟为交流信号,并将分布式电容器和电感器模拟为集总电容器和电感器。

如图 1.3(a) 所示,电容为 C_0 的真空电容器连接到交流电压源 $U = U_0 \mathrm{e}^{\mathrm{j}\omega t}$。电容器中的电荷存储为 $Q = C_0 U$,电路中流动的电流 I 为

$$I = \frac{\mathrm{d}Q}{\mathrm{d}t} = \frac{\mathrm{d}}{\mathrm{d}t}(C_0 U_0 \mathrm{e}^{\mathrm{j}\omega t}) = \mathrm{j}C_0 \omega U \tag{1.18}$$

因此,在图 1.3(b) 所示的复平面中,电流 I 比电压 U 的相角领先 $90°$。将介电材料插入电容器和等效电路如图 1.4(a) 所示。总电流由两部分组成,充电电流(I_c)和损耗电流(I_l),即

$$I = I_c + I_l = \mathrm{j}C\omega U + GU = (\mathrm{j}C\omega + G)U \tag{1.19}$$

式中,C 为装有电介质材料的电容;G 为电介质材料的电导。

损耗电流与电源电压 U 同相。在图 1.4(b) 所示的复平面中,充电电流 I_c 领先损耗电流 I_l 相角为 $90°$,总电流为 I,电压 U 的角度 θ 小于 $90°$。I_c 与 I 之间的相位角通常称为损耗角 δ。

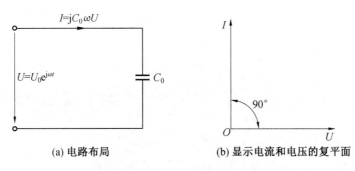

(a) 电路布局   (b) 显示电流和电压的复平面

图 1.3   带有电容器的电路中的电流

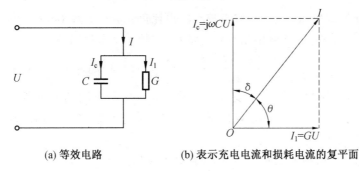

(a) 等效电路   (b) 表示充电电流和损耗电流的复平面

图 1.4   充电电流和损耗电流之间的关系

可以选择使用复介电常数 $\varepsilon = \varepsilon' - j\varepsilon''$ 来描述介电材料的作用。将介电材料插入电容器后，电容器的电容 C 变为

$$C = \frac{\varepsilon C_0}{\varepsilon' - j\varepsilon'' \varepsilon_0} = (\varepsilon' - j\varepsilon'') \frac{C_0}{\varepsilon_0} \tag{1.20}$$

充电电流为

$$I = j\omega(\varepsilon' - j\varepsilon'') \frac{C_0}{\varepsilon_0} U = (j\omega\varepsilon' + \omega\varepsilon'') \frac{C_0}{\varepsilon_0} U \tag{1.21}$$

如图 1.5 所示，垂直于电容器的密度 J 施加的场强 E 变为

$$J = (j\omega\varepsilon' + \omega\varepsilon'')E = \varepsilon \frac{\mathrm{d}E}{\mathrm{d}t} \tag{1.22}$$

角频率与损耗因子的乘积等于介电常数，即 $\sigma = \omega\varepsilon''$。该介电常数是材料所有耗散效应的总和，它说明实际的电导率是由迁移的电荷载流子引起的，也是与 ε'' 的色散相关的能量损失，如伴随偶极子定向的摩擦。介电常数的后半部分将在第 1.3.1 节中详细讨论。

根据图 1.5，定义两个参数描述介电材料的能量耗散。

介电损耗正切为

$$\tan \delta_e = \frac{\varepsilon''}{\varepsilon'} \tag{1.23}$$

介电功率因数为

$$\cos \theta_e = \frac{\varepsilon''}{\sqrt{\varepsilon'^2 + \varepsilon''^2}} \tag{1.24}$$

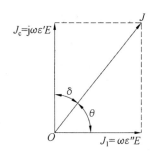

图 1.5　描述充电电流密度和损
耗电流密度的复平面

式(1.23)和式(1.24)表明,对于较小的损耗角 δ_e,$\cos\theta\approx\tan\delta_e$。

在微波电子学中,经常使用相对介电常数,它是一个无量纲的量,

$$\varepsilon_r=\frac{\varepsilon}{\varepsilon_0}=\frac{\varepsilon'-j\varepsilon''}{\varepsilon_0}=\varepsilon_r'-j\varepsilon_r''=\varepsilon_r'(1-j\tan\delta_e) \tag{1.25}$$

式中,ε 为复介电常数;ε_r 为相对复介电常数;ε_0 为自由空间的介电常数,$\varepsilon_0=8.854\times10^{-12}$ F/m;ε_r' 为相对复介电常数实部;ε_r'' 为相对复介电常数虚部;$\tan\delta_e$ 为介电损耗正切;δ_e 为介电损耗角。

考虑低电导率材料的磁响应,根据法拉第的电感定律

$$U=L\frac{dI}{dt} \tag{1.26}$$

可以得到磁化电流 I_m 为

$$I_m=-j\frac{U}{\omega L_0\mu_r'} \tag{1.27}$$

式中,U 为磁化电压;L_0 为电感;ω 为角频率。

在图 1.6(a) 所示的复平面中,磁化电流 I_m 比电压 U 滞后 $90°$,而没有磁损失。如图 1.6(b) 所示,实际的磁性材料具有磁损耗,并且该磁损耗的磁化周期中由能量耗散引起的电流 I_1-l 与 U 同相。通过引入复磁导率 $\mu=\mu'-j''$ 和相对复磁导率 $\mu_r=\mu_r'-j\mu_r''$,类似于介电情况,获得总磁化电流为

$$I=I_m+I_1=\frac{U}{j\omega L_0\mu_r}=-\frac{jU(\mu'+j\mu'')}{\omega(L_0/\mu_0)(\mu'^2+\mu''^2)} \tag{1.28}$$

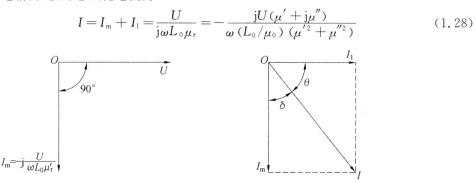

(a) 磁化电流与电压之间的关系　　　(b) 磁化电流与损耗电流之间的关系

图 1.6　复平面中的磁化电流

与介质情况类似,根据图 1.6 还可以定义描述磁性材料的两个参数:

$$\tan \delta_{\mathrm{m}} = \mu''/\mu' \tag{1.29}$$

$$\cos \theta_{\mathrm{m}} = \mu''/\sqrt{\mu'^2 + \mu''^2} \tag{1.30}$$

由此得到在微波电子学中经常使用的相对磁导率,由下式计算:

$$\mu_{\mathrm{r}} = \frac{\mu}{\mu_0} = \frac{\mu' - \mathrm{j}\mu''}{\mu_0} = \mu'_{\mathrm{r}} - \mathrm{j}\mu''_{\mathrm{r}} = \mu'_{\mathrm{r}}(1 - \mathrm{j}\tan \delta_{\mathrm{m}}) \tag{1.31}$$

式中,μ 为复磁导率;μ_{r} 为相对复磁导率,μ_0 为自由空间的磁导率,$\mu_0 = 4\pi \times 10^{-7}\,\mathrm{H/m}$;$\mu'_{\mathrm{r}}$ 为相对复磁导率的实部;μ''_{r} 为相对复磁导率的虚部;$\tan \delta_{\mathrm{m}}$ 为磁损耗正切;δ_{m} 为磁损耗角。

综上所述,低电导率材料的宏观电磁行为主要由两个复杂的参数组成:介电常数(ε)和磁导率(μ)。介电常数描述材料与施加在其上的电场的相互作用,而磁导率描述材料与施加在其上的磁场的相互作用。电场和磁场都以两种方式与材料相互作用,即发生能量存储和能量耗散。能量存储描述场与材料之间能量交换的无损部分,当电磁能量被材料吸收时,就会发生能量耗散。因此介电常数和磁导率都要表示为复数来描述它们各自的存储(实部)和耗散(虚部)效应。

除了介电常数和磁导率,质量因子也通常用来描述电磁材料,即

$$Q_{\mathrm{e}} = \frac{\varepsilon'_{\mathrm{r}}}{\varepsilon''_{\mathrm{r}}} = \frac{1}{\tan \delta_{\mathrm{e}}} \tag{1.32}$$

$$Q_{\mathrm{m}} = \frac{\mu'_{\mathrm{r}}}{\mu''_{\mathrm{r}}} = \frac{1}{\tan \delta_{\mathrm{m}}} \tag{1.33}$$

根据介电质量因子 Q_{e} 和磁质量因子 Q_{m},可以得到材料的总质量因子 Q 为

$$Q = Q_{\mathrm{e}} + Q_{\mathrm{m}} \tag{1.34}$$

电磁波在介质中的传播取决于介质的特征波阻抗和波速阻抗,也称为介质的固有阻抗。当单波以速度 v 在 Z 方向传播时,特性阻抗 η 定义为

$$\eta = \sqrt{\frac{\mu}{\varepsilon}} \tag{1.35}$$

$$v = \frac{1}{\sqrt{\mu\varepsilon}} \tag{1.36}$$

Z 平面上的总电场与总磁场的关系,可以根据介电常数和磁导率计算出波阻抗和速度。根据式(1.35)和式(1.36),可以计算自由空间的波阻抗 $\eta_0 = (\mu_0/\varepsilon_0)^{1/2} \times 376.7\,\Omega$,自由空间中的波速 $c = (\mu_0\varepsilon_0)^{-\frac{1}{2}} = 2.998 \times 10^8\,\mathrm{m/s}$。

有时,使用更为方便的复传播系数 γ 来描述电磁波在介质中的传播,即

$$\gamma = \alpha + \mathrm{j}\beta = \mathrm{j}\omega\sqrt{\mu\varepsilon}\sqrt{1 - \mathrm{j}\frac{\sigma}{\omega\varepsilon}} \tag{1.37}$$

式中,n 为复数折射率;ω 为角频率;α 为衰减系数;β 为相变系数,$\beta = 2\pi/\lambda$,λ 为介质中的工作波长。

2. 高电导率材料的参数

对于高电导率的材料例如金属,式(1.37)的复传播系数 γ 应修正为

$$\gamma = \alpha + j\beta = j\omega\sqrt{\mu\varepsilon}\sqrt{\frac{\sigma}{j\omega\varepsilon}} = (1+j)\sqrt{\frac{\omega\mu\sigma}{2}} \tag{1.38}$$

对于高电导率的材料,假设 $\sigma \geqslant \omega\varepsilon$,这意味着导电电流远大于位移电流。所以,通过忽略位移电流项可以近似得出

$$\gamma = \alpha + j\beta = j\omega\sqrt{\mu\varepsilon}\sqrt{\frac{\sigma}{j\omega\varepsilon}} = (1+j)\sqrt{\frac{\omega\mu\sigma}{2}} \tag{1.39}$$

定义趋肤深度 δ_s 为

$$\delta_s = \frac{1}{\alpha} = \sqrt{\frac{2}{\omega\mu\sigma}} \tag{1.40}$$

趋肤深度的物理意义是,在高电导率材料中,磁场在趋肤深度 δ_s 的距离内衰减量为 e^{-1}。

在微波频率下,趋肤深度 δ_s 很小。例如,金属在微波频率下的趋肤深度通常约为 10^{-7} m。

由于趋肤效应,高传导性材料在微波频率下的实用性和行为主要取决于其表面阻抗 Z_s,即

$$Z_s = R_s + jX_s = \frac{E_t}{H_t} = (1+j)\sqrt{\frac{\mu\omega}{2\sigma}} \tag{1.41}$$

式中,H_t 为切向磁场;E_t 为切向电场;R_s 为表面电阻;X_s 为表面电抗。

对于普通导体,σ 为实数。根据式(1.41),表面电阻 R_s 和表面电抗 X_s 相等,它们与普通金属的 ω 成正比,即

$$R_s = X_s = \sqrt{\frac{\mu\omega}{2\sigma}} \tag{1.42}$$

3. 电磁材料分类

可以根据材料的宏观参数对其进行分类。根据电导率,材料可分为绝缘体、半导体和导体。同时,还可以根据材料的渗透率对其进行分类。典型材料的一般属性将在 1.3 节中讨论。

无论是绝缘体、半导体,还是导体都对磁场有一定的响应,但是,除了铁磁和亚铁磁类型,其他材料的响应通常很小,并且其磁导率与 μ_0 的差值可以忽略不计。大多数铁磁材料具有高导电性,称为磁性材料,因为它们的磁性能在其应用中最为重要。迈斯纳效应表明超导体是一种非常特殊的磁性材料,在微波电子学中人们对其表面阻抗更感兴趣。

绝缘体的电导率非常低,通常在 $10^{-12} \sim 10^{-20}$ S/m 的范围内。电介质在介电材料理论分析中经常假设绝缘体是非磁性的,即理想介电,介电常数虚部为零的材料($\varepsilon'' = 0$)。

半导体的电导率高于电介质的电导率,但低于导体的电导率。通常,半导体在室温下的电导率为 $10^{-7} \sim 10^4$ S/m。导体具有很高的电导率,通常在 $10^4 \sim 10^8$ S/m 的范围内。金属是典型的导体,导体有两种特殊类型:理想导体和超导体,理想导体是一种在任何频率下都具有无限电导率的理想模型,超导体则具有非常特殊的电磁特性:对于直流电场,其电导率通常磁性是无限的,但是对于高频电磁场,其具有复杂的电导率。

磁性材料都会对外部磁场产生反应,因此从广义上讲,所有材料都是磁性的。根据其磁导率值,通常将材料分为三类:抗磁性($\mu < \mu_0$)、顺磁性($\mu \geqslant \mu_0$)和高磁性。高磁性材料(尤其是铁磁性材料)的磁导率值比 μ_0 大得多。

1.3 电磁材料的一般性质

电磁材料的性能参数包括介电常数与磁导率,它们都是吸波材料的重要属性。电磁吸收材料可通过调整电磁参数来尽可能多地吸收电磁波。从电介质的角度来看,介电常数越大,磁导率越大,雷达隐身的性能越好,但在设计时必须考虑特性阻抗匹配。因此,选择性能最优的材料时,一般要看介电常数与磁导率数值是否最优。

本节主要讨论典型的电磁材料的一般属性,包括介电材料、半导体、导体、磁性材料和人造材料。了解电磁材料的一般属性有助于理解测量结果并纠正材料表征中可能遇到的误差。

1.3.1 介电材料

介电材料也称为电介质,是一种不导电的材料,最重要的性质是其储存电能的能力,而不是导电的能力,这种性质的衡量标准是材料的电容率或介电常数。事实上,介电常数只是用来近似计算物质电响应的一种方式,它包含大量的物理信息。材料的介电常数与多种物理现象有关。通常,离子传导、偶极弛豫、原子极化和电子极化是调节介电材料介电常数的主要机制。在低频范围内,ε'' 受离子电导率的影响;微波范围内的介电常数的变化主要由偶极弛豫引起;而在红外区域及以上的吸收峰主要由原子和电子极化引起。

传输线是用于测量材料电磁性能的基本模型,人们已经很好地理解了传输线内波的传播理论。在样品架(传输线的一小段)上装有经加工的测试样品,然后测量来自该样品架射频能量的传输,即可通过对测试数据进行处理以得到测度样品。

电磁吸收材料会吸收、衰减入射到材料表面的电磁波,并通过材料的介质损耗将电磁波转化为热能或其他形式的能量耗散掉。电磁波与介质的相互作用过程与材料的复介电常数($\varepsilon = \varepsilon' - j\varepsilon''$)和复磁导率($\mu = \mu' - j\mu''$)密切相关。为了提高材料的电磁吸收能力,应尽量降低电磁波在材料表面反射,理想状态是在材料表面实现零反射。按照电磁波损耗机理,电磁吸收材料通常分为介电损耗型、磁损耗型和电导损耗型三类。但是,在追求轻质、宽频、强吸收和多功能复合吸波材料的趋势下,单一损耗类型的吸波材料已经不能满足需求,多重电磁损耗机制复合的电磁波吸收材料日益增多。下面介绍吸波材料主要的损耗机制。

(1)阻抗匹配。

根据传输线理论,电磁波在材料表面的反射系数 Γ 由界面处波阻抗 Z_{in} 和自由空间阻抗 Z_0 决定,即

$$\Gamma = \frac{Z_{in} - Z_0}{Z_{in} + Z_0} \tag{1.43}$$

对于单层均匀吸波体,电磁波从自由空间入射至材料表面的归一化输入阻抗为

$$Z = \left| \frac{Z_{in}}{Z_0} \right| = \sqrt{\frac{\mu_r}{\varepsilon_r}} \tanh \left[j \frac{2\pi f d}{c} \sqrt{\frac{\mu_r}{\varepsilon_r}} \right] \qquad (1.44)$$

式中，μ_r 为吸波体的等效磁导率；ε_r 为吸波体的等效介电常数；f 为电磁波频率，Hz；d 为吸波体厚度，m；c 为真空中的光速，$c = 3 \times 10^8 \ \text{m/s}$。

由式(1.44)可见，当吸波体和自由空间的波阻抗相匹配，即 $Z_{in} = Z_0$ 时，反射系数 Γ 为 0，实现电磁波零反射。而 $Z = 1$，即 $Z_{in} = Z_0$，此时吸波体需满足 $\mu_r = \varepsilon_r$。这一条件是难以实现的，因此对于吸波材料的设计只能尽可能缩小吸波体和自由空间的波阻抗失配。

另一个降低电磁波反射的方法是干涉相消。该方法是在吸波体底部覆盖一层金属板，使进入材料内部的电磁波经过金属板的反射之后，与空气和吸波体界面处的电磁波发生干涉，当两部分电磁波相位相反、大小相等时即实现消波。目前绝大多数吸波材料设计是以此为基础的。

基于上述模型，材料的电磁吸收能力由反射损耗系数 RC(Reflection Coefficient) 表征，计算公式为

$$\text{RC(dB)} = 20 \log \left| \frac{Z_{in} - Z_0}{Z_{in} + Z_0} \right| \qquad (1.45)$$

式中，当电磁波从空气入射至样品时，$Z_0 = 1$。

(2) 电磁波的损耗机制。

当 RC 低于 -10 dB 时，意味着仅有 10% 的电磁波被反射，90% 的入射电磁波被材料内部吸收，称为有效吸收，有效吸收所对应的频率范围为有效吸收带宽。在满足上述干涉相消的基础上，应使电磁波在材料内部尽可能多地衰减。材料对电磁波的衰减能力由衰减因子 α 表征，即

$$\alpha = \omega \sqrt{\mu' \varepsilon'} \left(\frac{1}{2} \left(1 - \tan \delta_E \cdot \tan \delta_M + \sqrt{(1 + \tan^2 \delta_E) \cdot (1 + \tan^2 \delta_M)} \right) \right)^{1/2} \Big/ c$$

$$(1.46)$$

$$\tan \delta_E = \varepsilon'' / \varepsilon' \qquad (1.47)$$

$$\tan \delta_M = \mu'' / \mu' \qquad (1.48)$$

式中，$\tan \delta_E$ 为介电损耗正切；$\tan \delta_M$ 为磁损耗正切。

当吸波体为非磁性材料时，$\tan \delta_E = 0$。衰减因子越大，表示材料对电磁波的衰减能力越强。由式(1.46)可见，衰减因子是与介电常数和磁导率相关的函数，介电损耗正切值和磁损耗值越大，衰减因子越大。而过高的损耗角正切值将导致吸波体和自由空间的波阻抗匹配变差，从而增加电磁波的反射，有效吸收带宽变窄，降低材料的电磁波吸收能力。

当电磁波入射到介电材料时，首先发生介质极化。理想电介质的电子不会被电场带走，但是外加电场对电荷施加的力会使电荷偏离原本的平衡位置。这种情况的描述涉及一种恢复力，它试图将电子固定到未受干扰的位置。两种力的平衡决定了最终的静态稳定状态，在这种情况下，正电荷向电场方向移动，电子向相反方向移动，不会产生新的电荷，净电荷为零。电荷的分离等同于偶极矩，极化率是偶极矩与电场之间关系的量度，极化通常包括取向(偶极子)极化、空间电荷(界面)极化、原子极化和电子极化等，如图1.7所示。每一种极化机制都有极限频率，不同的介电材料有不同的响应频率。

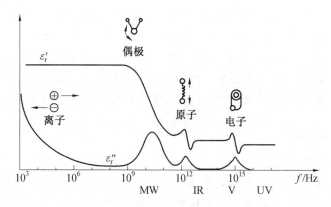

图 1.7　介电常数随频率响应的极化机制

　　原子极化和电子极化通常出现在高频范围,如红外和可见光区间,但是其响应幅度较小,对材料的介电常数实部和虚部影响较小。界面极化通常出现在低频区间(MHz),载流子在材料界面处的迁移受阻,成为束缚电荷,从而在界面处聚集。电荷聚集引起的场畸变将增大材料的介电常数实部。

　　虽然上述的极化机制对于均相材料来说很重要,但在实际情况下,另一种极化类型也经常用来描述物质的介电性质。即使介质是不导电的,它也可能由导电的孤立包裹体组成,其导电区域不一定来自金属的电子导电,也可以是液体和固体中发生的其他电荷传输机制。在离子液体中,电荷可以通过电解对流传递,在晶体中,晶格缺陷可以使电荷扩散。当电场作用于这种材料时,这些导电区就像是可极化的"大分子"。

　　取向极化,又称偶极子极化,是微波频段(GHz)主要的极化机制,在无电磁场的情况下,偶极子呈乱序分布,在施加电磁场后,偶极子将发生旋转,取向一致,并随电磁场的变化而变化。偶极子极化通常伴随着弛豫过程,这一过程对介电常数的实部和虚部均产生影响。在频率低于弛豫频率时,偶极子的变化和交变电磁场的变化一致。随着频率的升高,偶极子的转动跟不上交变电磁场的变化,产生相位滞后,尽管介电常数虚部仍在提高,但是实部开始下降。在高于弛豫频率后,交变电磁场变化过快,不能影响偶极子的转动,从而实部和虚部均下降。因此,一个典型的取向极化是一个介电常数实部下降而虚部升高的过程。

　　磁损耗主要包括涡流损耗、磁滞损耗和剩余损耗等。涡流损耗是指磁性材料在交变高频电磁场中因电磁感应产生涡电流,引起磁感应强度和磁场强度的相位差,使得电磁波能量转变为热能耗散掉。磁滞损耗是由于磁性材料的畴壁位移和磁畴转动这一不可逆的磁化过程引起的,取决于材料的磁导率以及瑞利常数等磁性质。剩余损耗是由磁化弛豫过程导致的。磁化弛豫过程将导致磁导率的实部和虚部均随频率产生变化。在低频和弱磁场中,剩余损耗主要是一些离子和电子偏离平衡位置的磁滞等磁损耗。在高频下,剩余损耗形式主要有畴壁共振、尺寸共振和自然共振等。铁氧体是典型的剩余损耗材料。除此之外,常用的磁性吸波材料还有羰基金属(羰基铁、羰基钴和羰基镍)、磁性金属(Fe、Co和Ni)和其合金材料。

　　电导损耗主要与材料的电导率相关,高导电材料的载流子迁移有利于更多的电磁波能量转变为热能,典型的材料如金属、碳材料(碳纳米管、碳纤维、炭黑和石墨烯等)和导电聚合物。但是,对于高导电材料,入射电磁波在材料表面产生高频振荡趋肤电流,电导率越高,趋肤深度越小,从而引起强反射。因此,尽管高导电材料具有极高的介电损耗,但是由于阻抗匹配特性较差,并不能单独作为吸波材料使用。通常将高导电材料作为损耗相与透波材料复合,以优化材料的阻抗匹配,增加入射电磁波的比例,增大材料的有效吸收带宽。

1. 电子和原子极化

原子极化是指电子云的偏心分布导致分子中的原子带电。当电场存在时,电场的作用使原子或原子团发生位移,从而产生偶极矩,当电场作用于原子核,中性原子发生电子极化,离子在施加的电场下拉伸。电子极化和原子极化具有相似的性质。如图 1.8 所示的谐振频率 ω_0 附近的介电常数图中,A 是在当前频率范围内较高的共振对 ε_r' 的贡献,而 $2B/\omega_0$ 是当前共振对较低频率的贡献。对于干燥固体,这是主要的极化机制。

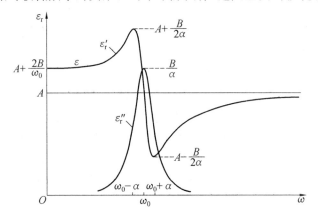

图 1.8 电子或原子极化引起的介电常数行为

以下讨论中,将重点放在电子极化上,电子极化是由电子云的电荷中心相对于原子核发生位移引起的,在惰性气体中可以观察到,电子极化不受其他效应的干扰。电子极化的结论可以扩展到原子极化。当外部电场施加到中性原子上时,原子的电子云失真,从而导致电子极化。在经典模型中,它类似于弹簧－质点共振系统。由于电子云的质量小,电子极化的共振频率在红外区域或可见光区域,通常存在对应于不同电子轨道和其他量子力学效应的几种不同的共振频率。对于具有不同振荡器的材料,其介电常数由下式给出:

$$\varepsilon_r = 1 + \sum_s \frac{(n_s e^2)/(\varepsilon_0 m_s)}{\omega_s^2 - \omega^2 + \mathrm{j}\omega^2 \alpha_s} \tag{1.49}$$

式中,n_s 为共振频率;ω_s 为每体积电子的数量;e 为电子的电荷;m_s 为电子的质量;ω 为工作角频率;α_s 为阻尼系数。

由于微波频率远低于电子极化的最低共振频率,因此电子极化引起的介电常数几乎与频率无关。

$$\varepsilon_r = 1 + \sum_s \frac{N_s e^2}{\varepsilon_0 m_s \omega_s^2} \tag{1.50}$$

式(1.50)表示介电常数 ε_r 为实数。但是,在实际材料中,微波范围内的这种极化类型经常会产生较小且恒定的损耗。

2.偶极极化

分子中原子的成键方式可能导致在没有电场时分子也会有偶极矩的情况,如水分子。具有永久偶极矩的分子在电场中受到力矩,具有偶极与其自身对齐的趋势。与之前的电子、原子和离子极化不同,整个分子都在承担着一种力。这种取向偏振是一种低频现象,而且电磁波不会通过分子的取向对介质造成偏振。尽管起源不同,但可以用类似的定性方法描述微波和毫米波范围内各种类型的极化。在大多数情况下,可以使用德拜(Debye)方程,尽管 Debye 方程最初是针对偶极弛豫的情况导出的,但根据 Debye 理论,电介质的复介电常数可以表示为

$$\varepsilon_r = \varepsilon_{r\infty} + \frac{\varepsilon_{r0} - \varepsilon_{r\infty}}{1 + j\beta} \tag{1.51}$$

$$\varepsilon_{r\infty} = \lim_{\omega \to \infty} \varepsilon_r \tag{1.52}$$

$$\varepsilon_{r0} = \lim_{\omega \to 0} \varepsilon_r \tag{1.53}$$

$$\beta = \frac{\varepsilon_{r0} + 2}{\varepsilon_{r\infty} + 2} \omega\tau \tag{1.54}$$

式中,τ 为松弛时间;ω 为工作角频率。

式(1.54)表明德拜弛豫引起的介电常数主要由三个参数决定,即 ε_{r0}、$\varepsilon_{r\infty}$ 和 τ。在足够高的频率下,电场 E 的周期远小于永久偶极子的弛豫时间,偶极子的取向不受影响,因此在无限频率 $\varepsilon_{r\infty}$ 的介电常数是一个实数。由于 $\varepsilon_{r\infty}$ 主要是电子和原子极化,它与温度无关。在足够低的频率下,极化 P 和电场 E 之间没有相位差,ε_{r0} 是一个实数。但静态介电常数 ε_{r0} 随温度的升高而减小,这是无序性和弛豫时间的增加所致。因为所有的运动在较高的温度下变得更快,所以弛豫时间 τ 与温度成反比。

从式(1.52)可以得到介电常数和介电损耗正切的实部和虚部为

$$\varepsilon_r' = \varepsilon_{r\infty} + \frac{\varepsilon_{r0} - \varepsilon_{r\infty}}{1 + \beta^2} \tag{1.55}$$

$$\varepsilon_r'' = \frac{\varepsilon_{r0} - \varepsilon_{r\infty}}{1 + \beta} \tag{1.56}$$

$$\tan \delta_e = \frac{\varepsilon_{r0} - \varepsilon_{r\infty}}{\varepsilon_{r0} + \varepsilon_{r\infty}\beta^2}\beta \tag{1.57}$$

图 1.9 显示了复介电常数随频率的变化。

在频率

$$\omega_{max} = \frac{1}{\tau} \cdot \sqrt{\frac{\varepsilon_{r0}}{\varepsilon_{r\infty}} \cdot \frac{\varepsilon_{r\infty} + 2}{\varepsilon_{r0} + 2}} \tag{1.58}$$

时介电损耗切线达到最大值,即

$$\tan \delta_{max} = \frac{1}{2} \cdot \frac{\varepsilon_{r0} - \varepsilon_{r\infty}}{\sqrt{\varepsilon_{r0}\varepsilon_{r\infty}}} \tag{1.59}$$

介电常数作为频率的函数通常可以用二维图表示,以 Cole—Cole 图呈现。式(1.51)可写为

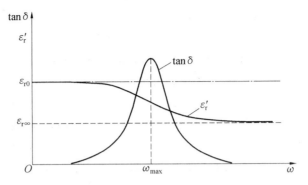

图 1.9   根据德拜关系复介电常数的频率依赖性

$$\varepsilon_r' - \varepsilon_{r\infty} - j\varepsilon_r'' = \frac{\varepsilon_{r0} - \varepsilon_{r\infty}}{1 + j\beta} \tag{1.60}$$

由于式（1.53）两边的模量相等，所以有

$$(\varepsilon_r' - \varepsilon_{r\infty})^2 + (\varepsilon_r'')^2 = \frac{(\varepsilon_{r0} - \varepsilon_{r\infty})^2}{1 + \beta^2} \tag{1.61}$$

由于 $\varepsilon_r' = \varepsilon_{r\infty} + (\varepsilon_{r0} - \varepsilon_{r\infty})/(1 + j\beta)$，得到

$$(\varepsilon_r' - \varepsilon_{r\infty})^2 + (\varepsilon_r'')^2 = \frac{\varepsilon_{r0}' - \varepsilon_{r\infty}}{\varepsilon_{r0} - \varepsilon_{r\infty}} \tag{1.62}$$

式（1.62）代表一个以 ε_r' 轴为中心的圆，因为所有的材料都有虚部的非负值，所以只有这个圆的上半部的点才有物理意义。圆的上半部称为 Cole—Cole 图，如图 1.10 所示。

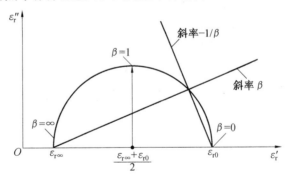

图 1.10   单个弛豫时间的 Cole — Cole 图

弛豫时间 τ 可以从 Cole—Cole 图确定。根据式（1.55）和式（1.56）可以得到

$$\varepsilon_r'' = \beta(\varepsilon_r' - \varepsilon_{r\beta}) \tag{1.63}$$

$$\varepsilon_r'' = -\frac{1}{\beta}(\varepsilon_r' - \varepsilon_{r0}) \tag{1.64}$$

如图 1.10 所示，对于给定的工作频率，可以从线路的斜率中得到 β 值，该斜率与 ε_r' 相交的 2 个点对应 ε_{r0} 或 $\varepsilon_{r\infty}$。在得到 β 值后，可以根据式（1.54）计算弛豫时间 τ。

在某些情况下，弛豫现象可能由不同因素引起的，并且介电材料具有弛豫时间谱。例如，潮湿的材料包含不同结合强度的水分子，表现出松弛频率的分布，通常引入经验常数 a，将式（1.51）修改为以下形式：

$$\varepsilon_r = \varepsilon_{r\infty} + \frac{\varepsilon_{r0} - \varepsilon_{r\infty}}{1 + (j\beta_a)^{1-a}} \tag{1.65}$$

其中 a 与 β 值的分布有关,β_a 表示最可能的 β 值。常数 a 的范围为 $0 \leqslant a < 1$。当 a 为 0 时,式(1.65)变为式(1.51)。在这种情况下,只有一个松弛时间。当 a 值增加时,弛豫时间则分布在较宽的范围内。

如果将式(1.65)的实部和虚部分开,然后消除 β_a,可以发现曲线也是穿过点 ε_{r0} 和 $\varepsilon_{r\infty}$ 的圆,如图 1.11 所示。其中,圆心在 ε_r' 轴的下方,距离 d 为

$$d = \frac{\varepsilon_{r0} - \varepsilon_{r\infty}}{2} \tan \theta \tag{1.66}$$

式中,θ 为 ε_r'' 轴与连接圆心和点 $\varepsilon_{r\infty}$ 的线之间的角度,

$$\theta = a \frac{\pi}{2} \tag{1.67}$$

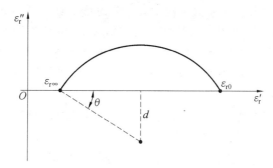

图 1.11　弛豫时间谱的 Cole－Cole 图

与图 1.10 相似,仅 ε_r' 轴上方的点具有物理意义。式(1.66)和式(1.67)表示经验常数 a 可以根据 d 或 θ 的值计算得出。

3. 界面极化

电荷在导电区和非导电区之间的界面处积累,从而产生宏观极化,这导致低频时的极化率大大增加,这一现象称为 Maxwell－Wagner 效应,最先在 Maxwell 的论文中被讨论,后来由 Wagner 进行了更深入的研究。

在生物电磁学中,当测量组织的电特性时,Maxwell－Wagner 效应是非常重要的。如分隔细胞质和细胞外空间的细胞膜的导电性很差,使整体导电性变差。然而,由于界面极化效应,在 kHz 至 MHz 附近可以观察到介电常数变化较大。在生物医学工程文献中,这些变化通常称为 β－色散,并且区别于 α－色散(在音频观察得到)和 γ－色散(由于微波频率下的自由水弛豫)。

4. 离子电导率

通常,离子电导率会将介电损耗引入材料中。如前所述,材料的相对介电常数 ε_r'' 可以表示为 ε_{rd}'' 和电导率(σ)的函数关系,即

$$\varepsilon_r'' = \varepsilon_{rd}'' + \frac{\sigma}{\omega \varepsilon_0} \tag{1.68}$$

由于不同的传导机制,材料整体电导率可能由许多因素组成,而离子电导性通常发生在潮湿材料中。在低频时,ε_r' 在溶剂,如水的存在下,由自由离子传导占主导地位。正如

式(1.68)所示,离子电导率与工作频率成反比。

5.铁电现象

尽管铁和其他铁磁材料都不是铁电材料,但实际上,很少有铁电材料含有铁元素。铁电现象是通过相互作用导致电偶极子自发排列的现象。铁电材料的特征是具有很高的相对介电常数,达到 10^3 甚至 10^4。与铁磁材料不同,铁电现象会在居里温度之上消失。

钛酸钡类电介质型吸波剂的损耗主要依靠介质的电子极化、离子极化、分子极化等弛豫来衰减电磁波。因为钛酸钡的极化强度与电场之间存在电滞效应,所以常把钛配钡类材料称为铁电体,铁电体的损耗机制主要为介电损耗和弛豫损耗。

对于铁电材料,极化对电场的响应是非线性的。如图 1.12 所示,铁电材料在施加电场的情况下显示出磁滞效应。

磁滞回线是由材料中存在永久性电偶极子引起的。当外部电场处于初始状态时,极化从 O 点开始增加,且随偶极子数量而增大。当磁场足够强,所有偶极子都与磁场对齐,此时材料处于饱和状态。如果施加的电场从饱和点开始逐渐减小,则极化也减小。但是,当外部电场达到零时,极化不会为零,零场的极化称为剩余极化。当电场方向反向时,极化减小,当反向场达到一定值(称为矫顽场)时,极化为零。通过在反向方向上进一步增加磁场,可以达到反饱和。

对于铁电材料,存在特定的居里温度。铁电材料只能在居里温度以下保持。当温度高于居里温度时,铁电材料处于顺电状态。

铁电材料非常有趣,居里温度附近会显示不同的物理现象。如图 1.13 所示,铁电材料的介电常数在居里温度附近变化很大。介电常数在居里点以下先急剧增加到最高,然后再急剧下降。例如,钛酸钡在室温下的相对介电常数约为 2 000,而在居里温度(120 ℃)下的相对介电常数则增加至 7 000。当材料从铁电状态变为顺电状态时,介电损耗迅速降低。此外,对于居里温度附近的铁电材料,其电介质常数对外部电场敏感。铁电材料具有广泛的应用潜力,包括微型电容器、电可调电容器和电可调移相器。

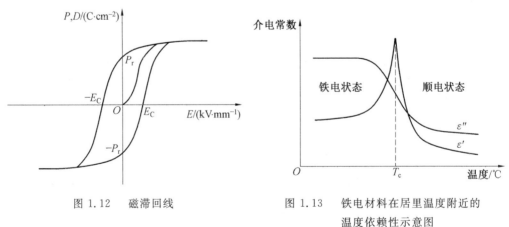

图 1.12　磁滞回线　　　　图 1.13　铁电材料在居里温度附近的
　　　　　　　　　　　　　　　　　　　　温度依赖性示意图

1.3.2　半导体类

半导体分为本征半导体和非本征半导体。本征半导体也称为纯半导体或非掺杂半导体。在本征半导体中,电子的数量与空穴的数量相同。本征半导体通常具有高电阻率,硅和锗是典型的本征半导体。

通过向本征半导体中添加非常少量的杂质来获得非本征半导体,该过程称为掺杂。如果杂质的价电子数量大于主体材料的价电子数量,晶格中固溶的杂质原子取代主体原子形成晶格缺陷,由于杂质原子的价电子数量较多,主体原子中将剩余一个或多个不能成键的价电子,形成带负电的缺陷。这些电子可在本体原子周围运动,在电磁场中该电子的位置也会随电磁场方向变化而发生位移。随电磁频率增加,电子位移运动滞后于电场,出现强烈极化弛豫,提高了材料对电磁波的损耗能力。此时的半导体是 n 型,表明大多数移动电荷为负(电子)。通常,具有 4 个价电子的硅或锗,或具有 5 个价电子的磷,砷和锑常作为 n 型半导体常用的掺杂剂。通过使用比主体价电子少的杂质,如具有 3 个价电子的硼、铝、镓和铟。掺杂本征半导体可以获得另一种非本征半导体,所得的非本征半导体称为 p 型半导体,表明大多数电荷载流子为正(空穴)。不论是形成负电子还是正空穴,都可有效降低材料的电阻率。因此,对材料进行掺杂改性是改变其电导率和吸波性能最有效的方法。有实验研究了两种杂质共掺杂对材料介电性能的影响,结果表明掺杂后材料的介电常数实部、虚部和损耗角正切都随价电子少的杂质原子含量的增加而下降;原因可能是价电子多的杂质原子可引起带负电的缺陷与价电子少的杂质原子引起带正电的缺陷相互抵消,从而降低材料的晶格缺陷。

晶格中离子的自由电荷载流子和电子都对介电常数 ε 有贡献,即

$$\varepsilon' = \varepsilon_1 - \frac{n_e e^2}{m(v^2 + \omega^2)} \tag{1.69}$$

$$\varepsilon'' = \frac{n_e e^2 v}{\omega m(v^2 + \omega^2)} \tag{1.70}$$

式中,ε_1 与束缚电子对正电的影响有关;n_e 为电荷载流子的密度;v 为碰撞频率;ω 为圆形频率;m 为电子的质量;$n_e e^2 / mv$ 为低频电导率 σ。

在微波频率($\omega^2 \leqslant v^2$)下,对于低中等掺杂的半导体,其电导率通常不高于 1 S/m,即式(1.71)的第 2 项可以忽略不计。因此介电常数可以近似为

$$\varepsilon = \varepsilon_1 - j\frac{\sigma}{\omega} \tag{1.71}$$

除上述介电常数外,半导体的电传输特性包括霍尔迁移率、载流子密度和电导率。

1.3.3 导体

材料的电阻采用标准两线法进行测试,即在试样两端涂覆导电银浆以提高铜线与材料间的导电性,然后将铜线连接在绝缘测试电路板上,通过电流源在被测试样上施加不同电压,测得电流值,依据欧姆定律计算其平均电阻,电导率的计算公式为

$$\sigma = \frac{l}{RS} \tag{1.72}$$

式中,σ 为测度试样的电导率,S/m;l 为测试试样的长度,m;S 为测试试样的横截面积,m^2;R 为测试获得的电阻值,Ω。

导体具有高电导率。在电导率不是很高的情况下,仍然可以使用介电常数的概念,从

式(1.62)和式(1.63)近似计算介电常数的值。对于具有很高电导率的良好导体,通常使用渗透深度和表面电阻来描述导体的特性。由于前面讨论了导体的一般属性,在此重点介绍两种特殊类型的导体:理想导体和超导体。应该注意的是,理想导体只是一个理论模型,在物理上是不存在的。理想导体是指在任何频率下都没有电场的材料,麦克斯韦方程可确保理想导体中没有随时间变化的磁场。但是,严格的静磁场应该不受电导率的影响。与理想导体类似,超导体可以排除时变电磁场。此外,迈斯纳效应表明,超导体内部也排除了恒定磁场,包括严格的静磁场。从伦敦理论和麦克斯韦理论方程有

$$B = B_0 \, e^{-z/\lambda_L} \tag{1.73}$$

渗透深度为

$$\lambda_L = \left(\frac{m}{\mu n_e e^2} \right)^{\frac{1}{2}} \tag{1.74}$$

式中,B 为深度 z 的磁场;B_0 为表面 $z=0$ 的磁场;m 为电子的质量;μ 为磁导率;n_e 为电子的密度;e 为电子的电荷。

因此,超导体与理想导体之间的区别在于,对于超导体,式(1.73)适用于时变磁场和静磁场领域;而对于一个完美的导体,式(1.74)仅适用于时变磁场。

对于超导体,存在临界温度 T_c。当温度低于 T_c 时,材料处于超导状态,而在 T_c 时,材料经历从正常到超导状态的转变。具有低 T_c 的材料称为低温超导(LTS)材料,而具有高 T_c 的材料称为高温超导(HTS)材料。LTS 材料是金属、化合物或合金,其临界温度通常低于 24 K。HTS 材料是复杂的氧化物,其临界温度可能高于 100 K。HTS 材料是微波应用领域中的重点。由于它们在浸入液氮或使用低温冷却器时微波频率下的表面电阻极低,可以通过在低温(侵入液氮或使用低温冷却器)时,如微波频率下的表面电阻极低时轻松实现。与金属超导体相比,高温超导材料通常是各向异性的,在首选平面中表现出最强的超导性能。当这些材料用于平面微波结构(例如薄膜传输线或谐振器)时,有利于电流沿所需方向流动。

大多数 LTS 材料的超导机理是声子介导的电子以相反的自旋耦合。配对的电子,称为库珀对,穿过超导体而不会被散射。BCS 理论描述了电子配对过程,很好地解释了LTS 材料的行为。但到目前为止没有理论可以解释高温的超导。幸运的是,对超导微观理论的理解、微波设备的设计不需要高温超导材料。在本书中,将讨论基于伦敦方程和双流体模型的一些理论。介绍一些公认的理论来解释超导体对电磁场的响应,而讨论将集中在超导体的渗透深度、表面阻抗和复电导率方面。

1. 渗透深度

双流体模型通常用于分析超导体,它基于以下假设:超导体中有两种流体,载流子密度为 n_s 的超导电流和载流子密度 n_n 的正常电流,得出总载流子密度 $n = n_s + n_n$。在低于临界温度 T_c 时,正常电子和超导电子的平衡分数随绝对温度 T 而变化,即

$$\frac{n_n}{n} = \left(\frac{T}{T_c} \right)^4 \tag{1.75}$$

$$\frac{n_s}{n} = 1 - \left(\frac{T}{T_c} \right)^4 \tag{1.76}$$

可以得到渗透深度 λ_L 与温度 T 的关系为

$$\lambda_L(T) = \lambda_L(0)\left[1 - \left(\frac{T}{T_c}\right)^4\right]^{-\frac{1}{2}} \tag{1.77}$$

$$\lambda_L(0) = \sqrt{\frac{m_s}{\mu n q_s^2}} \tag{1.78}$$

式中,m_s 和 q_s 为超导载流子的有效质量和电荷。

式(1.78)表示在温度 $T = 0$ K 时穿透深度 $\lambda_L(0)$ 为最小值。

2. 表面阻抗和复阻抗

表面阻抗定义为垂直入射在导体平面上的平面波的特性阻抗。可以从电导率 σ 计算出普通导体的表面阻抗,例如银、铜或金。对于普通导体,其电导率 σ 的值为实数,表面电阻 R_s 和表面电抗 X_s 与工作频率 $\omega_{1/2}$ 的平方根成正比。

如果要计算超导体的阻抗,应引入复电导率的概念。根据双流体模型,电流有两种类型:体积密度为 J_s 的超导电流和体积密度为 J_n 的正常电流。相应的,电导率 σ 也由两个分量组成:超导电导率 σ_s 和法向电导率 σ_n。超导体的总电导率为 $\sigma = \sigma_s + \sigma_n$。

超导电导率 σ_s 是虚构的,不会造成损耗,即

$$\sigma_s = \frac{1}{j\omega\mu\lambda_L^2} \tag{1.79}$$

而正常电导率 σ_n 包含实部和虚部,而实部则导致损耗,即

$$\sigma_n = \sigma_{n1} - j\sigma_{n2} = \frac{n_n q_n^2}{m_n}\frac{\tau}{1 + j\omega\tau} = \frac{n_n q_n^2 \tau}{m_n}\frac{1 - j\omega\tau}{1 + (\omega\tau)^2} \tag{1.80}$$

式中,q_n 为正常载流子的电荷;τ 为电子散射的弛豫时间;m_n 为正常载流子的有效质量。因此获得超导体的 σ 为

$$\sigma = \sigma_n + \sigma_s = \frac{n_n q_n^2 \tau}{m_n}\frac{1}{1 + (\omega\tau)^2} - j\frac{n_n q_n^2 \tau}{m_n}\frac{\omega\tau}{1 + (\omega\tau)^2} - j\frac{1}{\omega\mu\lambda_L^2} \tag{1.81}$$

在微波频率 $\omega\tau \ll 1$ 时,式(1.82)可简化为

$$\sigma = \sigma_1 - j\sigma_2 = \frac{n_n q_n^2 \tau}{m_n} - j\frac{1}{\omega\mu\lambda_L^2} \tag{1.82}$$

式中,σ_1 和 σ_2 为复电导率的实部和虚部。

复数电导率的实部表示正常载流子引起的损耗,而虚部表示超导载流子的动能。

因此,可以计算出超导体的表面阻抗为

$$Z_s = R_s + jX_s = \sqrt{\frac{j\omega\mu}{\sigma_1 - j\sigma_2}} = j\sqrt{\frac{\omega\mu}{\sigma_2}}\left(1 + j\frac{\sigma_1}{\sigma_2}\right)^{-\frac{1}{2}} \tag{1.83}$$

通常 $\sigma_1 \ll \sigma_2$,所以式(1.83)可以简化为

$$Z_s = R_s + jX_s = \sqrt{\frac{\omega\mu}{\sigma_2}}\left(\frac{\sigma_1}{2\sigma_2} + j\right) = \frac{\omega^2\mu^2\lambda_L^3 n_n q_n^2 \tau}{2m_n} + j\omega\mu\lambda_L \tag{1.84}$$

$$R_s = \frac{1}{2}\omega^2\mu^2\lambda_L^3\sigma_N\frac{n_n}{n} \tag{1.85}$$

$$X_s = \omega\mu\lambda_L \tag{1.86}$$

式中,σ_n 是超导体在其正常状态下的电导率

$$\sigma_N = \frac{nq_n^2\tau}{m_n} \tag{1.87}$$

3.几种材料的电磁特性

还原氧化石墨烯(RGO)是通过热还原或化学还原工艺处理氧化石墨烯(GO),去除其表面部分含氧官能团并恢复共轭结构得到的。与机械法相比,还原氧化石墨烯的制备成本更低、产率更高,同时 GO 具有良好的亲水性,易于进行化学组装,这对石墨烯的大规模应用至关重要。RGO 除了具有二维结构、超高的比表面积和电子迁移率外,其表面还含有大量的缺陷和官能团,可通过不同的还原工艺调整其还原程度,从而实现介电常数和电导率的优化,这些特点决定了 RGO 适合做电磁波吸收剂。但是,RGO 的柔韧性使其在复合材料中容易出现大量的褶皱、堆叠,分散性较差,降低了其电磁波吸收性能。

核壳结构材料通过两个功能相的组装可在界面处形成异质结,相较单一功能相和两相的简单混合,核壳结构具有更多的异质界面以及大的比表面积,有助于材料在电磁场中产生界面电荷聚集以及缺陷极化。同时,异质界面引起电荷传输阻滞,产生更多的跃迁电子,从而提高材料的电导损耗。通过设计核壳两相的材料可以优化介电性质和阻抗匹配特性。

异质界面可对电磁波吸收起到积极作用,二维 RGO 以其单层结构和高的比表面积成为异质界面构建材料的最佳选择。但是,由于 π—π 相互作用,石墨烯层与层之间有堆叠的趋势,这将削弱对石墨烯表面积的利用。同时,与石墨烯层数高度相关的电导率及介电性质也会受到影响。将二维石墨烯构建成三维多孔结构,是解决这一问题的有效方法。近年来,三维石墨烯气凝胶在电磁波吸收应用领域受到广泛关注。其中,三维多孔结构石墨烯以其超高的气孔率,在提高阻抗匹配性能的同时大幅降低了气凝胶的介电常数。然而,纯的石墨烯气凝胶因其易氧化的特点无法在高温环境下使用。

SiC 是一种宽带隙的半导体,具备良好的热稳定性、高熔点、高强度和优异的抗腐蚀特性。纯 SiC 颗粒的微波吸收效果并不理想,但 SiC 纳米线因其制备工艺通常含有大量的堆垛层错,这些缺陷可提高电磁波的损耗能力。因此,SiC 纳米线是应用于高温环境下的理想吸波组元。利用二维石墨烯材料作为载体,将一维纳米线镶嵌在其表面,共同构建分级的三维结构是优化材料电磁波吸收性质并应用于高温环境的有效途径。

二维过渡金属碳(氮)化物(MXene)是选择性地将层状 MAX 相的中间 A 层去除制得的。目前已知的 MAX 相有 60 多种,所以理论上通过选择性刻蚀工艺可以制备不同类型且性能相异的 MXene。自 2011 年 MXene($Ti_3C_2T_x$))首次报道以来,在电容器、催化、锂电池等多个领域受到广泛的关注。与 RGO 相比,$Ti_3C_2T_x$ 的表面因湿法化学刻蚀工艺具有极高的活性,含有 —OH 和 —O 等大量官能团,且呈现金属特性,具有高的电导率。而且,不同于单一元素的石墨烯材料,MXene 中不同元素的原子层结构为其表面改性提供了更多的选择。这些特性决定了 MXene 具备电磁波吸收材料的理论基础。

三维石墨烯气凝胶以其柔性和轻质的特点受到电磁波吸收和屏蔽领域的广泛关注。目前,通过还原氧化石墨烯和模板法化学气相沉积两种方法制得了石墨烯基电磁屏蔽泡沫。但是,还原氧化石墨烯因为表面含有大量含氧基团和本征缺陷,所以电导率和电磁屏蔽性能下降。一般情况下,还原氧化石墨烯泡沫因为超高的气孔率和较低的介电常数可用于电磁波吸收。而利用 Ni 泡沫等模板制得的石墨烯泡沫尽管电磁屏蔽性能优异,但是化学气相沉积工艺条件要求复杂,且成本较高。

$Ti_3C_2T_x$ 呈金属特性,具有高的电导率(约 6 000 S/cm),表面含有大量的含氧基团,且表现亲水性,可制备分散良好的水溶液。因此,MXene 在制备电磁屏蔽薄膜和泡沫时比石墨烯更有优势。

1.3.4 磁性材料

金属在微波频率下的穿透深度约为几微米,通常磁性金属材料内部对微波磁场没有响应,因此,很少将磁性金属材料应用于微波频率中且磁性材料的频率依赖性非常复杂,一些潜在的机理还没有被完全发现。图 1.14 显示了磁导率的频率依赖性。

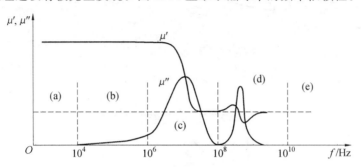

图 1.14 磁导率的频率依赖性

在不同的频率范围内,不同的物理学现象占主导地位。在低频范围内($f < 10^4$ Hz),μ' 和 μ'' 几乎不随频率发生变化;在中频范围(10^4 Hz $\leqslant f < 10^6$ Hz),μ' 和 μ'' 变化较小,对于某些材料,μ'' 可能具有最大值;在高频范围内(10^6 Hz $\leqslant f < 10^8$ Hz),μ' 则大大降低,而 μ'' 快速增加随后又下降;在超高频范围(10^8 Hz $\leqslant f < 10^{10}$ Hz),通常发生铁磁共振;而在极高的频率范围($f \geqslant 10^{10}$ Hz),磁特性关系尚未得到充分证实。

1.磁化和磁滞回线

图 1.15 所示为磁性材料的磁滞回线,显示了磁性材料中磁通密度 B 与磁场强度 H 的关系。结合图 1.2 中,可以看出在图 1.15 起点 O 处,磁畴是随机取向的。随着磁场强度增大,磁通密度 B 随着磁场强度 H 的增加而增加,一直持续到所有畴与磁场 H 处于相同方向并且材料饱和为止。而在饱和状态下,磁通密度达到最大值 B_m。当磁场强度减小到零时,材料中的畴转向接近磁场 H 的易磁化方向。如果反转磁场方向,则磁畴方向也会反转。在磁通密度为零时,所施加的磁场值被称为矫顽场 H_c。反方向上的磁场强度增加将导致磁畴在反方向上的增长,直到达到反方向饱和。

在大多数情况下,磁性材料的磁化是各向异性的。而对于六角形铁氧体,存在易磁化方向和硬磁化方向。如图 1.16 所示,对应于两条磁化曲线交点的磁场 H_a 被称为各向异性场。

磁性材料的各向异性有两种类型:六边形结构的轴各向异性和平面各向异性。图 1.17 显示了铁氧体平面材料的电势方向。如果易磁化方向沿 c 轴,则该材料具有单轴各向异性,通常由各向异性场 H_φ 来描述。如果易磁化方向在 c 平面中,则该材料具有平面

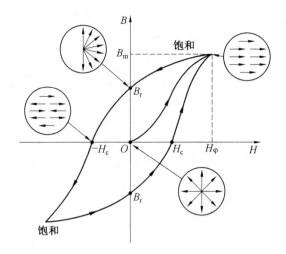

图 1.15　磁性材料的磁滞回线

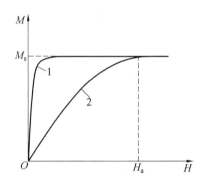

图 1.16　各向异性磁性材料的磁化曲线

各向异性。平面各向异性通常由各向异性场 H_θ 和 H_φ 来描述,其中 H_φ 是将 c 平面中一个优先磁化方向上的畴转向另一个方向所需的磁场, H_c 是将 c 平面中的一个优先磁化方向上的磁畴转换为另一个方向所需的在易磁化平面内的磁场。

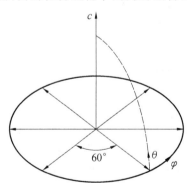

图 1.17　铁氧体平面材料的电势方向

矫顽场 H_c 是描述磁性材料的重要参数。其值主要受两个磁化现象支配:畴旋转和畴壁运动。矫顽场与固有磁场特性(例如各向异性场和畴壁能量)有关,还与材料的微观结构(例如晶粒尺寸和畴壁厚度)有关。此外,材料中杂质的数量和分布也会影响矫顽场 H_c 的值。

2. 标量磁导率的定义

由于磁通密度 B 和磁场强度 H 之间的关系是非线性的,因此磁导率不是恒定的,而是随磁场强度变化的。在一般的数学处理中,相对磁导率是用符号 μ_r 表示的数字,但是对于不同的情况,磁导率具有不同的物理含义。基于图1.18所示的磁滞回线磁通密度与磁场强度的关系,可以区分材料研究中经常使用的标量渗透率定义。

初始相对磁导率定义为

$$\mu_{ri} = \frac{1}{\mu_0} \lim_{H \to 0} \frac{B}{H} \tag{1.88}$$

初始相对磁导率适用于未经过不可逆极化的样品,是一个对应于零场的理论值,严格意义上讲,不能直接测量。通常,初始相对磁导率由外推法确定。实际上,μ_{ri} 为在 $100 \sim 200$ A/m 的弱磁场中测得的磁导率。

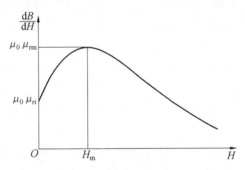

图 1.18   4个标量渗透率的定义

图1.19显示了磁导率与磁场的关系(dB/dH)。$H=0$ 处的(dB/dH)值点等于上述初始磁导率。

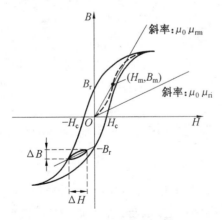

图 1.19   磁导率与磁场的关系

满足下式时

$$\frac{\mathrm{d}^2 B}{\mathrm{d} H^2} = 0 \tag{1.89}$$

当 $H_{\mathrm{m}}(\mathrm{d}B/\mathrm{d}H)$ 达到最大值，称为最大磁导率($\mu_0\mu_{\mathrm{rm}}$)，如图 1.18 和 1.19 所示。μ_{rm} 可以看作是振幅为 H_{m} 的低频交变场的相对磁导率的近似值。

考虑将交变场 H_2 叠加在与 H_2 平行的稳定场 H_1 上的情况。如果 $H_2 \gg H_1$，则磁滞回线可以简单地平移而不发生实质变形。如果 $H_2 \ll H_1$，则将存在一个偏心局部循环，该局部循环始终包含在主循环中。在存在叠加的稳态场 H_1 的情况下，相对磁导率微分 $\mu_{\mathrm{r\Delta}}$ 的定义为

$$\mu_{\mathrm{r\Delta}} = \frac{1}{\mu_0} \frac{\Delta B}{\Delta H} \tag{1.90}$$

式中，ΔH 为交变磁场的振幅；ΔB 为交变磁场的相应的磁感应。

可逆相对磁导率 μ_{rr} 是趋于零时交变场差分相对磁导率的值，即

$$\mu_{\mathrm{rr}} = \frac{1}{\mu_0} \lim_{\Delta H \to 0} \frac{\Delta B}{\Delta H} \tag{1.91}$$

材料对电磁波的吸收性能取决于材料的介电常数和磁导率 μ。通常采用相对复介电常数和磁导率 μ_{r}、自由空间介电常数和磁导率 μ_0 来表征材料的介电常数和磁导率 μ 之间关系，即 $\mu_{\mathrm{r}} = \mu' - \mathrm{j}\mu''$。相对复磁导率可由公式 $\mu_{\mathrm{r}} = \mu' - \mathrm{j}\mu''$ 表示。其中，μ' 为相对复磁导率实部，表示吸波材料在电场或磁场作用下发生磁化的能力；μ'' 为相对复磁导率虚部，表示在外加磁场下，吸波材料的磁偶极矩发生重排引起磁损耗的量度。

3. 硬磁性材料

根据矫顽力的值，磁性材料可以分为软磁性材料和硬磁性材料。图 1.20(a) 显示了软磁性材料的典型磁滞回线。术语"软"适用于矫顽力低的磁性材料，即只需要很小的磁场强度即可使材料中的磁通量消磁或反转。通常，软磁性材料具有高磁导率。在磁滞回线所包围的区域很小，因此在磁化周期中损失的能量很小。在微观尺度上，软磁性材料中的磁畴可以轻松地旋转。软磁性材料被广泛用于电气领域，例如变压器铁心。图 1.20(b) 显示了硬磁性材料的典型磁滞曲线。硬磁性材料的矫顽场高，因此很难对其进行消磁。硬磁性材料的磁导率通常很小，被磁滞回线包围的面积较大。通常，硬磁材料被用作永磁体。

一般而言，软磁材料的矫顽场小于 10 Oe(1 Oe ≈ 79.578 A/m)，而硬磁材料的矫顽场大于几百奥斯特。而软磁性材料和硬磁材料的分类标准不能用净磁通量密度 B_{r} 区分。如图 1.21 所示，软磁性材料和硬磁性材料都可以具有矩形磁滞回线。

对于具有矩形磁滞回线的材料，当消除磁化场时，磁通密度几乎保持不变，因此剩余磁通密度实际上与饱和磁通密度相同。这意味着，一旦材料被磁化，磁化场关闭时，它将保留大部分磁通密度。

4. 标量磁导率的意义

磁共振是磁性材料重要的损耗机理，在磁性材料应用中应充分考虑磁共振。对于大多数磁性材料，微波频率下的能量耗散与自然共振和畴壁共振有关。

如图 1.22 所示，在直流磁场 H 和交流磁场 h 下，磁矩 M 在直流磁场 H 周围产生旋进，而交流磁场 h 提供能量以补偿旋进的能量耗散。这是铁磁共振的起源，可以用吉尔伯特方程描述为

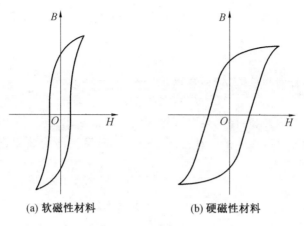

(a) 软磁性材料　　　　(b) 硬磁性材料

图 1.20　磁滞回线

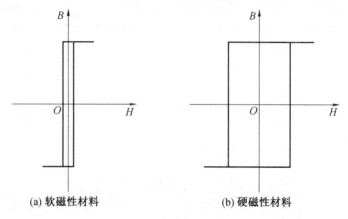

(a) 软磁性材料　　　　(b) 硬磁性材料

图 1.21　矩形磁滞回线

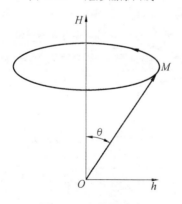

图 1.22　磁矩进动

$$\frac{dM}{dt} = -\gamma M H + \frac{\lambda}{M} M \frac{dM}{dt} \tag{1.92}$$

式中，γ 为旋磁比，$\gamma = 2.8\ \mathrm{MHz/Oe}$；$\lambda$ 为阻尼系数。

直流磁场 H 包括外部直流磁场 H_0、各向异性磁场 H_a、退磁磁场 H_d 等。如果 $H_0 = 0$，则铁磁共振称为自然共振。

自然共振的共振频率 f_r 主要由材料的各向异性场决定。对于具有单轴各向异性的材料,谐振频率为

$$f_r = \gamma H_a \tag{1.93}$$

对于具有平面各向异性的材料,共振频率为

$$f_r = \gamma (H_\theta H_\varphi)^{1/2} \tag{1.94}$$

有两种典型的共振类型:洛伦兹型和德拜型。应该指出的是,在实际材料中,自然共振可能是洛伦兹型和德拜型中的一种。当 λ 小于 1 时发生洛伦兹型,也称为共振型。从式(1.94)可以得到

$$\mu_r = 1 + \frac{\chi_0}{1 - (f/f_r)^2 + j(2\lambda f/f_r)} \tag{1.95}$$

式中,χ_0 为材料的静态磁化率;f_r 为共振频率;f 为工作频率。

图 1.23(a) 显示了洛伦兹型共振的典型磁导率谱。

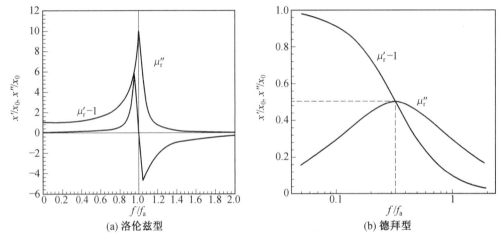

(a) 洛伦兹型　　　　　　(b) 德拜型

图 1.23　两种类型的渗透率谱

当 λ 大于 1 时,发生德拜型。德拜型也称为弛豫类型,从式(1.95)可以得到

$$\mu_r = 1 + \frac{A}{1 + j(\lambda f/f_r)} \tag{1.96}$$

图 1.23(b) 显示了典型的德拜型磁导率谱。

斯诺克极限描述了共振频率和磁导率之间的关系。对于具有单轴各向异性的材料,有

$$f_r(\mu_r - 1) = \frac{2}{3}\gamma M_s \tag{1.97}$$

式中,M_s 为饱和磁化强度。

对于具有给定共振频率的材料,较高的饱和磁化强度对应于较高的磁导率。对于具有平面各向异性的材料,Snoek 极限的形式为

$$f_r(\mu_r - 1) = \frac{1}{2}\gamma M_s \left(\frac{H_\theta}{H_\varphi}\right)^{\frac{1}{2}} \tag{1.98}$$

平面各向异性为获得预期谐振频率和磁导率的材料提供了更大的灵活性。

如果将直流磁场 H 施加给磁性材料,则在靠近磁场方向上的畴区增大,而在靠近磁场相反方向的畴区收缩。域的增长和收缩实际上是域壁的运动,如果施加交流磁场 h,则畴壁将在其平衡位置附近振动,畴壁共振机理如图 1.24 所示。

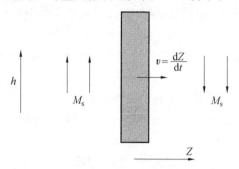

图 1.24   畴壁共振机理

当交流磁场的频率等于壁面振动的频率时,就会发生共振,这种共振通常称为畴壁共振。拉多提出了共振频率 f_r 与相对渗透率 μ_r 的关系为

$$f_r \cdot (\mu_r - 1)^{1/2} = 2\gamma M_s \cdot \left(\frac{2\delta}{D}\right)^{1/2} \tag{1.99}$$

式中,δ 和 D 分别为畴壁的厚度和宽度;M_s 为磁畴内的磁化强度,它等于材料的饱和磁化强度。

畴壁的运动类似于强制谐波运动。因此,可以使用弹簧方程式来描述壁共振:

$$m_w \frac{d^2 Z}{dt^2} + \beta \frac{dZ}{dt} + \alpha Z = 2M_s h e^{j\omega t} \tag{1.100}$$

式中,m_w 为畴壁的有效质量;β 为阻尼系数;α 为弹性系数;h 为微波磁场的振幅。

对于洛伦兹型共振,有

$$\mu_r = 1 + \frac{A}{1 - (f/f_\beta)^2 + j(f/f_\tau)} \tag{1.101}$$

式中,固有振动频率 f_β 由下式给出:

$$f_\beta = (\alpha/m_w)^{1/2} \tag{1.102}$$

弛豫频率 f_τ 由下式给出:

$$f_\tau = \alpha/\beta \tag{1.103}$$

对于大多数壁共振,$f_\beta \gg f_\tau$,式(1.94)变成

$$\mu_r = 1 + \frac{A}{1 + j(f/f_\tau)} \tag{1.104}$$

式(1.104)代表德拜型共振。

5. RGO/磁性材料复合吸波剂

磁性材料具有高的磁损耗,并在低频时具有较好的吸收表现,因此将介电损耗型 RGO 和磁损耗型磁性材料复合,可提高材料的吸收能力,拓宽材料的吸收带宽。近几年来,与 RGO 复合的磁性材料主要有纳米磁性金属颗粒、磁性金属氧化物和铁氧体。将软磁性的六方 $Co(\alpha-Co)$ 和四方 $Co(\beta-Co)$ 纳米晶组装在 RGO 表面,在试样厚度为 2 mm

时,最小反射系数达 -47.5 dB,有效吸收带宽约为 5 GHz。用蒸气扩散的方法制备了壳层厚度为 50 nm 的 $CoFe_2O_4$ 空心微球,均匀分布在 RGO 表面,试样厚度为 2 mm 时,最小反射系数为 -18.5 dB。通过水热法将 $\gamma-Fe_2O_3$ 胶体纳米颗粒均匀地组装在 GO 表面,并对 GO 进行了原位还原,在试样厚度为 2.5 mm 时,最小反射损耗达 -59.65 dB。另外,一些研究者在 RGO 和磁性材料的基础上又加入第 3 个损耗相来设计吸波材料。

6. 磁损耗

磁损耗主要包括涡流损耗、磁滞损耗和剩余损耗等,详细介绍见 1.3.1 节。

7. 室温电磁屏蔽效能

材料的总电磁屏蔽效能(SE_T)包括反射屏蔽效能(SE_R)、吸收屏蔽效能(SE_A)和多重反射屏蔽效能(SE_M)。三者的关系可表述为:$SE_T = SE_R + SE_A + SE_M$。一般认为当 SE_T 大于 15 dB 或 SE_A 大于 10 dB 时,SE_M 可忽略不计,即

$$SE_T \approx SE_R + SE_A$$

由 S 参数和下式可获得试样的反射系数(R)和透射系数(T),即

$$R = |S_{11}|^2 = |S_{22}|^2, \quad T = |S_{12}|^2 = |S_{21}|^2$$

根据 R 和 T,可计算试样的 SE_R 和 SE_A 为

$$SE_R = -10\log(1-R), \quad SE_A = -10\lg\frac{T}{1-R}$$

1.3.5 超材料

超材料并非通常意义上的"材料",是经特殊设计、具有自然材料及自然材料混合物所不具备的可控电学、磁学和光学特性的人工结构。它们拥有一些特别的性质,如让光、电磁波改变它们的性质,而这样的效果是传统材料无法实现的。超材料在成分上虽然没有特别之处,它们的奇特性质在于其精密的几何结构及尺寸,其微结构尺寸小于波长,得以对波施加影响。

电磁超材料使材料具有独特或优越的电磁性能。超材料的特殊性质来源于人工制造的、外部的、低维的不均匀性。超材料的发展包括单元电池设计,将单元电池组装成具有所需电磁特性的块状材料。人们可将毫米或厘米级结构进行有序排列,使其表现出独特的电磁性能。利用超材料独特的电磁性能可实现对电磁波的损耗,为吸波材料研究开辟了全新领域。近年来,电磁超材料的研究在开发功能性电磁材料中的应用非常活跃。下面将讨论超材料的三个示例:手性材料、左手材料和光子带隙材料。

1. 手性材料

近年来,手性材料受到相当大的关注,研究大螺旋分布的介电材料中电磁波的旋转和吸收可能具有多种潜在应用。随着微波组件和测量技术的发展,使手性参数直接和定量测量成为可能。

手性参数、介电常数和磁导率可通过对三个测得的散射参数来确定。只能用新的本构方程组来获得新的手性参数:

$$\boldsymbol{D} = \varepsilon\boldsymbol{E} + \beta\varepsilon\,\nabla\boldsymbol{E} \tag{1.105}$$

$$\boldsymbol{B} = \mu\boldsymbol{H} + \beta\mu\,\nabla\boldsymbol{H} \tag{1.106}$$

$$D = \varepsilon E + i\xi B \qquad (1.107)$$

$$H = i\xi E + B/\mu \qquad (1.108)$$

式中,ε 和 μ 分别为介电常数和磁导率;β 和 ξ 为手性参数,它是由介质的微观结构惯用性或缺乏反转对称性而产生的。手性参数、介电常数和磁导率的值随频率、内含物的体积浓度、内含物的几何形状和尺寸以及基质的电磁特性而变化。

2.左手材料

左手材料是渗透率和介电常数同时为负的材料。应当指出,术语"左手"既不表示手性也不表示对称性破缺,但与左手材料中讨论的效果不同。

材料都是"右手",这意味着场与波矢量之间的关系遵循"右手法则"。如果右手的手指代表波的电场,并且手指卷曲到右手的根部(代表磁场),那么伸出的拇指将指示波能量的流动方向。但是,对于惯用左手的材料,场和波矢量之间的关系遵循"左手规则"。

左手材料最早是在 1960 年由列别捷夫物理研究所的俄罗斯物理学家 Victor Veselago 设想的。他预测当光穿过同时具有负介电常数和负磁导率的材料时,将会出现新的光学现象,包括反向的 Cherenkov 辐射、反向的多普勒频移和反向的 Snell 效应。Cherenkov 辐射是带电粒子在一定条件下通过介质发出的光,在一般介质中,发射的光是向前的,而在左手材料中,发射的光是向后的。在惯用左手材料中,预计光波会表现出反向多普勒效应,来自光源的光会变红,而来自后退光源的光则会蓝移。

斯涅尔效应是左手材料和普通材料之间的界面反转,例如,从常规材料进入左手材料的光将发生折射,但与通常观察到的现象相反。明显的反转是因为左手材料的折射率为负导致的。在斯涅尔定律中使用负折射率可以准确描述左手材料和右手材料界面处的折射率。负折射率将导致使用左手材料制成的镜片产生异常的光学现象。如图 1.25 所示,左手材料的平板可以将来自点源的辐射聚焦回到点。因此,这种平板可以用作超透镜。

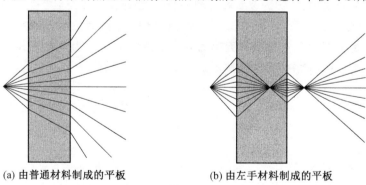

(a) 由普通材料制成的平板   (b) 由左手材料制成的平板

图 1.25　平板的效果

左手材料不是自然存在的。在 1990 年,帝国理工学院的彭德里(John Pendry)讨论了如何从成排的导线和负渗透性材料(由微小的共振环组成的阵列)中构建负介电材料。在 2000 年,David Smith 及其同事构造了一种在微波频率下具有负介电常数和负磁导率的材料。用金属丝和金属环制成的左手材料如图 1.26 所示,用铜线和铜环构成的左手材料,没有异常的特性,并且是非磁性的,但当传入的微波落在交替排列的环和导线排上,光线与整个环和导线阵列之间的共振反应建立起微小的感应电流,使整个结构"左手编辑"。线和环的尺寸、几何细节以及相对位置会严重影响左手的属性。

图 1.26　用金属丝和金属环制成的左手材料

　　物理学家对左手材料的光学性能提出了质疑。一些研究人员认为,左手材料充当完美镜片的说法违反了节能原则。同时,一些研究人员指出,左手材料中的"负折射"将突破光速的极限。也有研究人员为左手材料辩护。如果可以证明左手材料的负折射和完美的透镜作用,则左手材料的应用范围将进一步拓宽,包括半导体中的高密度数据存储和高分辨率光学光刻。

　　应该指出,许多研究引入了新的术语,如反向波材料用于表示介电常数和磁导率为负、相速度和群速度反转的材料。具有负折射率的材料强调了修正的斯涅尔效应。

3. 光子带隙材料

　　光子带隙(PBG)材料,也称为光子晶体,是一种在空间中折射率周期性变化的材料。使用该名称是因为某些波长的电磁波无法在这种结构中传播。PBG 结构通常可用圆形频率和波矢量来描述,称为波频散。PBG 结构中的波色散类似于半导体中电子的能带色散(电子能量与波矢量)。图 1.27(a) 为三维 PBG 结构示意图,其电介质球的阵列被真空包围球的折射率为 3.6,球的填充率为 34%。频率以 c/a 为单位给出,其中 a 是菱形晶格的立方常数。PBG 结构的波散如图 1.27(b) 所示。

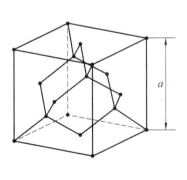

(a) 三维PBG结构示意图

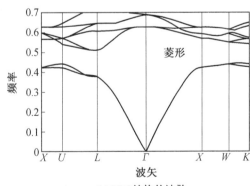

(b) PBG结构的波散

图 1.27　三维 PBG 结构和 PBG 结构的波散

带隙起源于周期性结构中波的传播。当波以周期性结构传播时,会发生一系列折射和反射。入射波和反射波会发生干涉,并且会根据相位差相互增强或抵消。如果入射波的波长与结构的周期相同,则发生非常强的干扰,可以实现完美抵消,波被衰减,不能通过周期性结构。从广义上讲,以周期性电子势传播的半导体的电子带隙也属于这一类。由于 PBG 和电子带隙的相似性,用于电磁波的 PBG 材料可视为光子的半导体。

PBG 材料具有重要的意义,因为阻带和通带频率特性可以用来描述电磁波的流动。PBG 的概念已经在各个领域中得到了广泛的应用,特别是在光电和通信系统中。PBG 的特点是在一定频率范围内电磁波的强烈反射以及高传输。带隙的中心频率、深度和宽度可以通过修改单元的几何形状、排列以及组成材料的固有特性来调整。

应当指出,PBG 结构在自然界中也存在。璀璨的宝石蛋白石、色彩缤纷的蝴蝶翅膀和蠕虫状生物(海鼠)的毛发都具有典型的 PBG 结构,其晶格间距恰好可以衍射可见光。

1.3.6　其他种类电磁材料

除了以上介绍的介电材料、导体、半导体材料、超材料、磁性材料以外,电磁波吸收材料还可分为以下几种。

1.线性和非线性材料

线性材料与外部施加的电场和磁场呈线性响应。在弱磁场范围内,大多数材料对施加的磁场表现出线性响应。在表征材料的电磁性能时,也通常使用弱磁场,并且假设所研究的材料是线性的,施加的电场和磁场不会影响被测试材料的性能。

但是,某些材料容易显示非线性特性。非线性材料的典型类型是铁氧体。如前所述,由于 B 和 H 之间的非线性关系,如果施加不同的磁场 H 强度,则可以获得不同的磁导率值。

2.各向同性和各向异性材料

各向同性材料的宏观特性在所有方向上都是相同的,因此可以用标量或复数表示。但是,各向异性的材料具有方向依赖性,通常用张量或矩阵表示。一些晶体由于其晶体结构而具有各向异性。

3.单片和复合材料

根据组成成分的不同,材料可分为单片材料和复合材料。单片材料只有一种组分。复合材料有几种成分,其中一种被称为基质,另一种被称为夹杂物或填充物。复合材料的性能与组分的性质和组分的比例有关,因此可以通过改变组分的比例和组分种类来调整材料的电磁性能。复合材料电磁性能的研究引起了人们的广泛关注,目的是为了开发具有预期电磁性能的复合材料。

从复合材料组分性质来预测复合材料的性质是理论和实验物理学中一个重要的问题。自 19 世纪末以来,复合材料的宏观电磁特性与各组分的宏观电磁特性之间的规律一直是人们研究的课题。获得单一有效介电常数和磁导率的复合材料在许多领域,例如,遥感、微波工业和医学应用、材料科学和电气工程领域,都是必不可少的。

均场法和有效介质法是预测复合材料性能的两种传统方法。在均场法中,计算了代表各组分平行和垂直排列的性质的上下限。计算复合介电常数就是实用的方法。对于各向同性复合材料,可以计算出更接近的极限,根据形态学知识还可以计算出更复杂的极限。在有效介质法中,假设存在一个有效介质,其性质用一般的物理原理,如平均场、电位连续性、平均极化率等来计算。

为了更准确地预测复合材料的性能,通常采用数值方法。计算离散随机介质有效介电常数的数值对于地球物理勘探、人工介质等具有重要意义。在这种介质中,传播的电磁波经历了弥散和吸收。有些材料由于黏性而具有天然的吸收性,而非均匀介质由于几何分散或多次散射具有吸收性。复合材料中单个粒子(或包含物)的散射特性可以用跃迁或 T 矩阵来描述,频率依赖介电特性可以用多重散射理论和粒子之间的相关函数来计算。接下来主要研究复合材料的介电常数,主要讨论介电－介电复合材料和介电－导体复合材料。

复合材料的主介质通常是介电材料,如果夹杂物也是介电材料,则称为介电－介电复合材料。夹杂物的形状和结构影响复合材料的整体性能。

含有球形夹杂物的复合材料是最简单也是最重要的一种复合材料。考虑混合介质的介电常数 ε_{0n} 在夹杂物的单位体积和夹杂物的极化率 α。有效介电常数 ε_{eff} 定义为平均电位移 D 和平均电场 E 之间的比值,即 $D = \varepsilon_{eff}E$。电位移 D 取决于材料的极化 P,即 $D = \varepsilon_0 E + P$,极化可以为包含 n 的偶极矩 P,$P = np$。这种处理假定偶极矩对所有包含物都是相同的。如果包含物具有不同的极化率,则极化必须用每个偶极矩的数密度加权来求和,这样,整体极化就由各个包含物的总和或积分组成。

偶极矩 p 取决于极化率和励磁场 E_e:$p = \alpha E_e$。对于球形夹杂物,励磁场 $E_e = E + P/(3\varepsilon_0)$。根据上面的方程,有效介电常数是偶极矩密度 $n\alpha$ 的函数:

$$\varepsilon_{eff} = \varepsilon_0 + 3\varepsilon_0 \frac{n\alpha}{3\varepsilon_0 - n\alpha} \tag{1.109}$$

式(1.109)也可以写成克劳修斯－莫索提公式的形式,即

$$\frac{\varepsilon_{eff} - \varepsilon_0}{\varepsilon_{eff} + 2\varepsilon_0} = \frac{n\alpha}{3\varepsilon_0} \tag{1.110}$$

如果复合材料中含有不同极化率的夹杂物,例如 N 种不同类型的球具有不同的介电率,则式(1.110)应修改为

$$\frac{\varepsilon_{eff} - \varepsilon_0}{\varepsilon_{eff} + 2\varepsilon_0} = \sum_{i=1}^{N} \frac{n_i \alpha_i}{3\varepsilon_0} \tag{1.111}$$

式中,ε_0 为背景介质的介电常数;ε_1 为夹杂物的介电常数;f_1 为夹杂物的体积分数。这种夹杂物在静电场中的极化率取决于静电场中内外场的比值。半径为 a_1 的球形包体的极化率为

$$\alpha = 4\pi\varepsilon_0 a_1^3 \frac{\varepsilon_1 - \varepsilon_0}{\varepsilon_1 + 2\varepsilon_0} \tag{1.112}$$

所以混合物的有效介电常数为

$$\frac{\varepsilon_{eff} - \varepsilon_0}{\varepsilon_{eff} + 2\varepsilon_0} = f_1 \frac{\varepsilon_1 - \varepsilon_0}{\varepsilon_1 + 2\varepsilon_0} \tag{1.113}$$

式(1.113)称为瑞利公式。

复合材料混合的配方取决于其真实微观结构建模的准确性。除了瑞利公式外,其他几个公式也是用复合材料微观结构的不同近似法推导出来的。几个常用公式的有效介电

常数 ε_{eff} 与背景介质的介电常数 ε_0 和球形夹杂物的介电常数 ε_1 与体积分数 f_1 表示,关系如下:

Looyenga 方程式:

$$\varepsilon_{eff}^{\frac{1}{3}} = f_1 \varepsilon_1^{\frac{1}{3}} + (1 - f_1)\varepsilon_0^{\frac{1}{3}} \tag{1.114}$$

Beer's 方程式:

$$\varepsilon_{eff}^{\frac{1}{2}} = f_1 \varepsilon_1^{\frac{1}{2}} + (1 - f_1)\varepsilon_0^{\frac{1}{2}} \tag{1.115}$$

Lichtenecher 方程式:

$$\ln \varepsilon_{eff} = f_1 \ln \varepsilon_1 + (1 - f_1)\ln \varepsilon_0 \tag{1.116}$$

式(1.114)~(1.116)可以推广到多相复合材料,但不适用于含有层状夹杂物的复合材料,因为忽略了夹杂物中不同层间的相互作用。

在介质－导体复合材料中,主介质是介电材料,而内含物是导体。这种复合材料具有广泛的电气和电磁应用,如抗静电材料、电磁屏蔽和雷达吸收器。

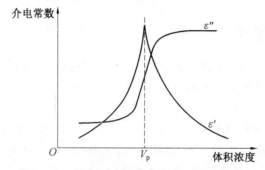

(a) 渗流阈值附近的静态介电常数的变化

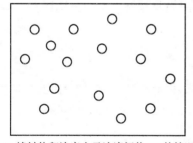

(b) 填料体积浓度小于渗流阈值(V_p)的情况

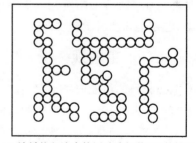

(c) 填料体积浓度接近渗流阈值(V_p)的情况

图 1.28　介质－导体复合材料的渗滤

对于电导复合材料,存在一种称为渗滤的现象。当导电夹杂物的体积浓度接近渗流阈值时,电介质复合材料导电。当导电夹杂物浸透时,可以观察到其介电常数的显著变化。如图 1.28(a) 所示,在渗流阈值附近,随着导电包裹体体积浓度的增加,复合材料的介电常数实部迅速增大,在渗流阈值处达到最大值,而介电常数虚部随导电夹杂物体积浓度的增大而单调增大。导电包裹体的连接是导电现象的起源。图 1.28(b) 和(c) 分别为导电包裹体体积浓度小于和接近渗流阈值时,导电包裹体在介质中的分布情况。

渗透阈值的位置以及阈值周围介电常数和电导率的浓度依赖关系取决于基质的性质、导电包裹体和复合材料的形貌。在渗透研究中,建立渗透阈值附近的介电常数或电导率模型具有重要的理论意义和应用意义。

应该强调的是,夹杂物的几何形状在决定渗透阈值和介质－导体复合材料的电磁特性方面起着重要作用。一般包裹体的几何形状是椭球体,在特殊条件下,可以是圆盘、球体和针状。近年来,含有纤维夹杂物的复合材料引起了人们的广泛关注。通过添加碳纤维或金属纤维,可以大大提高聚合物材料的机械性能和电学性能,而纤维增强复合材料由于其独特的机械、化学和物理性能,具有广泛的实际应用价值。纤维填充复合材料为介电性能的调整提供了更多的可能性。金属纤维填充复合材料具有明显的微波介电色散,这对微波吸收材料的发展具有重要的意义。

还应指出,在许多其他体系中也存在渗滤现象,如金属－超导体复合材料的超导性和流体通过多孔介质的泄漏。

1.4　材料的内在属性和外在表现

1.4.1　内在属性

本章讨论的电磁特性大多数都是固有的,因为它们是由各自的基本性质决定的,而不是几何形状决定的。本节集中讨论材料的固有特性,对物理学、材料科学和微波电子学中经常研究的材料的固有特性做一个简要的总结。

描述材料本征电磁特性的参数一般包括本构参数、传播参数和电输运特性。低电导率材料的本构参数主要包括介电常数、磁导率、电导率和手性。电磁波可以在低导电性材料中传播,传播参数主要包括波阻抗、传播常数和折射率。对于导体和超导体,主要的传输参数是趋肤深度和表面阻抗。对于半导体,固有特性通常由电输运特性来描述,包括霍尔迁移率、电导率和载流子密度。

1.4.2　外在表现

由于电磁材料的性能取决于它们的几何形状,因此对功能材料的结构设计,即根据所使用的原材料的内在特性来实现所期望的外在性能。相关的性能可以通过生产过程进行监控,以确保最终产品具有指定的外部性能。

外在表现形式多种多样,很难进行系统的分类。本节主要讨论传输线的特性阻抗。

在高速电路的设计中,必须认真考虑传输线的特性阻抗。图 1.29 显示了连接到源的传输线,以及来自源的电压和电流信号在传输线上传播时如何与传输线相互作用。如果传输线的特性阻抗发生变化,无论是几何形状还是材料的变化,都会反射一些信号。在具有特性阻抗 Z_1 和 Z_2 的两段传输线之间的界面处,反射率为

$$\Gamma = \frac{V_{\text{reflected}}}{V_{\text{incident}}} = \frac{Z_2 - Z_1}{Z_2 + Z_1} \tag{1.117}$$

在每个界面,都会有一系列的反射。因此,阻抗不连续使信号失真,降低了信号的完整性,增加了驻波和上升时间衰减,需要更长的整定时间。解决这些问题的方法是在整个传输线上使用相同的特性阻抗,包括线路和连接器。通过考虑可制造性、成本、噪声灵敏

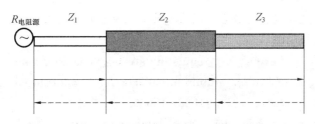

图 1.29　传输线阻抗不连续性
实箭头表示传输信号,虚线箭头表示反射信号

度和功耗,大多数系统的最佳 Z_0 值为 $50 \sim 80 \ \Omega$。

　　微带是微波电子学中应用最广泛的传输线。如图 1.30 所示,微带线的结构参数为微带宽度 W 和电介质衬底厚度 d。微带的特性阻抗取决于基片的介电常数和结构参数。对于较薄的衬底($d/W < 1$),微带线的特性阻抗为

$$Z_0 = \frac{120\pi}{\sqrt{\varepsilon_E \left[W/d + 1.393 + 0.667\ln(W/d + 1.444) \right]}} \tag{1.118}$$

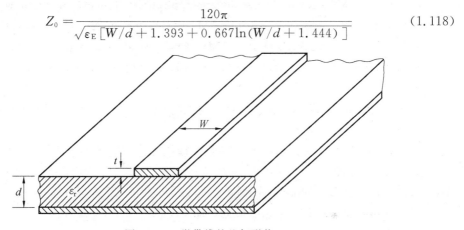

图 1.30　微带线的几何形状

由此求得有效的电介常数 ε_e 为

$$\varepsilon_e = \frac{\varepsilon_r + 1}{2} + \frac{\varepsilon_r - 1}{2} \frac{1}{\sqrt{1 + 12d/W}} \tag{1.119}$$

　　如果在介电厚度为 5 mm、介电常数为 5 的基片上制作一条 50 Ω 的微带传输线,那么传输线的宽度应该在 9 mm 左右。如果线宽变化为 ±1 mm,则特性阻抗变化为 ±10%。如果介电常数变化为 ±10%,则特性阻抗变化为 ±5%。因此,线宽比基片的介电常数对特性阻抗更敏感。第 2 章将对微带线和其他类型的传输线进行更多的讨论。

本章参考文献

[1] 邱成军,王元化,王义杰. 材料物理性能[M]. 哈尔滨:哈尔滨工业大学出版社,2002.

[2] 孙目珍. 电介质物理基础[M]. 广州:华南理工大学出版社,2000.

[3] 韩美康. 二维吸波材料的微结构设计及电磁特性研究[D]. 西安:西北工业大学,2018.

[4] 刘晓菲. 高温结构吸波型 SiC_f/Si_3N_4 复材优化设计基础[D]. 西安:西北工业大学,2017.

［5］石东平,唐祖义,陈武.趋肤效应的理论研究与解析计算［J］.重庆文理学院学报(自然科学版),2009,28(5):18-21.

［6］LU S R,XIA L. Permittivity-regulating strategy enabling superior electromagnetic wave absorption of lithium aluminum silicate/rGO nanocomposites［J］. ACS Appl. Mater. & Interfaces,2019,11:18626-18636.

［7］MENG F B. Graphene-based microwave absorbing composites:A review and prospective［J］. Composites Part B,2018,137:260-277.

［8］SUN H. Cross-stacking aligned carbon-nanotube films to tune microwave absorption frequencies and increase absorption intensities［J］. Adv. Mater. ,2014,26: 8120-8125.

［9］赵继军,陈岗.超导 BCS 理论的建立［J］.大学物理,2007,26(9):46-51.

［10］DONG B,WANG X M. The study and application of electromagnetic wave absorption materials research［J］. Applied Mechanics and Materials,2014,3512:137-140.

［11］PONGHA S,THONGBAI P,YAMWON T,et al. Giant dielectric response and polarization relaxation mechanism in (Li,V)-doped NiO ceramics［J］. Scripta Materialia,2009,60(10):870-873.

［12］吕笑梅,黄凤珍,朱劲松.铁电材料中的电畴:形成、结构、动性及相关性能［J］.物理学报,2020,69(12):33-50.

［13］吴博睿,王光明,李海鹏,等.基于等效传输线理论的高效超宽带吸波体［J］.微波学报,2020(4):33-42.

［14］WU B R. Efficient ultra-broadband wave absorber based on equivalent transmission line theory［J］. Journal of Microwaves,2020,36(4):33-37.

［15］于建秀.单导体传输线理论与技术研究［D］.成都:电子科技大学,2020.

［16］邓显玲,黎泽伦,杨孟涛,等.基于双层电阻膜的宽频带超材料吸波体设计［J］.重庆大学学报,2020(43):47-53.

［17］王彦朝,许河秀,王朝辉,等.电磁超材料吸波体的研究进展［J］.物理学报,2020,69(13):39-51.

［18］杨鸿旸. CNTs/Co/rGO 复合材料的制备及其电磁性能研究［D］.哈尔滨:哈尔滨工业大学,2019.

［19］LI B Z. Facile synthesis of Fe_3O_4 reduced graphene oxide polyvinyl pyrrolidone ternary composites and their enhanced microwave absorbing properties［J］. Journal of Saudi Chemical Society,2018,22:979-984.

［20］张晨.新型超材料天线的电磁理论及实现方法研究［D］.北京:北京邮电大学,2019.

第 2 章　　微波理论与材料性能表征

本章讨论电磁材料的基本微波理论和性能表征技术。材料性能表征方法一般分为非共振方法和共振方法,相应地,主要讨论两种微波现象:一种是基于微波传播的非共振方法,另一种是基于微波共振的共振方法。在讨论中,场方法和线方法都被用于分析电磁结构。在本章的最后,将介绍微波网络的概念,并讨论表征传播和频率网络的实验技术。

2.1　　电磁材料表征和微波方法

本节重点介绍低导电性材料的介电常数和磁导率以及高导电性材料的表面阻抗。

微波材料表征方法一般分为非共振方法和共振方法。非共振方法和共振方法常结合使用,将非共振方法得到的材料特性与共振方法得到的材料特性相结合,可以得到频率范围内的材料特性。

2.1.1　　非共振方法

在非共振方法中,材料的特性由阻抗和波速确定。当电磁波从一个自由空间到另一个自由空间,两种材料之间的界面导致部分反射电磁波的波阻抗特征和波速发生变化。通过测量界面处的反射和通过界面的透射波,从而得到两种材料之间的介电常数和磁导率等信息。

非共振方法主要包括反射法和透射／反射法。在反射法中,材料的性质是根据样品的反射来计算的,而在透射／反射法中,材料的性质是根据样品的反射和通过样品的透射来计算的。

1.反射法

在反射法中,电磁波直接作用于被研究的样品,根据参考平面上的反射系数推导出样品的性质。通常,反射法只能测量一个参数,要么是介电常数,要么是磁导率。

在材料性能表征中常用两种反射:开路反射和短路反射,其对应的方法分别称为开路反射法和短路反射法。

图 2.1 为同轴开路反射示意图。在实际应用中,通常将开口端的外导体制作成法兰,以提供合适的电容并确保样品加载的重复性,测量的夹具被称为同轴电介质探头。假设被测材料为非磁性材料,且探头无法探测到电子磁场与样品相互作用的非接触边界。为了满足该假设,样品的厚度应远远大于开放式同轴电缆孔径的直径,同时材料应该有足够的损耗。

图 2.2 为同轴短路反射示意图,这种方法经常用来测量磁导率。在这种方法中,样品的介电常数是不敏感的,通常假定为 ε_0。

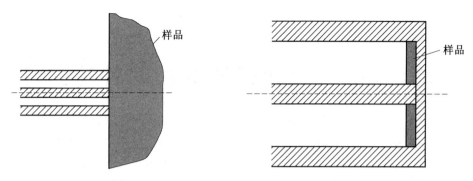

图 2.1　同轴开路反射示意图　　　　　　　图 2.2　同轴短路反射示意图

2.透射／反射法

在透射／反射法中,将被测材料插入一条传输线中,根据材料的反射和通过材料的透射推导出材料的性质。该方法广泛应用于低导电性材料的介电常数和磁导率的测量,也可用于高导电性材料表面阻抗的测量。

透射／反射法可以同时测量低电导率材料的介电常数和磁导率。图 2.3 为同轴透射／反射法示意图。加载试样的传输线段的特性阻抗与未加载试样的传输线段的特性阻抗不同,这种差异导致传输线与未加载试样的传输线在接口处具有特殊的透射和反射特性。样品的介电常数和磁导率来自于样品加载单元的反射系数和透射系数。

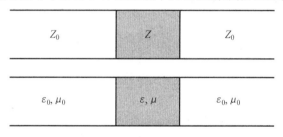

图 2.3　同轴透射／反射法示意图

透射／反射法也可用于测量高导电薄膜的表面阻抗。图 2.4 所研究的薄膜在波导传输结构中形成准短路,由透射功率与入射功率之比和薄膜表面的相移可以推导出薄膜的表面阻抗。但是,这种方法只适用于厚度小于样品穿透深度的薄膜,并且需要高动态范围的测量系统,目前已用于超导超薄膜微波表面阻抗的研究。

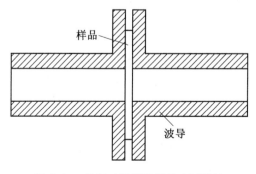

图 2.4　透射／反射法测量表面阻抗

2.1.2　谐振方法

谐振方法通常比非谐振方法具有更高的精度和灵敏度,适用于低损耗样品。谐振方法一般包括谐振器法和谐振－微扰法,是根据给定尺寸的介电谐振器的介电常数和磁导率来确定谐振频率和质量因子的。这种方法通常用来测量低损耗介电材料的磁导率(μ_0)。谐振－微扰法是建立在谐振－微扰理论基础上的。对于给定电磁边界的谐振器,当引入样品改变部分电磁边界条件时,其谐振频率和质量因子也会发生变化。样品的性质可以通过谐振频率和质量因子的变化得到。

1.谐振器法

谐振器法常被称为介质谐振法,用来测量介电材料的介电常数和导电材料的表面电阻。

在介电特性的谐振器法测量中,被测样品作为测量电路中的谐振器,样品的介电常数和损耗正切由其谐振频率和质量因子决定,图 2.5 为电介质谐振器中常用的结构。样品夹在两块导电板之间,谐振特性主要取决于介电筒和两块导电板的特性。在测量介电圆柱的介电特性时,假定导电板的介电特性是已知的。该方法可用于测量高介电常数、低损耗和各向异性材料。

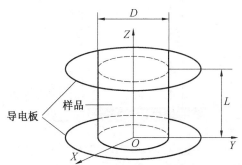

图 2.5　电介质谐振器中常用的结构

图 2.5 所示的结构也可用于测量导体的表面电阻。如果电介质圆柱的介电特性已知,从整个谐振结构的质量因子可以计算出导体板的表面电阻。

2.谐振－微扰法

当样品被引入谐振腔时,谐振腔的谐振频率和质量因子会发生变化,样品的电磁特性可以通过谐振腔的谐振频率和质量因子的变化得到。一般来说,谐振－微扰法主要分为以下两种:腔壁微扰和介质微扰。腔壁微扰指空腔形状、尺寸发生微小变化,从而对谐振腔进行调谐。介质微扰指空腔的形状尺寸不变,腔内介质发生微小变化,从而对空腔内谐振频率进行调整。介质微扰又可分为两种:一是整个腔中介质常数略有变化;二是腔内很小区域内介质常数变化而其余区域介质常数不变。

如图 2.6 所示,将被研究的样品引入 A 处,A 处的介电场最大,磁场最小,可以表征样品的介电性能;将样品置于电场最大、磁场最小的 B 处,可以表征样品的磁性能。

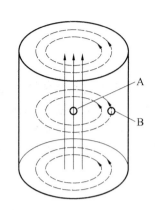

图 2.6　采用共振－微扰法测量材料性能的圆柱谐振腔
A— 介电常数测量；B— 磁导率测量

导体表面电阻测量的空腔扰动法如图 2.7 所示，在这种方法中，空心金属腔的端壁被样品所代替。了解谐振腔的几何形状和谐振模式后，可以通过改变端壁的质量因子得到导体样品的表面电阻。

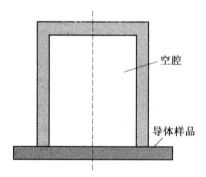

图 2.7　导体表面电阻测量的空腔扰动法

谐振法可通过测量夹具的谐振频率和质量因子获得。由于谐振频率可以由频域中的 S 参数确定，下面将重点介绍质量因子的测量。质量系数可由下式计算

$$Q_{\mathrm{L}} = \frac{f_0}{\Delta f} \tag{2.1}$$

式中，f_0 为共振频率；Δf 为半功率带宽。

如图 2.8 所示，Δf 可以用不同的方法测定。

在确定材料损耗角正切的谐振法中，空载质量因子的测量至关重要。接下来介绍两种常用的质量因子测量方法：反射法和透射法，以及质量因子测量中的非线性现象。

（1）反射法。

反射法是一种单端口方法，测量的参数是散射参数 S_{11}。如图 2.9 所示，用于确定半功率宽度的 S_{11} 通过式（2.2）求出。

$$S_{11,\Delta f} = 10\lg\left(\frac{10^{S_{11,b}} + 10^{S_{11,f_0}}}{2}\right)(\mathrm{dB}) \tag{2.2}$$

式中，$S_{11,b}$ 为谐振基线的 S_{11} 值；S_{11,f_0} 为谐振频率下的 S_{11} 值。

如图 2.10 所示，耦合系数 β 可由反射史密斯图确定，即

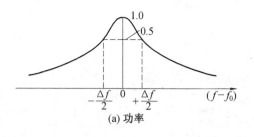

(a) 功率

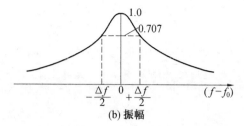

(b) 振幅

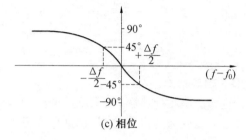

(c) 相位

图 2.8 Δf 用于测量负载质量因子

$$\beta = \frac{1}{(d_2/d) - 1} \tag{2.3}$$

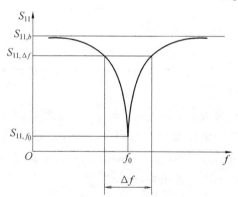

图 2.9 从 S_{11} 测量质量因子

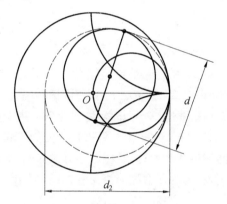

图 2.10 耦合系数的测量

式中,d 为共振圆的直径;d_2 为损耗圆的直径。

在获得 Q_L 和 β 后,卸载质量因子 Q_0 的计算式为

$$Q_0 = (1 + \beta)Q_L \tag{2.4}$$

(2) 透射法。

透射法是一种双端口方法,质量因子由散射参数 S_{21} 获得。如图 2.11 所示,用于确定半功率宽度的 S_{21} 值为

$$S_{21,\Delta f} = S_{21,f_0} - 3(\text{dB}) \tag{2.5}$$

式中,S_{21,f_0} 为谐振频率下的 S_{21} 值。

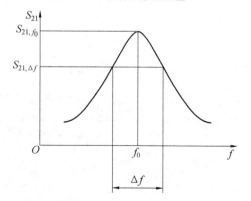

图 2.11 半功率宽度 S_{21} 值的测量

卸载质量系数可根据下式计算得到

$$Q_0 = (1 + \beta_1 + \beta_2) Q_L \tag{2.6}$$

式中，β_1 和 β_2 分别为腔与两个端口的耦合系数。

通过测量共振频率 f_0 处所有 4 个 S 参数的幅值，可以得到

$$\beta_1 = \frac{1 - S_{11,f_0}}{S_{11,f_0} + S_{22,f_0}} \tag{2.7}$$

$$\beta_2 = \frac{1 - S_{22,f_0}}{S_{11,f_0} + S_{22,f_0}} \tag{2.8}$$

$$S_{21,f_0} = S_{12,f_0} = \frac{2\sqrt{\beta_1 \beta_2}}{1 + \beta_1 + \beta_2} \tag{2.9}$$

（3）质量因子测量中的非线性现象。

在非线性材料的研究中，如高温超导薄膜，在微波功率达到一定水平后，谐振曲线将呈现非线性现象，即由洛伦兹型转变为非洛伦兹型，在这种情况下，采用传统的带宽测量方法可能会产生较大的误差。

在仅涉及线性响应的情况下，传输模式谐振器的损耗 $T(f) = |S_{21}(f)|^2$ 与频率的关系如下式所示：

$$T(f) = \frac{|T(f_0)|}{1 + [2Q_L(f - f_0) / f_0]^2} \tag{2.10}$$

式中，$T(f_0) = 4\beta_1 \beta_2 / (1 + \beta_1 + \beta_2)$；$\beta_1$ 和 β_2 为耦合系数。

$T(f)$ 的谐振曲线呈洛伦兹形状，谐振器的负载因子 Q_L 可以通过测量传输曲线的 3 dB（半功率）带宽 $\Delta f_{3\,dB}$ 和谐振频率 f_0 获得。

当谐振器发生非线性响应时，共振曲线将变得不对称。图 2.12 为由双面超导 YBa$_2$Cu$_3$O$_{7-d}$（YBCO）薄膜制成的微带谐振器的谐振曲线。当输入功率较低时，谐振曲线与谐振频率对称，且能够很好地拟合洛伦兹函数。随着输入功率的增大，谐振曲线逐渐变宽，转变为非对称非洛伦兹曲线，峰值谐振频率向低频偏移，损耗增大。

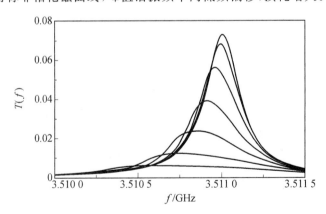

图 2.12　由双面超导 YBa$_2$Cu$_3$O$_{7-d}$（YBCO）薄膜制成的
微带谐振器的谐振曲线

2.2 微波的传输

表征材料性能的方法有两种:非共振法和共振法,与这两种方法相关的微波现象是微波传输和微波共振。本节将讨论微波传输。

本节首先介绍了传输线理论和传输史密斯图。然后,分别讨论在材料特性表征广泛应用的传输线:波导传输线、表面波传输线和自由空间传输线。

2.2.1 传输线理论

传输线是用于测量材料电磁性能的基本设备。在样品架(传输线的一小段)上装有测试样品,然后测量该样品架的射频能量的反射或传输。

使用传输线方法来分析传输结构能最大限度地减少能量从系统中逸出,从而降低测试样本中能量的损失。因为测量所依据的理论有充分的证据,所以可以对材料性能进行准确的评估。常使用等效电路来表示传输结构。

1.传输结构的一般性能

假定存在一个圆柱形金属传输结构,其截面在 z 方向上不变。如图 2.13 所示,金属传输线有两种类型,一种是单一的空心金属管,另一种是由两个或两个以上的导体组成的复合结构。电磁波沿传输结构的传播过程可以用麦克斯韦方程组来分析,由此得到电场 E 和磁场 H 的波动方程,即

$$\nabla^2 E + k^2 E = 0 \tag{2.11}$$

$$\nabla^2 H + k^2 H = 0 \tag{2.12}$$

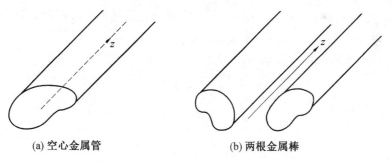

(a) 空心金属管   (b) 两根金属棒

图 2.13 两种圆柱形金属输送线

在传输结构中,电磁场可以分解为横向分量(E_T 和 H_T)和轴向分量(E_z 和 H_z):

$$E = E_T + E_z \tag{2.13}$$

$$E = H_T + H_z \tag{2.14}$$

还可以旋转∇进入横向∇传输线为∇ z 轴部分,即

$$\nabla = \nabla_T + \nabla_z \tag{2.15}$$

$$\nabla_z = \hat{z}\frac{\partial}{\partial_z} \tag{2.16}$$

$$\nabla_T = \hat{x}\frac{\partial}{\partial_x} + \hat{y}\frac{\partial}{\partial_y} \tag{2.17}$$

$$\nabla_T = \hat{r}\frac{\partial}{\partial_r} + \hat{\phi}\frac{1}{r}\frac{\partial}{\partial\phi} \tag{2.18}$$

式中，$\hat{x}$，$\hat{z}$，$\hat{y}$，$\hat{r}$，$\hat{\phi}$ 为沿着对应轴的单位向量。

由式(2.13)～(2.18)可以得到金属波导的传播方程为

$$(k^2 - k_z^2)H_T = -j\omega\varepsilon\hat{z}\times\nabla_T E_z - jk_z\nabla_T H_z \tag{2.19}$$

$$(k^2 - k_z^2)E_T = -j\omega\mu\hat{z}\times\nabla_T E_z - jk_z\nabla_T E_z \tag{2.20}$$

式中，k_z 为 z 方向的波数。

式(2.19)和式(2.20)为横向场与轴向场的关系。若已知 E_z 和 H_z，就可以计算电磁波的其他分量。

E_z 和 H_z 有三种特殊的电磁波：如果 $E_z=0$，则称电磁波为横电波(TE)，又称 H 波；如果 $H_z=0$，则称电磁波为横磁波(TM)，又称为 E 波；如果 $E_z=0$、$H_z=0$，则称为横电磁波(TEM)。

2.传播方程

上述讨论表明，在瞬变电磁场的传输线路截面上，电磁场的分布与静电场的分布相同，因此可以引入等效电压、等效电流和等效阻抗的概念。

在接下来的讨论中，将使用 TEM 传输线。实际上，只要引入合适的等效电流和等效电压，TE 传输线和 TM 传输线也可以用这种方法进行分析。

传输线路上的电压和电流是时间和位置的函数，所以电压和电流存在分布特性，两者的分布主要取决于导体和电介质的形状、尺寸和性能。在此，假设传输结构的横截面不随轴而改变。

将一长串分成许多长度为 $\Delta z(\Delta z \ll \lambda)$ 的短线元素(线元)，代表短线元素的有效参数：$R_1\Delta z$、$L_1\Delta z$、$G_1\Delta z$、$C_1\Delta z$。其中，R_1、L_1、G_1 和 C_1 分别表示线元的电阻、电感、电导和电容。因此，传输线可以用图 2.14 所示的等效电路表示。

通过推导，可以得到传播方程：

$$\frac{d^2 V}{dz^2} = \gamma^2 V \tag{2.21}$$

$$\frac{d^2 I}{dz^2} = \gamma^2 I \tag{2.22}$$

传输系数可由式(2.23)计算得到

$$\gamma = \sqrt{Y_1 Z_1} = \alpha + j\beta \tag{2.23}$$

式(2.21)及式(2.22)的一般解法分别为

$$V = V_{0+}e^{-\gamma z} + V_{0-}e^{\gamma z} \tag{2.24}$$

$$I = I_{0+}e^{-\gamma z} + I_{0-}e^{\gamma z} \tag{2.25}$$

式中，$V_{0\pm}$ 和 $I_{0\pm}$ 为由边界条件定义的常数。

由式(2.24)和式(2.25)可知，可能存在沿 $+z$ 方向和 $-z$ 方向传播的波。其相速度由下式计算得到：

$$v_p = \frac{\omega}{\beta} \tag{2.26}$$

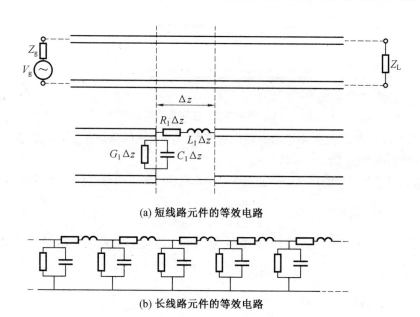

(a) 短线路元件的等效电路

(b) 长线路元件的等效电路

图 2.14　不同传输线情况下所包含的等效电路 Z_g 和 V_g 发电机的阻抗和驱动电压
（Z_L 为负载的阻抗）

$$I(z) = \frac{1}{Z_c} V_{0+} e^{-\gamma z} + (-\frac{1}{Z_c}) V_{0-} e^{\gamma z} \tag{2.27}$$

式中，Z_c 为传输线的特性阻抗，Z_c 可表达为

$$Z_c = \frac{Z_1}{\gamma} = \sqrt{\frac{Z_1}{Y_1}} = \frac{1}{Y_c} \tag{2.28}$$

式中，Y_c 为输电线路的特征导纳。

特性阻抗的倒数称为特征导纳，特性阻抗与特征导纳是反映传输线特性的量，与传输线的结构有关。

总之，式（2.24）和式（2.27）是传播方程的解，表示有电压波和电流波在 $+z$ 方向和 $-z$ 方向传播，而传输常数 γ 为复数，这些电磁波会沿着输电线路衰减。

3. 反射和阻抗

如前所述，在均匀传输线中，电压波和电流波均有在沿 $+z$ 方向和 $-z$ 方向传播的两个分量，称为入射波和反射波。在材料特性表征的非共振法中，传输线上将负载样品。下面将讨论输电线路的负载如何影响入射波和反射波。

如图 2.15 所示，负载阻抗 Z_L 与长度为 L 的传输线相连。当分析反射属性时，在传输线的末端选择零点位置，选择 z 轴原点位置的负载，z 轴的正方向是从负载到信号发生器，电流的正方向从信号发生器到负载。电压 V_L 和电流 I_L 之间的关系由负载阻抗决定，即

$$Z_L = \frac{V_L}{I_L} \tag{2.29}$$

电压反射系数为反射电压 V_- 与入射电压 V_+ 之间的比，即

$$\Gamma = \frac{V_-}{V_+} = \frac{V_{0-} e^{-j\beta z}}{V_{0+} e^{+j\beta z}} = \frac{V_{0-}}{V_{0+}} e^{-j2\beta z} \tag{2.30}$$

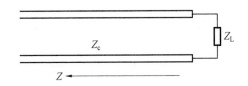

图 2.15　用阻抗 Z_L 连接负载的传输线

由式(2.30)可知,反射系数与 z 轴位置有关。由于轴的原点位于加载位置,因此在加载位置的反射系数为 $\Gamma_L = V_{0-}/V_{0+}$。

根据反射系数(Γ)的定义,输电线路上的总电压 $V(z)$ 和总电流 $I(z)$ 可以表示为

$$V(z) = V_+ (1 + \Gamma) \tag{2.31}$$

$$I(z) = I_+ (1 - \Gamma) \tag{2.32}$$

总电压 $V(z)$ 与总电流 $I(z)$ 之间的关系用输入阻抗 Z 和输入导纳 Y_i 表示为

$$Z_i = \frac{1}{Y_i} = \frac{V}{I} = \frac{V_+ (1 + \Gamma)}{I_+ (1 - \Gamma)} \tag{2.33}$$

有时,可使用归一化阻抗

$$\bar{z} = \frac{Z_i}{Z_c} \tag{2.34}$$

式中, Z_c 为传输线的特性阻抗。归一化导纳可表示为

$$\bar{y} = \frac{Y_i}{Y_c} \tag{2.35}$$

式中, Y_c 为输电线路的特征导纳。反射系数与阻抗、导纳的关系见表 2.1。

表 2.1　反射系数与阻抗、导纳的关系

关系	非归一化	归一化
阻抗和反射系数之间的关系	$Z_i = Z_c \dfrac{1+\Gamma}{1-\Gamma}$	$\bar{z} = \dfrac{1+\Gamma}{1-\Gamma}$
	$\Gamma = \dfrac{Z_i - Z_c}{Z_i + Z_c}$	$\Gamma = \dfrac{\bar{z}-1}{\bar{z}+1}$
导纳和反射系数之间的关系	$Y_i = Y_c \dfrac{1-\Gamma}{1+\Gamma}$	$\bar{y} = \dfrac{1-\Gamma}{1+\Gamma}$
	$\Gamma = \dfrac{Y_c - Y_i}{Y_c + Y_i}$	$\Gamma = \dfrac{1-\bar{y}}{1+\bar{y}}$

如图 2.16 所示,当反射系数 Γ 为 $\lambda_g/2$ 时,可以得到阻抗的反演性质,即

$$\bar{z}(z) = \frac{1}{\bar{z}(z + \lambda_g/4)} \tag{2.36}$$

4. 输电线路典型工作形态

电流和电压的分布是由负载特性决定的。本节讨论了传输线路的三种典型工作状态:纯行波、纯驻波和混合波。

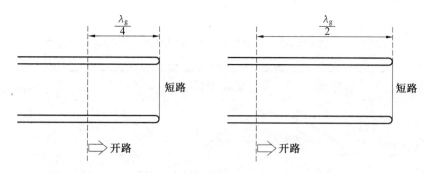

图 2.16　沿传输线的阻抗反演

（1）纯行波。

没有反射波即 $\Gamma=0$，$V_{(z)}=V_+$，$Z_i=Z_c$，$\overline{Z_i}=1$。总电压为入射电压，传输线上任意位置的输入阻抗等于传输线的特性阻抗。电压和电流的比值等于 Z_c，且电流和电压是同相的。

由于传输线任意截面的输入阻抗等于 Z_c，所以负载阻抗也等于 Z_c，这种负载称为匹配负载。在微波电子学中，同轴电缆和波导的匹配负载并不是实际电阻，而是一种能从发生器中吸收全部能量的材料或结构。

（2）纯驻波。

负载不吸收任何能量，所有的能量都被反射时，$|\Gamma|=1$。当负荷为短（$Z_L=0$）、开（$Z_L\to\infty$）或纯无功（$Z_L=jX$）时，传输线路处于纯驻波状态。

图 2.17(a) 所示为以短电缆为端部传输线中的驻波。在这种状态下，$Z_L=0$，$\Gamma_L=-1$，得

$$V(z)=j2V_{0+}\sin\frac{2\pi}{\lambda}z \tag{2.37}$$

$$I(z)=\frac{2V_{0+}}{Z_c}\cos\frac{2\pi}{\lambda}z \tag{2.38}$$

如图 2.17(b) 所示，电压和电流的相位差为 $90°$。图 2.17(c) 为电压电流幅值沿传输线的分布。

（3）混合波。

在大多数传输线路中，一部分能量被负载吸收，一部分能量被反射。这种状态是纯行波和纯驻波的混合。该传输线上的电流和电压可由式(2.39)、式(2.40)计算得到：

$$V=V_+\ (1+\Gamma_L e^{-j2k_z z}) \tag{2.39}$$

$$I=\frac{V_+}{Z_c}(1-\Gamma_L e^{-j2k_z z}) \tag{2.40}$$

式中，Γ_L 为加载时的反射系数，$\Gamma=\Gamma_L\exp(-j2k_z z)$ 为 z 位置处的反射系数。由于 Γ_L 为常数，可采用矢量旋转法来绘制电压和电流。

2.2.2　传输史密斯图

在微波工程中，通常需要将阻抗变换到传输线的不同位置，这种转换是复杂的，而反

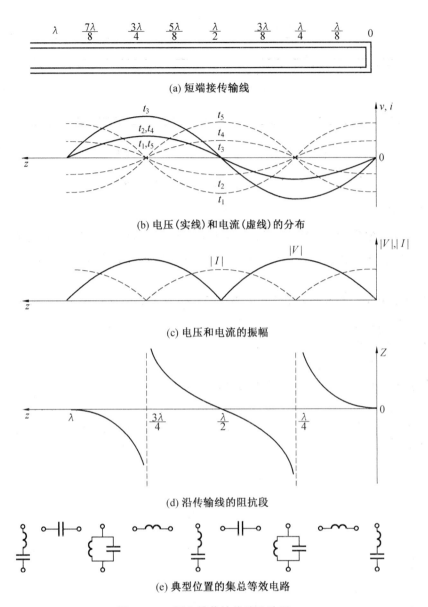

(a) 短端接传输线

(b) 电压(实线)和电流(虚线)的分布

(c) 电压和电流的振幅

(d) 沿传输线的阻抗段

(e) 典型位置的集总等效电路

图 2.17 短电缆传输线路驻波图

射系数的计算相对简单。由于阻抗与反射系数之间存在一定关系,因此绘制相应的图像来表示阻抗与反射之间的联系,可以更容易进行二者之间的转换。

史密斯图为传输线计算提供了极大的便利。史密斯图可分为两种:阻抗史密斯图和导纳史密斯图。本节首先讨论阻抗史密斯图,然后对阻抗史密斯图进行转换得到导纳史密斯图。

1.阻抗史密斯图

阻抗史密斯图是通过在反射极平面上绘制阻抗而形成的图像。图 2.18 所示为归一化阻抗。当 $r \geqslant 0$ 且 $\Gamma \leqslant 1$ 时,方图与史密斯图之间的变换为阻抗平面图的右半平面与反射平面上的单位圆面积之间的变换。

反射系数 Γ 与归一化阻抗 $\overline{Z}$ 之间的关系为

$$\overline{Z} = \frac{1+\Gamma}{1-\Gamma} \tag{2.41}$$

由于 $\overline{Z} = r + \mathrm{j}x$，$\Gamma = u + \mathrm{j}v$，其中 $r = r/Z_c$ 为归一化电阻，$x = x/Z_c$ 为归一化电抗，则式(2.41)可改写为

$$r + \mathrm{j}x = \frac{1+(u+\mathrm{j}v)}{1-(u+\mathrm{j}v)} = \frac{1-u^2-v^2+\mathrm{j}2v}{(1-u)^2+v^2} \tag{2.42}$$

由于式(2.42)两边的实部和虚部分别相等，则有

$$r = \frac{1-u^2-v^2}{(1-u)^2+v^2} \tag{2.43}$$

$$x = \frac{2v}{(1-u)^2+v^2} \tag{2.44}$$

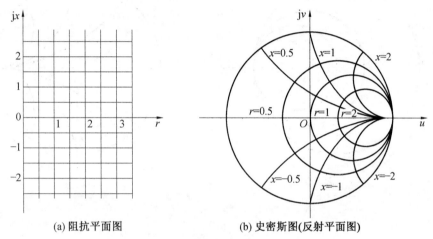

(a) 阻抗平面图   (b) 史密斯图(反射平面图)

图 2.18   归一化阻抗图

阻抗史密斯图是基于式(2.43)和式(2.44)得到的。下面将讨论几个阻抗史密斯图的关键组成部分，包括 r 圆、x 圆、ρ 圆和 θ 角。

将式(2.43)改写为

$$\left(u - \frac{r}{1+r}\right)^2 + v^2 = \left(\frac{1}{1+r}\right)^2 \tag{2.45}$$

式(2.45)表示在反射平面上中心为 $(r/(r+1),0)$，半径为 $1/(r+1)$ 的圆。不同的 r 值对应不同的圆，这一系列圆的公共切点为 $(1,0)$。当 $r=0$ 时，原始的圆心和半径分别为 $(0,0)$ 和 1，代表一个纯粹的被动状态。当 $r \to \infty$ 时，圆心为 $(1,0)$，半径为 0，图2.19(a)为一系列 r 圆。

式(2.44)可修正为

$$(u-1)^2 + \left(v - \frac{1}{x}\right)^2 = \left(\frac{1}{x}\right)^2 \tag{2.46}$$

式(2.46)为反射平面上，圆心为 $(1,1/x)$，半径为 $1/x$ 的圆。不同的 x 值对应不同的圆，这些圆构成了以 $(1,0)$ 为切线点的一系列圆，$x=0$ 对应的圆的圆心在 $(1,\infty)$ 处，半径为 ∞。阻抗平面的实轴表示纯电阻状态 $(x=0)$，$x>0$ 的圆处于上半部分，表示电感电抗

状态。$x<0$ 的圆处于下半部，代表容抗状态。对于 $x=\pm\infty$ 的情况，圆的圆心在 $(1,0)$ 处，半径为 0，因此圆点在 $(1,0)$，图 2.19(b) 为一系列 x 圆。

驻波系数 ρ 反射系数可以由式 (2.47) 计算得到：

$$\rho=\frac{1+|\Gamma|}{1-|\Gamma|} \tag{2.47}$$

点相同的驻波系数 ρ 形成一个圆的中心平面。不同的 ρ 值代表一系列拥有相同中心的圆。当 $r>1,\rho=r$；当 $r<1,\rho=(1/r)$。一系列的 ρ 圆如图 2.19(c) 所示。

根据表达式 $\Gamma=+\Gamma'\mathrm{j}=|\Gamma''|\,\mathrm{e}^{\mathrm{j}\theta}$，很明显，$\theta=\arctan(\Gamma''/\Gamma')$，如图 2.19(c) 所示。通常，$\theta$ 线标注在最外层的圆。通过梳理图 2.19 中的圆和线，即可以得到完整的史密斯图。

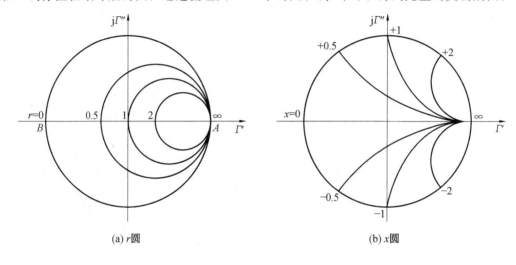

(a) r 圆　　　　　　　　　　　　(b) x 圆

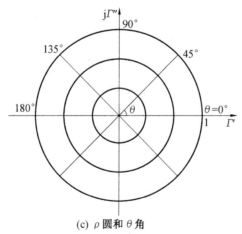

(c) ρ 圆和 θ 角

图 2.19　平面上典型的圆和线

史密斯图常用于从传输线上另一点的阻抗 ρ 求出传输点的阻抗。对于无损传输线，反射系数的模量不变，只改变相位角，在 ρ 圆上对传输线的不同位置归一化阻抗点时，θ 值沿着逆时针方向增加，沿着顺时针方向减少。

2. 导纳史密斯图

在某些情况下，使用导纳图像更方便。对于复导纳 $y = g + jb$，其归一化导纳为 $g = GZ_c$，其归一化电纳为 $b = BZ_c$。由表 2.1 可知，导纳与反射系数的关系为

$$y = \frac{1 - \Gamma}{1 + \Gamma} = \frac{1 + (-\Gamma)}{1 - (-\Gamma)} \tag{2.48}$$

由式(2.41)和式(2.48)可知，y 与 $-\Gamma$ 之间的关系与 $\overline{Z}$ 与 Γ 之间的关系相同。所以 g 线和 b 线也是两组正交切圆，它们的形状和 r 线、x 线一样。阻抗史密斯图上的每一个点都可以转换为导纳史密斯图上对应的原点，所以导纳史密斯图可以由阻抗史密斯图旋转 $180°$ 获得，如图 2.20 所示。

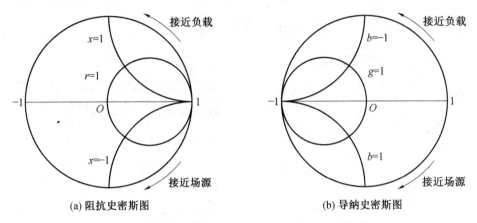

(a) 阻抗史密斯图   (b) 导纳史密斯图

图 2.20   两种类型的史密斯图

2.2.3　波导传输线

本节主要讨论几种常用于材料性能表征的传输线：同轴传输线、平面传输线、空心金属波导。

1. 同轴传输线

如图 2.21 所示，同轴电缆主要由一根直径为 a 的中心导体和一根内径为 b 的外导体组成。对于微波电路中使用的同轴电缆，中心导体和外导体之间的空间被一种介电材料填充，如特氟隆(Teflon)。如果中心导体和外导体之间是空气，则通常称同轴空气线。在材料性能表征中，常采用同轴空气线，将待测环样品插入中心导体与外导体之间的空间中进行测量。

在 TEM 模式下，同轴导线内场的分布如图 2.22 所示，其势能函数满足二维拉普拉斯方程

$$\nabla_T^2 \Phi = \frac{1}{r} \frac{\partial}{\partial r} \left(r \frac{\partial \Phi}{\partial r} \right) + \frac{1}{r^2} \frac{\partial^2 \Phi}{\partial \varphi^2} = 0 \tag{2.49}$$

当 Φ 不随着 φ 变化，即 $\frac{\partial \Phi}{\partial \varphi} = 0$，式(2.49)演变为

$$\frac{1}{r} \frac{\partial}{\partial r} \left(r \frac{\partial \Phi}{\partial r} \right) = 0 \tag{2.50}$$

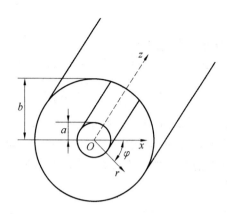

图 2.21　同轴传输线结构

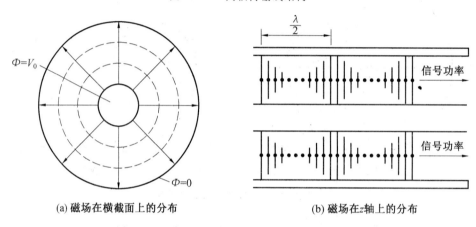

(a) 磁场在横截面上的分布　　　　　　(b) 磁场在 z 轴上的分布

图 2.22　在 TEM 模式下,同轴导线内场的分布

该微分方程的通解为

$$\varphi(r) = C_1 \ln r + C_2 \tag{2.51}$$

根据相应的边界条件,$\Phi(a) = V_0$ 且 $\Phi(b) = 0$,可以得到

$$C_1 = \frac{V_0}{\ln \dfrac{a}{b}} \tag{2.52}$$

$$C_2 = -C_1 \ln b \tag{2.53}$$

所以 TEM 传播模式下电磁场在 z 轴正方向上分布为

$$E_{\mathrm{T}} = -\hat{r}\, \frac{\partial \Phi}{\partial r}\mathrm{e}^{-\mathrm{j}kz} = \hat{r}\, \frac{1}{r}\, \frac{V_0}{\ln \dfrac{b}{a}}\mathrm{e}^{-\mathrm{j}kz} \tag{2.54}$$

$$H_{\mathrm{T}} = \frac{1}{\eta}\hat{z} \times E_{\mathrm{r}}\mathrm{e}^{-\mathrm{j}kz} = \hat{\varphi}\, \frac{1}{r}\sqrt{\frac{\varepsilon}{\mu}}\, \frac{V_0}{\ln \dfrac{b}{a}}\mathrm{e}^{-\mathrm{j}kz} \tag{2.55}$$

特性阻抗 Z_{c} 定义为

$$Z_{\mathrm{c}} = \frac{V_0^2}{2P} = \frac{V_0}{I} = \frac{2P}{I^2} \tag{2.56}$$

式中，I 为同轴线内流动的电流；P 为同轴线内传输的功率。

对于同轴线路，其特性阻抗为

$$Z_c = \frac{\eta}{2\pi}\ln\frac{b}{a} = \frac{1}{2\pi}\sqrt{\frac{\mu}{\varepsilon}}\ln\frac{b}{a} \tag{2.57}$$

其中，折射率 $\eta = \sqrt{\mu/\varepsilon}$。

同轴电缆的衰减由导体衰减 α_c 和介质衰减 α_d 组成，即

$$\alpha = \alpha_c + \alpha_d \tag{2.58}$$

并且

$$\alpha_c = \frac{4.34R_s}{2b\eta}\frac{1+\dfrac{b}{a}}{\ln\dfrac{b}{a}} \quad (\text{dB/单位长度}) \tag{2.59}$$

$$\alpha_d = 27.3\sqrt{\varepsilon_r}\frac{\tan\delta}{\lambda_0} \quad (\text{dB/单位长度}) \tag{2.60}$$

式中，R_s 为导体的表面阻抗；λ_0 为自由空间内的波长。

如果在 20 ℃ 下用铜作为导体，则导体衰减可以用以下公式计算

$$\alpha_c = \frac{9.5\times10^{-5}\sqrt{f}(a+b)\sqrt{\varepsilon_r}}{ab\ln\dfrac{b}{a}} \quad (\text{dB/单位长度}) \tag{2.61}$$

式中，f 为频率。

2. 平面传输线

由于平面传输线的特性可以由单个平面的尺寸控制，因此利用光刻技术可以简单地进行电路的制作，这些技术在微波频率上的应用促进了微波集成电路的发展。如图 2.23 所示，在微波电子和材料的偏振化中，通常使用三种类型的平面传输线：电介质条状线、微波传输带和共面波导线。图 2.23(a) 所示的电介质条状线的优点是辐射损失可以忽略不计，电介质条状线的传输是纯 TEM 模式，而且电介质条状线电路通常非常紧凑，但主要问题在于加工的难度。如图 2.23(b) 所示，微波传输带是应用最广泛的平面传输结构，通常微带电路的传播模式是准 TEM，在高密度微带电路的开发中，通常使用薄衬底来保持合理的阻抗，减少电路不同部分之间的耦合。如图 2.23(c) 所示，共面波导线与接地在同一平面上，波的传播方式也是准 TEM。

(a) 电介质条状线　　　(b) 微波传输带　　　(c) 共面波导线

图 2.23　三种类型输电线路的截面图

3. 空心金属波导

空心金属波导在微波工程和材料性能表征中具有广泛应用。本小节主要讨论两类空心金属波导：矩形波导和环形波导。同时，介绍环形波导和矩形波导之间的过渡关系。

（1）矩形波导。

图 2.24 所示为矩形波导。矩形波导可以传输 TE 和 TM 模式。通常，传播模式经常被记为 TE_{mn} 和 TM_{mn}，其中下标 m 表示沿宽度 a 的变化周期数，而下标 n 表示沿高度 b 的变化周期数。

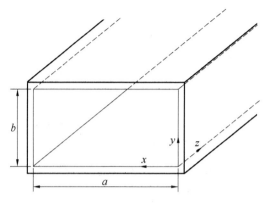

图 2.24　矩形波导

TE_{mn} 波的场分量为

$$H_x = A \frac{\gamma_{mn}}{k_c^2} \frac{m\pi}{a} \sin\left(\frac{m\pi}{a}x\right) \cos\frac{n\pi}{b} \tag{2.62}$$

$$H_y = A \frac{\gamma_{mn}}{k_c^2} \frac{n\pi}{b} \cos\left(\frac{m\pi}{a}x\right) \sin\frac{n\pi}{b} \tag{2.63}$$

$$H_z = A\cos\left(\frac{m\pi}{a}x\right) \cos\frac{n\pi}{b} \tag{2.64}$$

$$E_x = Z_{TE} H_y \tag{2.65}$$

$$E_y = -Z_{TE} H_x \tag{2.66}$$

$$E_z = 0 \tag{2.67}$$

式中，常数 A 与波的强度有关。

TM_{mn} 波的场分量为

$$E_x = B \frac{\gamma_{mn}}{k_c^2} \frac{m\pi}{a} \cos\left(\frac{m\pi}{a}x\right) \sin\frac{n\pi}{b} \tag{2.68}$$

$$E_y = B \frac{\gamma_{mn}}{k_c^2} \frac{n\pi}{b} \sin\left(\frac{m\pi}{a}x\right) \cos\frac{n\pi}{b} \tag{2.69}$$

$$E_z = B\sin\left(\frac{m\pi}{a}x\right) \sin\frac{n\pi}{b} \tag{2.70}$$

$$H_x = \frac{-1}{Z_{TM}} H_y \tag{2.71}$$

$$H_y = \frac{1}{Z_{TM}} H_x \tag{2.72}$$

$$H_z = 0 \tag{2.73}$$

式中，常数 B 与波的强度有关。

式（2.62）～（2.73）中的常数 A 和 B 影响场中波的振幅，但是不影响场的分布。

（2）环形波导。

如图 2.25 所示，在环形波导的分析中，使用柱坐标 (r,φ,z) 更为简捷。环形波导的半径为 a，可以传输 TE 和 TM 模式的波。通常，环形波导传播模式可记为 TE_{ni} 和 TM_{ni}，其中下标 n 表示在 φ 方向上的变化周期，而 i 表示在 r 方向上的变化周期。

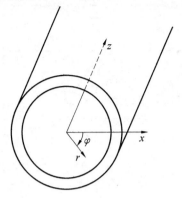

图 2.25　环形波导

TE_{ni} 波在场中的各个方向上的分量为

$$H_r = -A\gamma_{ni}\left(\frac{a}{\mu_{ni}}\right)\text{J}'_n\left(\frac{\mu_{ni}}{a}r\right)\cos n\varphi \tag{2.74}$$

$$H_\varphi = -An\gamma_{ni}\left(\frac{a}{\mu_{ni}}\right)^2\text{J}_n\left(\frac{\mu_{ni}}{a}r\right)\sin n\varphi \tag{2.75}$$

$$H_z = -A\text{J}_n\left(\frac{\mu_{ni}}{a}r\right)\cos n\varphi \tag{2.76}$$

$$E_r = Z_{\text{TE}}H_\varphi \tag{2.77}$$

$$E_\varphi = -Z_{\text{TE}}H_r \tag{2.78}$$

$$E_z = 0 \tag{2.79}$$

式中，A 为与波导中传播的微波强度有关的常数；J_n 为第 n 阶贝塞尔（Bessel）函数；μ_{ni} 为 J'_n 的第 i 重根；一些表征参数见表 2.2。

TM_{ni} 波在场中的各个方向上的分量为

$$E_r = -B\gamma_{ni}\left(\frac{a}{v_{ni}}\right)\text{J}'_n\left(\frac{v_{ni}}{a}r\right)\cos n\varphi \tag{2.80}$$

$$E_\varphi = -B\frac{n}{r}\gamma_{ni}\left(\frac{a}{v_{ni}}\right)^2\text{J}_n\left(\frac{v_{ni}}{a}r\right)\sin n\varphi \tag{2.81}$$

$$E_z = B\text{J}_n\left(\frac{v_{ni}}{a}r\right)\cos n\varphi \tag{2.82}$$

$$H_r = -\frac{1}{Z_{\text{TM}}}E_\varphi \tag{2.83}$$

$$H_\varphi = \frac{1}{Z_{\text{TM}}}E_r \tag{2.84}$$

$$H_z = 0 \tag{2.85}$$

式中，v_{ni} 为 J_n 的第 i 重根；B 为与传播的微波强度有关的常数；其他相关的表征参数见表 2.2。

表 2.2　环形波导中的性能参数

参数	TE_{ni} 模式	TM_{ni} 模式
截止波数,k_{c}	$\dfrac{\mu_{ni}}{a}(i=0,1,2,3,\cdots)$	$\dfrac{v_{ni}}{a}(i=0,1,2,3,\cdots)$
传播常数,γ_{ni}	$\sqrt{k_{\mathrm{c}}^2-k_0^2}$	$\sqrt{k_{\mathrm{c}}^2-k_0^2}$
引导波长,λ_{g}	$\dfrac{\lambda_0}{\sqrt{1-\left(\dfrac{k_{\mathrm{c}}}{k_0}\right)^2}}$	$\dfrac{\lambda_0}{\sqrt{1-\left(\dfrac{k_{\mathrm{c}}}{k_0}\right)^2}}$
群速度,v_{g}	$c\dfrac{\lambda_0}{\lambda_{\mathrm{g}}}$	$c\dfrac{\lambda_0}{\lambda_{\mathrm{g}}}$
相速度,v_{p}	$c\dfrac{\lambda_{\mathrm{g}}}{\lambda_0}$	$c\dfrac{\lambda_{\mathrm{g}}}{\lambda_0}$
波阻抗,Z	$\dfrac{\mathrm{j}k_0\eta_0}{\gamma_{ni}}$	$-\dfrac{\mathrm{j}\gamma_{ni}\eta_0}{k_0}$
TE_{ni} 模式下的衰减	$\dfrac{R_{\mathrm{s}}}{a\eta_0}\dfrac{1}{\sqrt{1-\left(\dfrac{k_{\mathrm{c}}}{k_0}\right)^2}}\left[\left(\dfrac{k_{\mathrm{c}}}{k_0}\right)^2+\dfrac{n^2}{(k_{\mathrm{c}}a)^2-i^2}\right]$	
TM_{ni} 模式下的衰减	$\dfrac{R_{\mathrm{s}}}{a\eta_0}\dfrac{k_0^2}{\sqrt{k_0^2-k_{\mathrm{c}}^2}}$	

4. 不同类别传输线的转换

在建立微波测量电路时,需要在不同类型的传输结构之间进行转换,例如,波导与同轴线之间的转换,以及波导与微波传输带之间的转换。微波转换是将一种传输结构中的电磁波耦合到另一种传输结构中。同时,两种不同的传输结构之间的转换使一种传输结构中的电磁场分布符合另一种传输结构的边界条件,如图 2.26 所示。

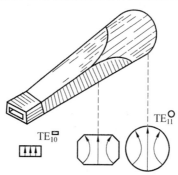

图 2.26　矩形和环形波导的转换

2.2.4 表面波传输线

除了导波传输线外,还有一类开放边界结构也可用于传导电磁波,这种结构能够实现与表面紧密结合。电磁波在该结构上的场分布具有沿表面方向指数衰减的特征,并且在轴向上的传播函数通常为 $\exp(\pm j\beta z)$。这种电磁波称为表面波,而引导表面波的结构称为表面波导。表面波最典型的特性之一是不存在低频极限。

表面波导也称为介电波导,其关键元件是电介质。在表面波导中,波的传播是由于两种不同介电材料边界处的反射,如图 2.27 所示。

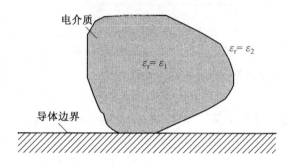

图 2.27　广义表面波导的横截面

表面波导的导体损耗通常很低,而由曲率、结合不连续等原因造成的损耗可能很大。使用高介电常数和极低损耗的介电材料可以降低介电波导的损耗,但是高介电材料的使用可能会导致表面波导尺寸非常小,对制造公差要求非常严格。

接下来主要讨论在介电平面、介电板、矩形介电波导、圆柱介电波导和同轴表面波传输结构中的表面波。

1. 介电平面

最简单的表面波导结构是两个介电常数不同的材料之间的界面,如图 2.28 所示。

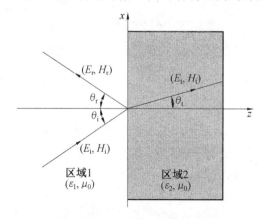

图 2.28　平面波在两个介电区域之间的界面上斜入射的几何形状

对于入射到界面上的电磁波,由斯涅尔反射和折射定律知:

$$\theta_i = \theta_r \tag{2.86}$$

$$k_1 \sin \theta_i = k_2 \sin \theta_t \tag{2.87}$$

式中,k_1 和 k_2 为两种介质中的波数,由下式给出:

$$k_i = \omega \sqrt{\mu_0 \varepsilon_i} \quad (i=1,2) \tag{2.88}$$

其中,ω 为工作频率,其他的参数定义如图 2.29 所示。

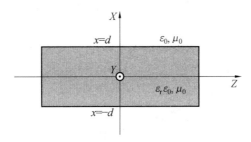

图 2.29 不接地介质板的横截面

假设 $\varepsilon_1 > \varepsilon_2$,由式(2.87)可得

$$\sin \theta_t = \sqrt{\varepsilon_1 / \varepsilon_2} \sin \theta_i \tag{2.89}$$

式(2.89)表明当入射角 θ_i 从 $0°$ 增加到 $90°$,折射角 θ_t 将以更快的速度从 $0°$ 增加到 $90°$。临界折射角 θ_c 由下式定义为

$$\sin \theta_c = \sqrt{\varepsilon_2 / \varepsilon_1} \tag{2.90}$$

当入射角大于等于临界角时,传输的波不会传播至区域 2。

当 $\theta_i > \theta_c$,θ_t 没有物理意义,入射场为

$$E_i = E_0 (\hat{x} \cos \theta_i - \hat{z} \sin \theta_i) \exp [-jk_1 (x \sin \theta_i + z \cos \theta_i)] \tag{2.91}$$

$$H_i = \frac{E_0}{\eta_1} \hat{y} \exp [-jk_1 (x \sin \theta_i + z \cos \theta_i)] \tag{2.92}$$

当 $\theta_i > \theta_c$,发射场为

$$E_t = E_0 T \left(\frac{j\alpha}{k_2} \hat{x} - \frac{\beta}{k_2} \hat{z} \right) \exp(-j\beta x) \exp(-\alpha z) \tag{2.93}$$

$$H_t = \frac{E_0 T}{\eta_2} \hat{y} \exp(-j\beta x) \exp(-\alpha z) \tag{2.94}$$

式中,T 为透射系数;β 为传播常数;η_i 为波阻抗,由下式给出

$$\eta_i = \sqrt{\frac{\mu_0}{\varepsilon_i}} \quad (i=1,2) \tag{2.95}$$

由边界条件,可以得到

$$\beta = k_1 \sin \theta_i = k_1 \sin \theta_r \tag{2.96}$$

$$\alpha = \sqrt{\beta^2 - k_2^2} = \sqrt{k_1^2 \sin^2 \theta_i - k_2^2} \tag{2.97}$$

反射和透射系数可以由下式得到

$$\Gamma = \frac{\dfrac{j\alpha}{k_2} \eta_2 - \eta_1 \cos \theta_i}{\dfrac{j\alpha}{k_2} \eta_2 + \eta_1 \cos \theta_i} \tag{2.98}$$

$$T = \frac{2\eta_2 \cos \theta_i}{\dfrac{j\alpha}{k_2} \eta_2 + \eta_1 \cos \theta_i} \tag{2.99}$$

式（2.93）和式（2.94）表明透射波在沿界面的 x 方向传播，而沿 z 轴方向递减。因为场和界面的紧密结合，所以透射波被称为表面波。

2.介电板

表面波可以在介质板上传播，包括不接地和接地介质板。

不接地介质板由于其结构对称，又称对称介质板。图 2.29 所示为不接地介质板的横截面，厚度为 $2d$，在 $x > d$ 且 $x < -d$ 的区域为空气介质。假设板的介电损耗忽略不计且介电常数为 ε_r。对于从平板传播到电介质和空气之间界面的平面波，如果入射角满足

$$\theta_i > \arcsin \frac{1}{\sqrt{\varepsilon_r}} \tag{2.100}$$

则波的能量将完全反射，引起表面波的传播。

假设介电板无限宽，电磁场不随 y 轴方向变化且 z 轴方向的传播因子为 $\exp(-\mathrm{j}\beta z)$。根据麦克斯韦方程组和边界条件，可以验证表面波有两种类型：由 H_y、E_x、E_z 分量组成的 TM 型和由 E_y、H_x、H_z 分量组成的 TE 型。由于介质板的对称结构，表面波也分为对称模式和反对称模式。对于对称的 TM 模式，由于 H_y 在 $x = 0$ 平面上沿 x 方向的分布是对称的，则有

$$\left. \frac{\partial H_y}{\partial x} \right|_{x=0} = 0 \tag{2.101}$$

式（2.101）表示沿 $x = 0$ 平面的切向电场分量等于 0。

对于反对称 TM 模式，在 $x = 0$ 平面，有

$$H_y = 0 \tag{2.102}$$

所以可以在 $x = 0$ 平面放置一个电壁。

对于 TE 模式，有相反的结论：对于对称的 TE 模式，可以在 $x = 0$ 平面上放置一个磁壁，对于反对称 TE 模式，可以在 $x = 0$ 平面上放置一个电壁。

TM_n 和 TE_n 模式的截止波长由下式给出

$$\frac{2d}{\lambda_c} = \frac{n}{2(\varepsilon_r - 1)^{1/2}} \quad (n = 0, 1, 2, 3, \cdots) \tag{2.103}$$

式中，$n(0, 2, 4, \cdots)$ 的偶数值对应于 TM 或 TE 的偶模式，$n(1, 3, 5, \cdots)$ 的奇数值对应 TM 或 TE 的奇模式。

图 2.30 所示为接地介质板的几何结构。对于厚度为 d 的接地介质板，可以将其视为厚度为 $2d$ 的未接地介质板，在平面 $x = 0$ 处设置一个电壁面，如图 2.29 所示。

在接地金属板上传播的表面波可以被分为 TM 和 TE 模式。TM_n 模式的截止波长由下式给出

$$\frac{2d}{\lambda_c} = \frac{n}{(\varepsilon_r - 1)^{\frac{1}{2}}} \quad (n = 0, 1, 2, \cdots) \tag{2.104}$$

$$\frac{2d}{\lambda_c} = \frac{2n-1}{2(\varepsilon_r - 1)^{\frac{1}{2}}} \quad (n = 1, 2, 3, \cdots) \tag{2.105}$$

式（2.104）和式（2.105）表明 TM_n 和 TE_n 模式的顺序为 TM_0，TE_1，TM_1，TE_2，TM_2，$\cdots$

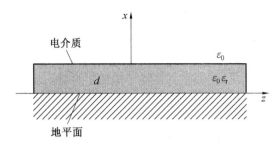

图 2.30　接地介质板的几何结构

3. 矩形介电波导

　　矩形介电波导可以看作是通过限制接地介电板的宽度得到的介电板的一个变形。与不接地和接地介质板相对应,矩形介电波导分为孤立介质波导和成像波导。介电波导上表面波传播特性的确定通常需要应用数值技术,其中最常用的是模式匹配法。下面讨论孤立矩形介电波导和成像波导。

　　图 2.31 为孤立矩形介电波导的几何形状及其场分布。介电波导的轴沿 z 轴方向,它在 x、y 方向上的几何大小分别为 $2a$ 和 $2b$。

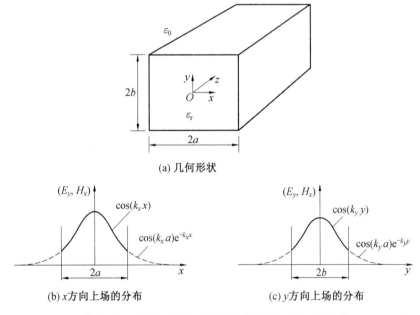

(a) 几何形状

(b) x 方向上场的分布　　(c) y 方向上场的分布

图 2.31　孤立矩形介电波导的几何形状及其场分布

　　沿矩形介电波导的表面波传播常数由下式给出

$$k_z = (\varepsilon_r k_0^2 - k_x^2 - k_y^2)^{1/2} \tag{2.106}$$

其中

$$k_x = \frac{m\pi}{2a}\left\{1 + \frac{1}{a\left[(\varepsilon_r - 1)k_0^2 - k_y^2\right]}\right\}^{-1} \tag{2.107}$$

$$k_y = \frac{n\pi}{2b}\left\{1 + \frac{1}{\varepsilon_r b\left[(\varepsilon_r - 1)k_0\right]^{\frac{1}{2}}}\right\}^{-1} \tag{2.108}$$

$$k_{x0} = (\varepsilon_r - 1) k_0^2 - k_x^2 - k_y^2 \tag{2.109}$$

$$k_{y0} = (\varepsilon_r - 1) k_0^2 - k_y^2 \tag{2.110}$$

式中，k_x、k_y 和 k_{x0}、k_{y0} 分别为内侧和外侧的横向传播常数，并且 k_0 是自由空间的传播常数。

图 2.32 为沿 z 轴方向的矩形成像波导的示意图，其宽为 $2a$，高为 b。

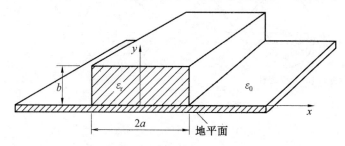

图 2.32　沿 z 轴方向的矩形成像波导的示意图

在成像波导内表面波的传播常数由式（2.106）给出，其中 k_x 的值为下列方程组的解，即

$$\tan(k_x a) = k_{x0}/k_x \tag{2.111}$$

$$k_x^2 = \varepsilon_{re}(y) k_0^2 - k_z^2 \tag{2.112}$$

$$k_{x0}^2 = k_z^2 - k_0^2 = [\varepsilon_{re}(y) - 1] k_0^2 - k_x^2 \tag{2.113}$$

$$\varepsilon_{re}(y) = \varepsilon_r - \left(\frac{k_y}{k_0}\right)^2 \tag{2.114}$$

k_y 的值可以由以下公式解出

$$\tan(k_y b) = \varepsilon_{re}(x) k_{y0}/k_y \tag{2.115}$$

$$k_y^2 = \varepsilon_{re}(x) k_0^2 - k_z^2 \tag{2.116}$$

$$k_{y0}^2 = [\varepsilon_{re}(x) - 1] k_0^2 - k_y^2 \tag{2.117}$$

$$\varepsilon_{re}(x) = \varepsilon_r - \left(\frac{k_x}{k_0}\right)^2 \tag{2.118}$$

4. 圆柱介电波导

图 2.33（a）为横截面半径为 a 的介电圆柱。圆柱的介电常数为 ε_{r1}，环境的介电常数为 ε_{r2}。在某些情况下，介电圆柱的周围包裹着一层介电材料，这种结构常用于光通信，通常称为光缆，如图 2.33（b）所示。对于光缆，其折射率通常为 $n = \varepsilon_r^{1/2}$。一般，其内核的折射率 n_1 大于覆盖面的折射率 n_2，介电圆柱和光缆都可以支持表面波传播。由于电磁场在覆盖层中沿 r 方向递减很快，如果覆盖层足够厚，覆盖层外侧的场可以忽略不计。对于表面波的传播，可以将图 2.33（b）的光缆视为图 2.33（a）的介电圆柱。在以下的讨论中，主要讨论沿着介电圆柱传播的表面波。

如图 2.33（a）所示，假设圆柱的轴为 z 轴，并且电磁波沿 z 轴的一个传播因子为 $\exp(-j\beta z)$。纵向场的分量 $E_z(r,\varphi)$ 和 $H_z(r,\varphi)$ 满足以下方程：

$$\frac{\partial^2}{\partial r^2}(E_z H_z) + \frac{1}{r}\frac{\partial}{\partial r}(E_z H_z) + \frac{1}{r^2}\frac{\partial^2}{\partial \varphi^2}(E_z H_z) + k_c^2(E_z H_z) = 0 \tag{2.119}$$

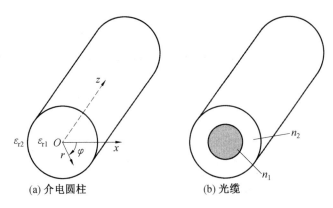

(a) 介电圆柱　　　　　　　　(b) 光缆

图 2.33　圆柱介电波导

式中

$$k_c^2 = n_1^2 k_0^2 - \beta^2 = h^2 \quad (r < a) \tag{2.120}$$

$$k_c^2 = n_2^2 k_0^2 - \beta^2 = -p^2 \quad (r \geqslant a) \tag{2.121}$$

$$n_i = \sqrt{\varepsilon_{ri}} \quad (i = 1, 2) \tag{2.122}$$

假设

$$(E_z H_z) = (AB) R_r \Phi(\varphi) \tag{2.123}$$

可以得到

$$\frac{\mathrm{d}^2 \Phi}{\mathrm{d}\varphi^2} + n^2 \Phi = 0 \tag{2.124}$$

$$r^2 \frac{\mathrm{d}^2 R}{\mathrm{d}r^2} + r \frac{\mathrm{d}R}{\mathrm{d}r} + (h^2 r^2 - n^2) R = 0 \quad (r < a) \tag{2.125}$$

$$r^2 \frac{\mathrm{d}^2 R}{\mathrm{d}r^2} + r \frac{\mathrm{d}R}{\mathrm{d}r} - (p^2 r^2 + n^2) R = 0 \quad (r \geqslant a) \tag{2.126}$$

式（2.124）～（2.126）表明纵向的场分量为以下形式：

$$E_z = A_n \mathrm{J}_n(hr) \exp(\mathrm{j}n\varphi) \exp(-\mathrm{j}\beta z) \quad (r < a) \tag{2.127}$$

$$H_z = B_n \mathrm{J}_n(hr) \exp(\mathrm{j}n\varphi) \exp(-\mathrm{j}\beta z) \quad (r < a) \tag{2.128}$$

$$E_z = C_n \mathrm{K}_n(hr) \exp(\mathrm{j}n\varphi) \exp(-\mathrm{j}\beta z) \quad (r \geqslant a) \tag{2.129}$$

$$H_z = D_n \mathrm{K}_n(hr) \exp(\mathrm{j}n\varphi) \exp(-\mathrm{j}\beta z) \quad (r \geqslant a) \tag{2.130}$$

式中，A_n、B_n、C_n 与 D_n 为振幅常量；$\mathrm{J}_n(hr)$ 为第一类贝塞尔方程；$\mathrm{K}_n(pr)$ 为第二类贝塞尔方程。

根据波的传播方程，可以由纵向场的分量 (E_z, H_z) 得到横截面上场的分量 $(E_r, E_\varphi, H_r, H_\varphi)$。

根据边界条件，在 $r = a$ 时，可以明确与场分量相关的振幅并且得到特征方程

$$\left[\frac{k_1^2 \mathrm{J}_n'(u_1)}{u_1 \mathrm{J}_n(u_1)} + \frac{k_2^2 \mathrm{K}_n'(u_2)}{u_2 \mathrm{K}_n(u_2)} \right] \left[\frac{\mathrm{J}_n'(u_1)}{u_1 \mathrm{J}_n(u_1)} + \frac{\mathrm{K}_n'(u_2)}{u_2 \mathrm{K}_n(u_2)} \right] = n^2 \beta^2 \left(\frac{1}{u_1^2} + \frac{1}{u_2^2} \right)^2 \tag{2.131}$$

其中

$$k_i^2 = \omega \varepsilon_{ri} \varepsilon_0 \mu_0 \quad (i = 1, 2) \tag{2.132}$$

并且 u_1、u_2（$u_1 = ha$ 和 $u_2 = pa$）满足以下公式：

$$u_1^2 + u_2^2 = (n_1^2 - n_2^2)(k_0 a)^2 \tag{2.133}$$

由式(2.131)和式(2.133)可以计算出 u_1 和 u_2 的值,由此可以推出 h、p、β 的值均与 n 有关。

5. 同轴表面波传输结构

如图 2.34 所示,被介电层覆盖的导体圆柱也可以支持表面波。在可能的传播模式中,TM_{01} 没有低频截止。同轴表面波传输结构具有严格服从麦克斯韦方程组的优点,通常假定有一个完全导电的圆柱体和一个无损的介电涂层。

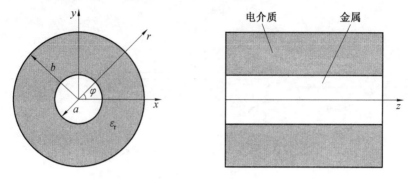

图 2.34   同轴表面波导的截面

在柱坐标系中,假设纵向场的分量服从 $G(r,\varphi) = R(r)\exp(\mathrm{j}\upsilon\varphi)$,有如下微分方程

$$\frac{\mathrm{d}^2 R}{\mathrm{d}r^2} + \frac{1}{r} \cdot \frac{\mathrm{d}R}{\mathrm{d}r} + \left(\varepsilon_r k_0^2 - \beta^2 - \frac{\upsilon^2}{r^2}\right) R = 0 \tag{2.134}$$

式(2.134)在以下两个区域内有解:介电区域和外空间。在介电区域内,ε_r 是电介质的相对介电常数;而在外区域,$\varepsilon_r = 1$。

式(2.134)的解如果为正,其解为第一类和第二类贝塞尔方程;反之,其解为第一类和第二类贝塞尔方程的变形。

这表明相位系数 β 必须被限制,即

$$1 \leqslant \frac{\beta}{k_0} \leqslant \sqrt{\varepsilon_r} \tag{2.135}$$

引入参数 u 和 w:

$$u^2 = k_0^2 \varepsilon_r - \beta^2 \tag{2.136}$$

$$w^2 = \beta^2 - k_0^2 \tag{2.137}$$

如果 β 满足式(2.135),u 和 w 则为实数。

可以看出 TM 模式的特征方程为

$$\frac{u}{\varepsilon_r} \frac{\mathrm{J}_0(ua)\mathrm{Y}_0(ub) - \mathrm{Y}_0(ua)\mathrm{J}_0(ub)}{\mathrm{Y}_0(ua)\mathrm{J}_1(ub) - \mathrm{J}_0(ua)\mathrm{Y}_1(ub)} = \frac{w\mathrm{K}_0(\omega b)}{\mathrm{K}_1(\omega b)} \tag{2.138}$$

TE 模式的特征方程为

$$-u \frac{\mathrm{J}_1(ua)\mathrm{Y}_0(ub) - \mathrm{Y}_1(ua)\mathrm{J}_0(ub)}{\mathrm{J}_1(ua)\mathrm{Y}_1(ub) - \mathrm{Y}_1(ua)\mathrm{J}_1(ub)} = \frac{w\mathrm{K}_0(\omega b)}{\mathrm{K}_1(\omega b)} \tag{2.139}$$

式(2.138)给出了没有低频截止波的解,实际上它表示了 TM_{0m} 模式下的特征值方程。最低阶的模式为 TM_{0l},这与同轴线中介质区域的 TEM 模式非常相似。这种类型的

波被称为 Sommerfild—Goubau 波。式(2.139)是 TE_{0m} 模式下的特征值方程。如果 $v \neq 0$，TE 或者 TM 模式的边界条件不能被满足，而混合 HE 和 EH 模式可以被满足。TE_{0m} 和所有混合模式均存在低频截止。同轴表面波导上的波通常是用喇叭发射和接收的。图 2.35 为同轴表面波导上表面波发射的模型。

在同轴表面波导的设计中，传输特定功率的轮廓半径和某一特定功率通过的截面两个参数尤为重要。

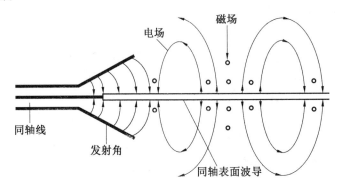

图 2.35　同轴表面波导上表面波发射的模型

2.2.5　自由空间传输线

在通信和材料研究中自由空间是重要的波传播途径。在雷达和卫星通信中，电磁波主要通过自由空间传播。在材料性能表征方面，自由空间为电磁材料在不同条件下的研究提供了很大的灵活性。本小节首先从引导线过渡到自由空间的天线，然后讨论了自由空间中的两种电磁波：平行电磁波束和聚焦电磁波束。

天线是为了有效地将电磁波辐射到自由空间，而传输线则是为了有效地传输电磁波使其能量没有明显的损失或分散。如图 2.36 所示，天线可以看作是传输线到自由空间的过渡。在实际应用中，传输线是用来将电磁能量从信号源传输到天线，或从天线传输到接收器。因此，天线可分为发射天线和接收天线，即天线既可用作发射，也可用作接收。

1. 平行电磁波束

波束形状对微波通信和材料特性表征非常重要。在测量时，被测样品通常放在发射天线和接收天线之间。在算法中，通常假设所有平面电磁波的能量与样品存在相互作用，并且在波传播的垂直方向样品尺寸是无限的，即边缘衍射可以忽略。然而，在实际实验中，样品的尺寸是有限的。因此，为了获得准确的测量结果，需要对波束的横截面进行控制，需要测量横向尺寸较小的样本。为确保该算法适用于实际测量，应满足以下要求

$$D \gg h \gg \lambda_0 \qquad (2.140)$$

式中，D 为板或样品横向尺寸；h 为探测光束的横向尺寸；λ_0 为电磁波的波长。

为满足式(2.140)的要求，通常使用两种微波波束：平行微波波束和聚焦微波波束。如图 2.37 所示，平行微波波束可以通过特殊设计的透镜或反射器来实现，即将球面波转换为平面波。

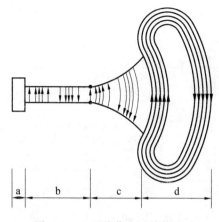

图 2.36　天线作为过渡装置

a— 源;b— 传输线;c— 天线;d— 自由空间辐射波

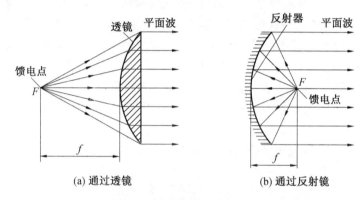

图 2.37　平行微波束的产生

　　虽然透镜和反射器在产生平行光束时可能具有相同的功能,但透镜和反射器馈电点的位置不同。如图 2.38 所示,透镜的馈电点在镜片的一侧而平面波从镜片的另一侧产生,对于反射系统,透镜的馈电点和产生平面波的位置处于反射镜相同侧。当馈电点在发射波的区域内,输出的平行光束会被源馈电点干扰。所以,在材料性能表征中,经常用介电透镜组产生平面波。但是,一些特殊情况例如雷达截面(RCS)的测量,当被测物过大时,使用的平行波束也要求更大。由于建立一个非常大的透镜是不现实的,通常使用反射镜来产生平行波束,并且适当安排馈电点和反射镜可以使源馈电点的扰动最小化。

　　值得注意的是,透镜或反射器的聚焦长度 f 可能因频率不同而变化。如果想要使用图 2.37 所示的配置在频率相差较大时产生平行光束,那么需要根据不同的频率来调整馈电点的位置。

2. 聚焦电磁波束

　　聚焦微波波束可将微波能量从天线传输到聚焦点,其几何形状由波束内电场强度空间分布决定。如图 2.38 所示,一个聚焦微波波束通常由三个参数来描述:焦距 f 明确焦平面($z=0$)的位置,焦平面上波束宽度 h_0 和波束宽度相对于焦平面($z=0$)50% 增长的两平面($z=z_1$)和($z=z_2$)之间的距离,即波束深度。需要注意的是,这些参数的大小是在一

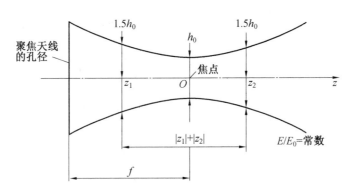

图 2.38　描述微波束的集中程度的参数

定场强水平上相对于聚焦波束轴线上的场强确定的。波束的宽度随着波束宽度的场强水平的降低而增大。

波束宽度确定了一个样本应具有的最小尺寸。如果样本具有较大的横向尺寸,波束宽度决定了测量局部不均匀性的空间分辨率。通常来说,一个具有较小波长 λ_0、较小焦距 l 和较大透镜孔半径的系统具有较小的波束宽度。在实验中,最小的波束宽度约为 $1.5\lambda_0$,可以在实验条件下达到 -10 dB 的水平。

在聚焦微波束中,相位分布对材料的特性表征也很重要。在焦平面 $z=0$ 附近,电磁场可以看作是平面波。因此,在非共振法中使用聚焦微波光束时,应确保被测样品靠近焦平面($z=0$)。

综上所述,理想的材料表征应具有最小的波束宽度,同时具有最大的波束深度。

2.3　微波共振

2.3.1　概述

材料特性表征的共振方法基于微波共振。一般来说,存在两种谐振结构:① 透射型,由透射结构构成;② 非透射型,主要由环形谐振器和球面谐振器构成。本章将重点讨论透射型谐振器,如矩形谐振器、圆柱型谐振器、同轴型谐振器和微带型谐振器。

与微波传输相似,微波谐振可以从场方法和线方法两方面进行研究。首先,介绍谐振器的基本参数,并使用等效电路来分析微波共振的一般性质。然后,讨论几种类型的谐振器,如同轴谐振器、平面电路谐振器、波导谐振器、介质谐振器和开放谐振器的场分布。

1.谐振频率及质量因子

共振与能量交换有关,电磁共振可以看作是电能和磁能周期性地相互转换的一种现象。如果谐振是无损的,则电能和磁能的总和不随时间变化,即

$$W_e(t) + W_m(t) = W_0 \tag{2.141}$$

谐振频率是指电能完全转化为磁频率的频率,反之亦然。谐振频率 f_0 是谐振器最重要的参数。利用谐振腔内的场分布可以计算出电能和磁能。通过求解具有一定边界条件的波函数,可以得到电磁场的分布和谐振频率为

$$\nabla^2 E + k^2 E = 0 \tag{2.142}$$

$$\nabla^2 E + k^2 H = 0 \tag{2.143}$$

式中,$k^2 = \omega^2 \varepsilon \mu$,$\varepsilon$ 和 μ 分别为介质在谐振腔中的介电常数和磁导率。

对于理想的无损谐振器,k 是一系列离散的实数 $k_1, k_2, \cdots$,也称为式(2.142)和式(2.143)的特征值。共振频率可由特征值计算:

$$f_i = \frac{c}{2\pi} k_i \quad (i = 1, 2, \cdots) \tag{2.144}$$

式中,c 为自由空间中的光速。

质量因子定义为

$$Q_0 = 2\pi \frac{W}{P_L T_0} = \omega_0 \frac{W}{P_L} \tag{2.145}$$

式中,W 为腔内总储能;P_L 为腔内平均能量耗散;T_0 为谐振周期。

在共振时,总储能等于最大电能或最大磁能,即

$$W = W \frac{\varepsilon}{2} \iint_V \mid E \mid_{e,\max}^2 = \frac{\mu}{2} \iint_V \mid H \mid^2 dV = W_{m,\max} \tag{2.146}$$

以上集成是在整个谐振器上完成的。

储能和能量耗散之间的关系也可以用衰减参数 α 来描述,该参数与谐振器在去除光源后的衰减率有关。通过定义 $E = E_0 e^{-\alpha t}$,可以得到

$$W = W_0 e^{-2\alpha t} \tag{2.147}$$

式中,W_0 为 $t = 0$ 时的储能。

因此能量耗散可由下式给出

$$P_L = -\frac{dW}{dt} = 2\alpha W \tag{2.148}$$

由式(2.145)和式(2.147),可以得到

$$\alpha = \frac{P_L}{2W} = \frac{\omega_0}{2Q_0} \tag{2.149}$$

根据式(2.147)和式(2.149),有

$$W = W_0 e^{-\frac{\omega_0}{Q_0} t} \tag{2.150}$$

由式(2.150)可知,质量因子越高,共振衰减越慢。

2. 谐振结构的等效电路

如图 2.39 所示,根据参考平面的选择,谐振器可以用串联等效电路表示,也可以用并联等效电路表示。如果选择的参考平面电场集成在一个地方是零(相应的磁场集成最大),谐振器可以由一系列 RLC 电路表示;如果选择的参考平面在一个平面电场集成最大(相应的磁场集成为零),谐振器可以由一个并联 RLC 等效电路表示。下面讨论并联等效电路。

如图 2.40 所示,当电流源连接到谐振器时,在谐振器上存在一个电压 U,U 会随着频率的变化而变化:

$$U = \frac{I}{G + j\omega C + 1/(j\omega L)} \tag{2.151}$$

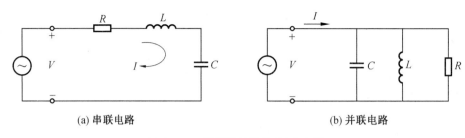

(a) 串联电路　　　　　　　　　　　　(b) 并联电路

图 2.39　谐振器的等效 RLC 电路

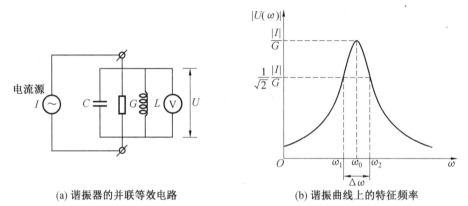

(a) 谐振器的并联等效电路　　　　　　　(b) 谐振曲线上的特征频率

图 2.40　谐振器的频率响应

对于并联电路,电压在谐振时达到最小值。根据式(2.151),有

$$j\omega_0 C + \frac{1}{j\omega_0 L} = 0 \tag{2.152}$$

所以可以得到共振频率为

$$\omega_0 = \frac{1}{\sqrt{LC}} \tag{2.153}$$

根据式(2.151) ~ (2.153),可以得到

$$U = \frac{1}{G + jC[\omega - 1/(\omega LC)]} = \frac{1}{G + jC\Delta\omega} \tag{2.154}$$

$$\Delta\omega = 2(\omega - \omega_0) \tag{2.155}$$

如果 $\Delta\omega = \pm G/C$,电压幅值减小到最大值的 $1/\sqrt{2}$,即

$$|U(\bar{\omega})| = \frac{|I|}{\sqrt{2}G} = \frac{|U(\omega_0)|}{\sqrt{2}} \tag{2.156}$$

从式(2.156)可以得到

$$U(\omega)U^*(\omega) = \frac{1}{2}U(\omega_0)U^*(\omega_0) \tag{2.157}$$

因为 G 处的能量耗散减少到最大值的一半,即

$$P_d = \frac{1}{2}UU^*G \tag{2.158}$$

考虑电容和电感处的平均储能

$$W_e = \frac{1}{4} UU^* C \tag{2.159}$$

$$W_m = \frac{1}{4} I_L I_L^* L = \frac{1}{4} L \frac{U}{j\omega L} \frac{U}{j\omega L}^* = \frac{1}{4} \frac{1}{\omega^2 L} UU^* = \frac{1}{4} CUU^* \frac{\omega_0^2}{\omega^2} \tag{2.160}$$

由式(2.159)可知,电容器处的储能降至最大值的一半。频率(ω)接近共振频率(ω_0),式(2.160)表明,在电感处的能量储存也减少到其最大值的一半。

两个半功率之间的区域($\omega_1 = \omega_0 - G/(2C)$ 和 $\omega_1 = \omega_0 + G/(2C)$)称为半功率带宽,有

$$\Delta\omega = \omega_2 - \omega_1 = \frac{G}{C} \tag{2.161}$$

有时,半功率带宽被描述为

$$\Delta f = \frac{\Delta\omega}{2\pi} = \frac{1}{2\pi} \frac{G}{C} \tag{2.162}$$

可见,半功率带宽越窄,谐振器的频率选择性越好。谐振器的质量也可以定义为

$$Q = \frac{\omega_0}{\Delta\omega} = \omega_0 \frac{C}{G} = \omega_0 \frac{1}{2} \frac{UU^* C}{UU^* G} = \omega_0 \frac{W}{P_d} \tag{2.163}$$

由式(2.159)和式(2.160)可知,在谐振频率下,谐振腔内电场能量等于谐振腔内磁场能量,即

$$W_e = W_m = \frac{1}{4} CUU^* \tag{2.164}$$

实际上,式(2.164)可以作为确定谐振器谐振频率的标准。对于并联等效电路,如果工作频率高于共振频率($\omega > \omega_0$),则电场能量大于磁场能量;如果工作频率低于谐振频率($\omega < \omega_0$),则磁场能量高于电场能量。对于串联等效电路,可以得到相反的结论。

3. 与外部电路的耦合

实际的谐振器总是与外部电路耦合。通过耦合,向谐振器提供能量,这个过程称为激励。谐振器也可以通过耦合向外部负载提供能量,这个过程称为负载。

通常耦合机制分为三类:电耦合、磁耦合和混合耦合。在电耦合中,将一个电偶极子(通常是由同轴线路的中心导体制成的同轴针)插入具有最大电场的地方。在磁力联轴器中,磁偶极子通常将中心导体与外导体连接而形成同轴回路,置于最大磁场处。混合耦合的一个典型例子是空心腔和金属波导之间的耦合膜。在等效电路中,耦合通常用变压器来表示。

图2.41为耦合到传输线上及其等效电路的谐振腔。谐振腔示意图如图2.41(b)所示,如果参考平面位置T_s选择合适,谐振器是一个平行的RLC电路,耦合器由理想变压器转换比率($1 : n$)构成。如图2.41(c)所示,平面并联RLC电路通过变压器,则$C' = n^2 C$,$R_p' = R_p/n^2$ 和 $L' = L/n^2$。

经过变换后,等效电路的谐振频率和质量因子不变,即

$$\omega_0' = \frac{1}{\sqrt{L'C'}} = \frac{1}{\sqrt{(L/n^2)(n^2 C)}} = \frac{1}{\sqrt{LC}} = \omega_0 \tag{2.165}$$

$$Q_0' = \omega_0' C' R_p' = \omega_0 (n^2 C) \frac{R_P}{n^2} = \omega_0 C R_P = Q_0 \tag{2.166}$$

耦合系数β表征腔中的能量耗散和外部电路P_e能量耗散之间的关系,并反映外部电

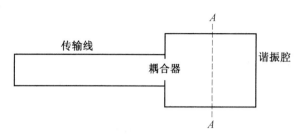

(a) 与传输线耦合的空腔

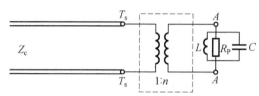

(b) 与传输线耦合的空腔的等效电路

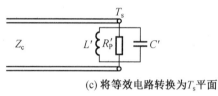

(c) 将等效电路转换为 T_s 平面

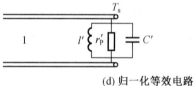

(d) 归一化等效电路

图 2.41　耦合到传输线及其等效电路的谐振腔

路耦合谐振器的程度,即

$$\beta = \frac{P_e}{P_d} = \frac{\dfrac{1}{2}\dfrac{U^2}{Z_c}}{\dfrac{1}{2}\dfrac{U^2}{R_P/n^2}} = \frac{R_P}{n^2 Z_c} = \frac{R_P'}{Z_c} = r_P' \tag{2.167}$$

式中,U 为施加到谐振器上的电压。

式(2.167)表明,耦合系数等于临界条件下转换到平面 T_s 腔的归一化谐振电阻。在临界耦合状态($\beta = 1$)下,外部电路的能量耗散等于腔中的能量耗散($P_e = P_d$)。在过耦合状态($\beta > 1$)下,外部电路的能量耗散大于腔内的能量耗散($P_e > P_d$)。在耦合状态($\beta < 1$)下,外部电路的能量耗散小于空腔中的能量耗散($P_e < P_d$)。

谐振器的外部质量因子与外部电路耦合,描述了外部电路中的能量耗散,即

$$Q_e = \omega_0 \frac{W}{P_e} \tag{2.168}$$

式中,W 为谐振腔内的储能;P_e 为耦合到谐振腔外电路的能量损耗。

利用式(2.167)、式(2.168)可以得到

$$\beta = \frac{Q_0}{Q_e} \tag{2.169}$$

耦合系数反映了谐振腔内部质量因子与外部质量因子的比值。

在实验中,经常使用加载的质量因子 Q_L,并可以通过下式计算得到

$$Q_L = \omega_0 \frac{W}{P_0 + P_e} \qquad (2.170)$$

加载质量因子 Q_L、内在质量因子 Q_0、外部质量因子 Q_e 和耦合系数 β 之间的关系为

$$Q_L = Q_0 \frac{1}{1+\beta} = Q_e \frac{\beta}{1+\beta} \qquad (2.171)$$

$$\frac{1}{Q_L} = \frac{1}{Q_0 + Q_e} \qquad (2.172)$$

图 2.42(a) 为耦合到两条传输线的谐振器。一条传输线连接到匹配源,另一条传输线连接到匹配负载。谐振器的等效电路如图 2.42(b) 所示,两个变压器分别代表两个耦合器。

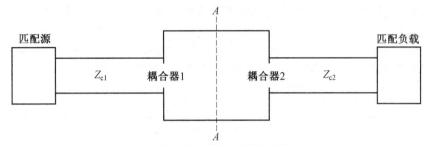

(a) 耦合到两条传输线的谐振器

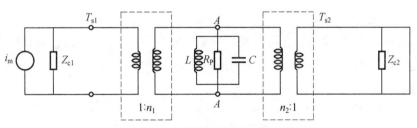

(b) 谐振器的等效电路

图 2.42 谐振器及其等效电路

利用与传输线耦合相似的方法,可以得到描述谐振器谐振特性和耦合特性的参数。谐振腔的固有质量因子 Q_0 为

$$Q_0 = \omega_0 C R_P \qquad (2.173)$$

两条输电线路的外部质量因素为

$$Q_{e1} = \omega_0 C n_1^2 Z_{c1} \qquad (2.174)$$

$$Q_{e2} = \omega_0 C n_2^2 Z_{c2} \qquad (2.175)$$

两个耦合器的耦合系数为

$$\beta_1 = \frac{Q_0}{Q_{e1}} = \frac{R_P}{n_1^2 Z_{c1}} \qquad (2.176)$$

$$\beta_2 = \frac{Q_0}{Q_{e2}} = \frac{R_P}{n_2^2 Z_{c2}} \qquad (2.177)$$

装载质量因子

$$Q_{\mathrm{L}} = \omega_0 C \frac{1}{1/R_{\mathrm{P}} + 1/(n_1^2 Z_{\mathrm{c1}}) + 1/(n_2^2 Z_{\mathrm{c2}})} = Q_0 \frac{1}{1 + \beta_1 + \beta_2} \tag{2.178}$$

$$\frac{1}{Q_{\mathrm{L}}} = \frac{1}{Q_0} + \frac{1}{Q_{\mathrm{e1}}} + \frac{1}{Q_{\mathrm{e2}}} \tag{2.179}$$

式(2.178)和式(2.179)是式(2.171)及式(2.172)的推广,可以用类似的方法分析耦合到更多传输线上的谐振器,得出类似的结论。

接下来将讨论几种典型的谐振器,包括同轴谐振器、平面电路谐振器、波导谐振器、介质谐振器和开放式谐振器。

2.3.2　同轴谐振器

同轴谐振器是由同轴传输线制成的。如图 2.43 所示,同轴谐振器有三种典型类型:半波长谐振器、四分之一波长谐振器和电容负载谐振器。

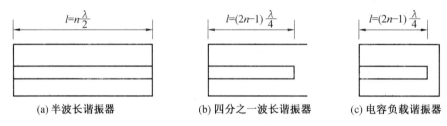

| (a) 半波长谐振器 | (b) 四分之一波长谐振器 | (c) 电容负载谐振器 |

图 2.43　三种典型的同轴谐振器

1. 半波长谐振器

如图 2.43(a) 所示,半波长谐振器是一段两端为 l 的同轴线段。通常,同轴谐振器在 TEM 模式下工作。沿着 φ 方向,为避免可能的共振,满足以下需求:

$$\pi(a+b) < \lambda_{\min} \tag{2.180}$$

式中,a 和 b 分别为内、外导体的半径;$\lambda_{\min}$ 为对应最高工作频率时的最短波长。

利用边界条件可以计算出场分布:

$$E_r = -\mathrm{j} \frac{2E_0}{r} \sin \beta z \tag{2.181}$$

$$H_\varphi = Y_0 \frac{2E_0}{r} \cos \beta z \tag{2.182}$$

式中,$E_0 = V_0/\ln(b/a)$;$Y_0 = (\varepsilon/\mu) l/2$;$\beta = n\pi/l (n = 1,2,3,\cdots)$。

当 $\beta = 2\pi/\lambda_0$ 时可以得到谐振波长之间的关系 λ_0 和谐振器的长度 l 为

$$l = n \frac{\lambda_0}{2} \tag{2.183}$$

由式(2.183)可知,谐振腔的长度为半波长的倍数,因此称该谐振腔为半波长谐振腔,其场分布如图 2.44 所示。

2. 四分之一波长谐振器

如图 2.43(b) 所示,在四分之一波长谐振器中,一端短路,另一端开路。由于载荷会引起全反射,产生纯驻波。根据边界条件,有 $\beta l = (2n+1)\pi/2 (n = 0,1,2,\cdots)$,所以谐振

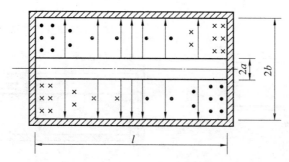

图 2.44   半波长谐振器的场分布($n = 1$)

实线表示电场,圆点表示从纸里出来的磁场,十字表示
进入纸里的磁场

器的长度 l_1 之间与谐振波长 λ_0 之间有以下关系

$$l = (2n+1)\frac{\lambda_0}{4} \quad (n=0,1,2,\cdots) \tag{2.184}$$

由式(2.184)可知,谐振腔长度为四分之一波长的奇数倍。四分之一波长谐振器的场分布如图 2.45 所示。

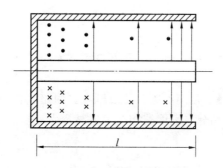

图 2.45   四分之一波长谐振器的场分布($n = 0$)

实线表示电场,点表示从纸面出来的磁场,叉表示进入纸面的磁场

在实际结构中,开口端有一些辐射损耗。为了减小辐射损耗,通常将外导体延长,形成一段切断的 TM_{01} 圆波导。然而,由于外导体的延伸会引入电容,因此内导体通常会比四分之一波长稍短。

四分之一波长谐振器的质量因子可以由波形因数来计算。

$$Q_0\frac{\delta}{\lambda_0} = \frac{1}{4}\frac{1}{4+\frac{l}{2b}\cdot\frac{1+(b/a)}{\ln(b/a)}} \tag{2.185}$$

与半波长谐振器类似,波形因子最大为 $b/a = 3.6$。

3. 电容负载谐振器

在电容负载谐振器中,如图 2.43(c)所示,同轴线的两端短路,但在谐振器的一端,内导体与短板之间存在一个小间隙,如图 2.46(a)所示,这个间隙相当于一个集总电容,因此可以将该谐振器看作是集总元件和分布元件组成的混合谐振器,其场分布如图 2.46(b)所示。在间隙处,电场起主导作用,磁场作用很弱。

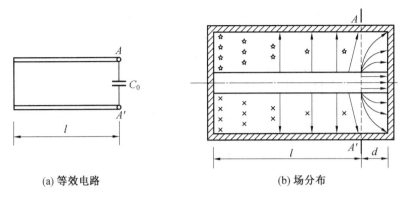

(a) 等效电路　　　　　　　　　　　(b) 场分布

图 2.46　电容负载谐振器的等效电路和场分布

从左边看，AA' 面上的电纳 $B_1 = -\cot(\beta l)/Z_c$，$\beta = \omega/c$，其中 Z_c 为同轴的特性阻抗，c 为光速。集总电器 C_0 的电纳 B_2 为 $= \omega C_0$。在共振时，$B_1 + B_2 = 0$，因此有

$$Z_c \omega C_0 = \cot(\beta l) \tag{2.186}$$

式（2.186）可以用数值法和图解法求解。图形化方法如图 2.46 所示。依据 $BZ_c = \cot(\beta l)$ 和 $BZ_c = Z_c \omega C_0$ 公式进行作图。其交点是式（2.186）的解，每个交点对应一个谐振模式。

4. 与外部电路的耦合

在谐振腔设计中，耦合方法是一个重要的考虑因素。本节介绍了常用的同轴谐振器的磁力耦合器和电耦合。

图 2.47 为同轴谐振器中常用的同轴环磁耦合。回路放置在磁场占优的位置，回路的平面通常垂直于振型的磁场分布。回路相当于磁偶极子，通过调节回路的方向和位置可以调节耦合。

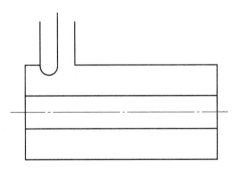

图 2.47　同轴谐振器中常用的同轴环磁耦合

如图 2.48 所示，电耦合是由同轴线路的内导体制成的针组成的。针应放置在电场为主的位置，方向应与电场平行。如图 2.48(b) 和 (c) 所示，在耦合针的针尖上增加一个小的金属板可以增加耦合。

2.3.3　平面电路谐振器

微波电子学中常用的平面电路主要有带状电路、微带电路和共面电路。由于微带是

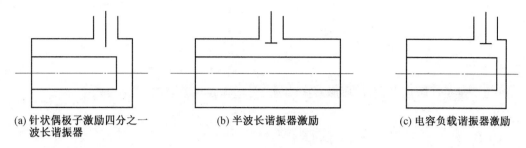

(a) 针状偶极子激励四分之一
波长谐振器

(b) 半波长谐振器激励

(c) 电容负载谐振器激励

图 2.48　电耦合不同种类的谐振器

微波集成电路中应用最广泛的一种电路,所以是重点讨论对象,其他类型的平面电路也可以得到类似的结论。

图 2.49 为三种类型的微带谐振器,包括直带状谐振器、环形谐振器和圆形谐振器。应该注意的是,下面给出的方程是近似的,只能用于估计。

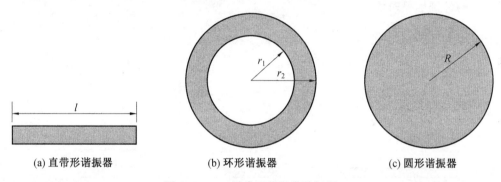

(a) 直带形谐振器

(b) 环形谐振器

(c) 圆形谐振器

图 2.49　三种类型的微带谐振器

1. 直带形谐振器

直带形谐振器如图 2.49(a) 所示,微带线的长度 l 与谐振波长 λ_g 之间的关系为

$$l = n\frac{\lambda_g}{2} \quad (n = 1, 2, 3, \cdots) \tag{2.187}$$

在实际结构中,电场在微带线两端延伸得稍远一些。场效应可以用两端的接地电容器 Cend 来表示,Cend 可以转换为一段传输线 l,所以共振条件变成

$$l + 2\Delta l = n\frac{\lambda_g}{2} \quad (n = 1, 2, 3, \cdots) \tag{2.188}$$

Cend 和 l 的值可以利用一些经验公式计算,也可以用实验测量。

直带形谐振器是由其相应的传输线、微带构成的一种透射型谐振器。但是,由于两端开口的辐射,这类谐振器的质量因子通常不是很高。

2. 环形谐振器

如图 2.49(b) 所示,环形谐振器没有开口,因此辐射损耗将大大降低。通常,环形谐振器比直带谐振器具有更高的质量因子。在材料性能表征方面,环形谐振腔法比直带形谐振腔法具有更高的精度和灵敏度,这主要是由于环形谐振器具有较高的质量因子。

大多数环形谐振器在 TM_{mn0} 上工作,其主模为 TM_{110}。TM_{m10} 的谐振条件为

$$\pi(r_1 + r_2) = m\lambda_g \tag{2.189}$$

式中，r_1 和 r_2 分别为环的内半径和外半径。

当 $\lambda_g = \lambda_0/(\varepsilon_{\mathrm{eff}})\, l/2$，$\varepsilon_{\mathrm{eff}}$ 为微带线的有效介电常数，则有

$$\lambda_0 = \frac{\pi(r_1 + r_2)}{m}\sqrt{\varepsilon_{\mathrm{eff}}} \tag{2.190}$$

为了避免高阶模态，通常环形谐振腔的尺寸应满足以下要求

$$\frac{r_2 - r_1}{r_2 + r_1} < 0.05 \tag{2.191}$$

3. 圆形谐振器

如图 2.49(b) 所示，当 $r_2 = 0$ 时，可以将圆形谐振器视为环形谐振器的特例。其谐振模式也为 TM_{mn}，主模式为 TM_{110}。

由于圆形谐振腔结构简单、质量因子高，在微波电子电路中被广泛用做谐振元件，也常用于材料性能表征。

4. 与外部电路的耦合

本节讨论了微带半波长谐振腔的耦合方法，该方法可推广到其他类型的平面谐振腔。

图 2.50 所示为半波长谐振器的三种耦合方式：电容耦合、平行线耦合和抽头耦合。下面将重点讨论这些耦合机制。需要注意的是，为了获得关于耦合特性的准确信息，常常需要进行数值模拟。

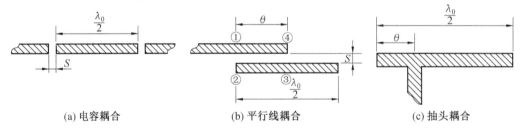

(a) 电容耦合　　　　　(b) 平行线耦合　　　　　(c) 抽头耦合

图 2.50　半波长谐振器的三种耦合方式

如图 2.50(a) 所示，电容耦合是由谐振腔开口端和耦合端口的边缘产生的。外传输线的特性阻抗通常选用耦合端口的阻抗。耦合系数与谐振腔开口端、耦合端口之间的间隙宽度有关。一般来说，耦合系数随间隙的减小而增大。但当间隙很小时，微小的间隙宽度会导致耦合系数的较大变化，因此该方法对加工精度要求较高。

如图 2.50(b) 所示，平行线耦合由耦合线的电长度 θ 和两个开放端口（端口 ② 和 ④）连接到电长度（$\pi - \theta$）的开路线路，形成谐振器，输入端口（端口 ①）连接到一个特性阻抗的传输线。耦合系数与电长度 θ 和平行线之间的间距 S 有关。相比电容耦合，耦合线在调整耦合系数方面具有更大的灵活性。

如图 2.50(c) 所示，通过将耦合端口连接到谐振器的适当位置，可以实现抽头耦合。耦合系数主要与谐振腔开口端与抽头点之间的电长度 θ 有关。从理论上讲，如果磁带点在谐振器的中心，则系数为零，因为中心点在电场节点上。θ 值越小，耦合越强。理论分析表明，耦合系数与 $\cos^2\theta$ 成正比。在实际的结构中，为了最小化抽头处 T 结对谐振器谐振特性的影响，输入线通常是锥形的，或者使用四分之一波长谐振器。

2.3.4　波导谐振器

波导谐振器广泛应用于材料的性能表征,特别是在腔扰动法中。根据制作谐振器的波导类型的不同,通常将其分为两种:矩形谐振器和圆柱形谐振器。与波导中的波传播模式相对应,谐振模式包括 TE 模式和 TM 模式。

1. TE 模式和 TM 模式

在讨论矩形波导 TE 模式和边界条件的基础上,可以得到 TE_{mnp} 模式的场分布为

$$H_x = \mathrm{j}\frac{2A}{k_c^2}\frac{p\pi}{c}\frac{m\pi}{a}\sin\left(\frac{m\pi}{a}x\right)\cos\left(\frac{n\pi}{b}y\right)\cos\left(\frac{p\pi}{c}z\right) \tag{2.192}$$

$$H_y = \mathrm{j}\frac{2A}{k_c^2}\frac{p\pi}{c}\frac{m\pi}{b}\cos\left(\frac{m\pi}{a}x\right)\sin\left(\frac{n\pi}{b}y\right)\cos\left(\frac{p\pi}{c}z\right) \tag{2.193}$$

$$H_z = -\mathrm{j}2A\cos\left(\frac{m\pi}{a}x\right)\cos\left(\frac{n\pi}{b}y\right)\sin\left(\frac{p\pi}{c}z\right) \tag{2.194}$$

$$E_x = 2A\frac{\omega\mu}{k_c^2}\frac{n\pi}{b}\cos\left(\frac{m\pi}{a}x\right)\sin\left(\frac{n\pi}{b}y\right)\sin\left(\frac{p\pi}{c}z\right) \tag{2.195}$$

$$E_y = -2A\frac{\omega\mu}{k_c^2}\frac{m\pi}{a}\sin\left(\frac{m\pi}{a}x\right)\cos\left(\frac{n\pi}{b}y\right)\sin\left(\frac{p\pi}{c}z\right) \tag{2.196}$$

$$E_z = 0 \tag{2.197}$$

$$k_c^2 = \left(\frac{m\pi}{a}\right)^2 + \left(\frac{n\pi}{b}\right)^2 \tag{2.198}$$

作为一种特殊的谐振模式,TE_{101} 模式被广泛应用于电磁材料的表征。根据式(2.192)~(2.198),得到 TE_{101} 模式的场分量为

$$E_y = -2\frac{A\omega\mu a}{\pi}\sin\left(\frac{\pi}{a}x\right)\sin\left(\frac{\pi}{c}z\right) \tag{2.199}$$

$$H_x = \mathrm{j}\frac{Aa}{c}\sin\left(\frac{\pi}{a}x\right)\cos\left(\frac{\pi}{c}z\right) \tag{2.200}$$

$$H_z = -\mathrm{j}2A\cos\left(\frac{\pi}{a}x\right)\sin\left(\frac{\pi}{c}z\right) \tag{2.201}$$

$$E_x = E_z = H_y = 0 \tag{2.202}$$

TE_{101} 矩形空腔的场分布如图 2.51 所示。

TE_{mnp} 模式谐振器的谐振波长可计算为

$$\lambda_0 = \frac{2}{\sqrt{\left(\frac{m}{a}\right)^2 + \left(\frac{n}{b}\right)^2 + \left(\frac{p}{c}\right)^2}} \tag{2.203}$$

所以 TE_{101} 模式的共振波长为

$$\lambda_0 = \frac{2ac}{\sqrt{a^2+c^2}} \tag{2.204}$$

由式(2.204)可知,如果 b 是三面(a、b、c)中最短的,则 TE_{101} 模式的共振波长最大。

根据 TM 波传播模式的特性和边界条件,可以得到 TM_{mnp} 模式的场分量为

$$E_x = \frac{-2B}{k_c^2}\frac{p\pi}{c}\frac{m\pi}{a}\cos\left(\frac{m\pi}{a}x\right)\sin\left(\frac{n\pi}{b}\right)\sin\left(\frac{p\pi}{c}\right) \tag{2.205}$$

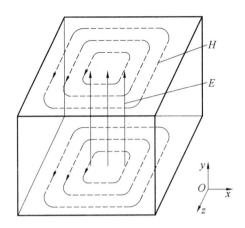

图 2.51 TE$_{101}$ 矩形空腔场的分布

$$E_y = \frac{-2B}{k_c^2} \frac{p\pi}{c} \frac{n\pi}{b} \sin\left(\frac{m\pi}{a}x\right) \cos\left(\frac{n\pi}{b}y\right) \sin\left(\frac{p\pi}{c}z\right) \tag{2.206}$$

$$E_z = 2B\sin\left(\frac{m\pi}{a}x\right) \sin\left(\frac{n\pi}{b}y\right) \cos\left(\frac{p\pi}{c}z\right) \tag{2.207}$$

$$H_x = j2B\frac{\omega\varepsilon}{k_c^2} \frac{n\pi}{b} \sin\left(\frac{m\pi}{a}x\right) \cos\left(\frac{n\pi}{b}y\right) \cos\left(\frac{p\pi}{c}z\right) \tag{2.208}$$

$$H_y = -j2B\frac{\omega\varepsilon}{k_c^2} \frac{m\pi}{b} \cos\left(\frac{m\pi}{a}x\right) \sin\left(\frac{n\pi}{b}y\right) \cos\left(\frac{p\pi}{c}z\right) \tag{2.209}$$

$$H_z = 0 \tag{2.210}$$

图 2.52 为 TM$_{111}$ 模式的场分布，其中 k_c 可由式(2.198)计算得到。

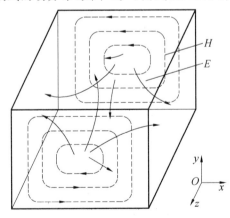

图 2.52 TM$_{111}$ 模式的场分布

对于 TM$_{mnp}$ 模式，谐振波长可由式(2.203)计算，波形因子可由下式计算：

$$Q_0\frac{\delta}{\lambda_0} = \frac{abc}{4} \frac{\left[\left(\frac{m}{a}\right)^2 + \left(\frac{n}{b}\right)^2\right]^{\frac{3}{2}}}{b(a+c)\left(\frac{m}{a}\right)^2 + a(b+2c)\left(\frac{n}{b}\right)^2} \tag{2.211}$$

2. 圆柱形谐振器

图 2.53 为圆柱谐振器的结构,由一段圆形波导缩短两端制成。与矩形谐振器相比,圆柱形谐振器通常具有更高的质量因子。其结构参数包括半径 a 和长度 l,谐振模态包括 TE_{nip} 和 TM_{nip},对应于圆柱波导中的 TE_{ni} 和 TM_{ni} 传播模态。其中,前两个下标 n 和 i 来自波传播模式 TE_{ni}、TM_{ni},分别表示 φ 方向和 r 方向的变化周期,下标 p 表示 z 方向的变化周期。

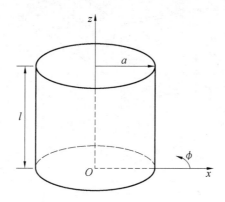

图 2.53   圆柱形谐振腔的结构

3. 谐振微扰

在某些情况下,空腔的边界条件可能发生轻微变化,或者空腔内介质的性质可能发生轻微变化。在材料特性表征中,可以将小样本引入谐振器。这种变化可能导致谐振器的谐振频率和质量因子发生微小的变化。

根据谐振 — 微扰理论,可以近似得到谐振频率和质量因子的变化。共振 — 微扰理论关注的是微扰引起的能量变化,而不是电磁场分布的变化。

4. 与外部电路的耦合

光阑耦合常用于波导与腔之间。通常情况下,波导工作在 TE_{10} 模式,其磁场和电流分布如图 2.54 所示。耦合主要是基于磁场或电流的连续性。

图 2.55 为矩形波导的孔径耦合。在图 2.55(a) 中,TM_{010} 谐振器受磁场激励,而在图 2.55(b) 中,TE_{011} 谐振器受沿波导内壁的电流激励。

2.3.5 介质谐振器

图 2.56 为介质谐振器的典型结构,包括球形介质谐振器、圆柱形介质谐振器、环形介质谐振器和矩形介质谐振器。

介质谐振器分为透射型(如圆柱形谐振器和矩形谐振器)和非透射型(如球面谐振器)。接下来将集中讨论透射型介质谐振器,特别是圆柱形介质谐振器。透射型介质谐振器是由其相应的介质波导构成的,而圆柱形介质谐振器实际上是一段两端开口的圆柱形介质波导。

在封闭的金属腔内,所有的电磁场都被限制在金属腔所围合的空间内。图 2.56 所示的谐振器是没有任何支撑的绝缘谐振器,这类谐振器便于理论分析。由于场边缘和漏电,

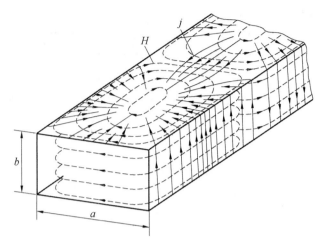

图 2.54　TE$_{10}$ 模式下矩形波导的磁场和电流分布

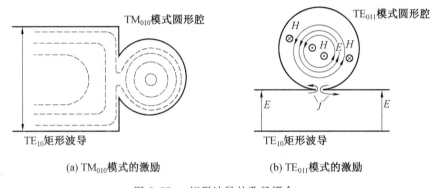

(a) TM$_{010}$模式的激励　　　　　(b) TE$_{011}$模式的激励

图 2.55　矩形波导的孔径耦合

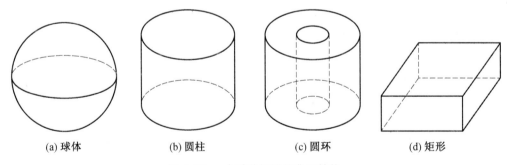

(a) 球体　　　(b) 圆柱　　　(c) 圆环　　　(d) 矩形

图 2.56　介质谐振器的典型结构

支架或屏蔽对介质谐振器的谐振特性产生影响。通常,带有支撑或屏蔽的介质谐振器称为屏蔽介质谐振器。

介质材料的介电常数 ε_r 决定介电谐振器的谐振特性,是一个重要的参数。对于一个小频率的介电腔,介电常数越高,介电腔越小,微波能量在介电腔内越集中,外部电路对介电腔的影响越小。微波介质谐振器的介电常数通常在 10 ～ 100 之间。如果介电常数非常大,介电谐振器就会变得非常小,制造介电谐振器就会变得非常困难。有一种谐振器在回音通道模式下工作,其尺寸相对较大。此类谐振器常用于高介电常数材料的表征。

接下来,将从绝缘介质谐振器的谐振特性及屏蔽介质谐振器的谐振特性方面,介绍实现介质谐振器与外部电路耦合技术,并讨论晶须腔介质谐振器的谐振特性。

1. 绝缘介质谐振器

圆柱介质谐振器广泛应用于微波电子和材料的性能表征。对圆柱介质谐振腔的准确分析比较复杂,常用的方法有近似法和实验法。

在大多数情况下,介质谐振器的长度 L 小于介质谐振器的直径($D = 2a$)。当圆柱介质谐振器的 $L < D$ 时是 $TE_{01\delta}$ 模式,前两位整数下标表示波导模式 δ 是非整数比($2L/\lambda_g$)通常小于1。如图 2.57 所示,这种模式表现为磁偶极子模式。

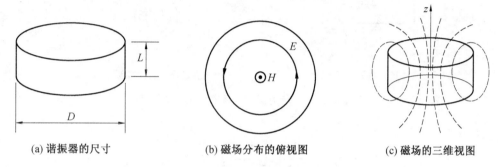

(a) 谐振器的尺寸　　　　(b) 磁场分布的俯视图　　　　(c) 磁场的三维视图

图 2.57　$L < D$ 的圆柱形介质谐振器的质子模式($TE_{01\delta}$)

对于一个给定的介质谐振器,其精确的共振 $TE_{01\delta}$ 模式频率是可以计算的。为了对绝缘介质谐振器的谐振频率进行适当的估算,可以使用以下公式:

$$f = \frac{34}{a\sqrt{\varepsilon'_r}}\left(\frac{a}{L} + 3.45\right)(\text{GHz}) \tag{2.212}$$

式中,a 和 L 为介电共振器的半径和长度,nm;ε_r 为材料的介电常数。

式(2.212)的精度在 $0.5 < (a/L) < 2$ 和 $30 < \varepsilon'_r < 50$ 的范围内约为 2%。

对于 $L > D$ 的情况,如图 2.58 所示。

2. 介电介质谐振器

在实际应用中,介电介质谐振器通常由金属屏蔽层支撑或包围,并且不同的屏蔽方式可能会导致不同的谐振特性。在这一部分中,主要讨论几种典型的屏蔽方法,包括平行板、非对称平行板、截止波导和封闭式屏蔽。

如图 2.59 所示,平行板介电谐振器由垂直于介电圆柱体轴的两个平行导电板和圆柱电介质组成,具有对称结构,在对其 $TE_{01\delta}$ 模式的理论分析中,做出了以下假设:首先,可以将电介质圆柱体视为在 TE_{01} 模式下激发的长度为 L 的无损圆柱电介质波导;其次,对于 $|z| \geqslant L/2$ 的 z 分量磁场(H_z)相关性可以用 $\sin h\alpha(L_1 + (L/2) \pm z)$ 来描述;第三,在截止频率下,$|z| \geqslant L/2$ 的截面场分布与圆柱电介质波导中的 TE_{01} 模式相同。

定义归一化的谐振频率 F_0 为

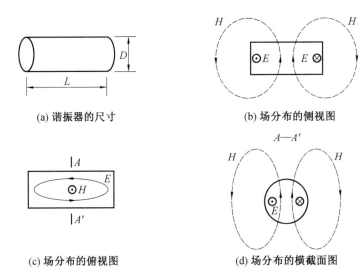

(a) 谐振器的尺寸   (b) 场分布的侧视图

(c) 场分布的俯视图   (d) 场分布的横截面图

图 2.58 $L > D$ 的圆柱介质谐振器的质子模式

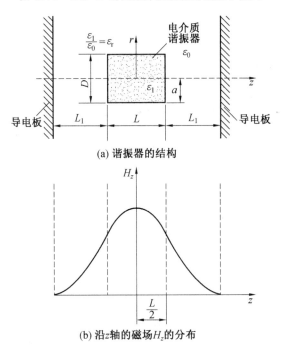

(a) 谐振器的结构

(b) 沿 z 轴的磁场 H_z 的分布

图 2.59 $\mathrm{TE}_{01\delta}$ 模式下的平行板介电介质谐振器

$$F_0 = \frac{\pi D}{\lambda_0} \sqrt{\varepsilon_{\mathrm{r}}} \tag{2.213}$$

式中，λ_0 为对应于谐振频率 f_0 的自由空间波长；D 为直径；ε_{r} 为相对介电常数。

从第一个假设开始，F_0 满足以下方程式：

$$F_0^2 = (u^2 + w^2) \frac{\varepsilon_{\mathrm{r}} - 1}{\varepsilon_{\mathrm{r}}} \tag{2.214}$$

$$\frac{J_1(u)}{uJ_0(u)} = -\frac{K_1(w)}{wK_0(w)} \tag{2.215}$$

式中，J_n 为第一种 n 阶的 Bessel 函数；K_n 为 n 阶的修正波克尔（Hankel）函数。

参数 w 和 u 由下式定义：

$$\left(\frac{w}{a}\right)^2 = \beta^2 - \left(\frac{F_0}{a}\right)^2 \frac{1}{\varepsilon_r} \tag{2.216}$$

$$\left(\frac{u}{a}\right)^2 = \left(\frac{F_0}{a}\right)^2 - \beta^2 \tag{2.217}$$

式中，β 为圆柱介质波导中模的传播常数；a 为介质圆柱体的半径。

第二个假设表明 α 和 β 满足以下方程：

$$\cos\beta\frac{L}{2} = \frac{\beta}{\alpha}\tan h\alpha L_1 \tag{2.218}$$

根据第三个假设，α 由下式给出：

$$\alpha^2 = \left(\frac{\rho_{01}}{a}\right)^2 - \frac{1}{\varepsilon_r}\left(\frac{F_0}{a}\right)^2 \tag{2.219}$$

式中，ρ_{01} 为式（2.219）的一个根，根据式（2.216）～（2.219），可以获得

$$\tan\left(\frac{L}{D}\sqrt{F_0^2 - u^2}\right) = \frac{\sqrt{\rho_{01}^2 - \dfrac{1}{\varepsilon_r}F_0^2}}{\sqrt{F_0^2 - u^2}\tan h\left(2\dfrac{L_1}{D}\cdot\sqrt{\rho_{01}^2 - \dfrac{1}{\varepsilon_r}F_0^2}\right)} \tag{2.220}$$

归一化的谐振频率 F_0 可以从式（2.214）、式（2.215）和式（2.220）中的 (D/L)、(L_1/L) 和 ε_r 的函数计算得到。如图 2.59 所示，$TE_{01\delta}$ 模式图通常用于圆柱电介质谐振器的设计。

图 2.60 为非对称平行板介电介质谐振器。通过在圆柱电介质谐振器的一侧插入电介质层，并且两侧的厚度值不相等。可以认为该结构是对图 2.60 结构的修改，这种结构通常用于微波集成电路，也称为微带介质谐振器。

根据相似的假设和相似的分析方法，可以得到

$$2\frac{L}{D}\sqrt{F_0^2 - u^2} = \arctan^{-1}\frac{\sqrt{\rho_{01}^2 - \dfrac{1}{\varepsilon_r}F_0^2}}{\sqrt{F_0^2 - u^2}\tan h\left(2\dfrac{L_1}{D}\cdot\sqrt{\rho_{01}^2 - \dfrac{1}{\varepsilon_r}F_0^2}\right)} +$$

$$\frac{\sqrt{\rho_{01}^2 - \dfrac{1}{\varepsilon_r}F_0^2}}{\sqrt{F_0^2 - u^2}\tan h\left(2\dfrac{L_1}{D}\cdot\sqrt{\rho_{01}^2 - \dfrac{\varepsilon_p}{\varepsilon_r}F_0^2}\right)} \tag{2.221}$$

式中，ε_p 为介电层（基板）的相对介电常数。

在式（2.214）、式（2.215）和式（2.221）中，F 可以作为 (D/L)、(L_1/L)、(L_2/L)、ε_r 和 ε_p 的函数。

对于介电介质谐振器的设计，存在近似和直接的方程式。要设计谐振频率为 f_0 的圆柱介质谐振器，应确定其直径 D 和长度 L。第一步是选择满足以下条件的 D：

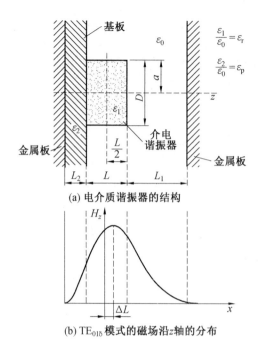

(a) 电介质谐振器的结构

(b) TE$_{01\delta}$ 模式的磁场沿 z 轴的分布

图 2.60　非对称平行板介电介质谐振器

$$\frac{5.4}{k_0 \sqrt{\varepsilon_r}} \leqslant D \leqslant \frac{5.4}{k_0 \sqrt{\varepsilon_p}} \tag{2.222}$$

式中，k_0 为自由空间传播常数，$k_0 = (\varepsilon_0 \mu_0)^{1/2}$。

第二步是根据式(2.223)确定长度 L 及 h：

$$L = \frac{1}{\beta} \left[\arctan\left(\frac{\alpha_1}{\beta} \cot h\alpha_1 L_{21}\right) + \arctan\left(\frac{\alpha_2}{\beta} \cot h\alpha_2 L_2\right) \right] \tag{2.223}$$

其中，

$$\alpha_1 = \sqrt{h^2 - k_0^2} \tag{2.224}$$

$$\alpha_2 = \sqrt{h^2 - k_0^2 \varepsilon_p} \tag{2.225}$$

$$\beta = \sqrt{k_0^2 \varepsilon_r - h^2} \tag{2.226}$$

$$h = \frac{2}{D} \cdot \left[2.405 + \frac{y_0}{2.405(1 + 2.43/y_0 + 0.291 y_0)} \right] \tag{2.227}$$

$$y_0 = \sqrt{\left(k_0 \frac{D}{2}\right)^2 (\varepsilon_r - 1) - 2.405^2} \tag{2.228}$$

图 2.61 为微带介质谐振器的广义归一化设计曲线。在图中，λ_0 为自由空间的波长；t 为介电共振器的高度；R 为介电共振器的半径；d 为介电共振器和金属板之间的气隙距离；h 为厚度；ε_r 为谐振器的介电常数；ε_g 为基板的介电常数。图中显示了当 $\varepsilon_r = 37.0$ 和 $\varepsilon_g = 2.1$ 时的两组曲线。一组曲线针对 $h/R = 0.2$ 的条件，它们分别由 $d/R = 0$、0.25、0.50 和 ∞ 表示；另一组曲线针对 $d/R = \infty$ 的条件，分别由 $h/R = 0$、0.1、0.2 和 ∞ 表示。

图 2.62 为磁性壁波导边界中的介电圆柱。在介电区域中，波导高于其截止频率，但在空气区域中，波导则低于截止频率。在共振时，驻波存在于介电区域中，而指数衰减波

存在于空气区域中。等效电路是一条长度为 L 的传输线,其两端均终止于电抗,该电抗等
于截止的充气波导的特性阻抗虚部。

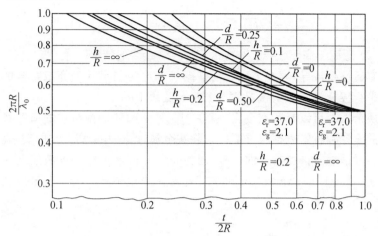

图 2.61 微带介质谐振器的广义归一化设计曲线

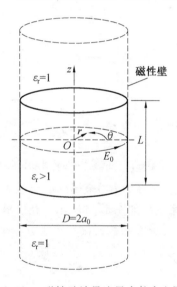

图 2.62 磁性壁波导边界中的介电圆柱

根据 Cohn 模式,可以获得 $TE_{01\delta}$ 模式的场分布为

$$E_\varphi = 2E_0 \frac{J_1(k_e r)}{J_1(p_{01})} \cos \beta_d z \left(|z| \leqslant \frac{L}{2} \right) \tag{2.229}$$

$$E_\varphi = 2E_0 \frac{J_1(k_c r)}{J_1(p_{01})} \cos \frac{\beta_d L}{2} \times e^{-\alpha_a(|z|-L/2)} \left(|z| \geqslant \frac{L}{2} \right) \tag{2.230}$$

$$H_r = j \frac{\beta_d}{\omega\mu} 2E_0 \frac{J_1(k_c r)}{J_1(p_{01})} \sin \beta_d z \left(|z| \leqslant \frac{L}{2} \right) \tag{2.231}$$

$$H_r = \pm j \frac{\alpha_a}{\omega\mu} 2E_0 \frac{J_1(k_c r)}{J_1(p_{01})} \cos \beta_d z \times e^{-\alpha_a(|z|-L/2)} \left(|z| \geqslant \frac{L}{2} \right) \tag{2.232}$$

$$k_c = \frac{p_{01}}{a} = \frac{2.405}{a} \tag{2.233}$$

$$\beta_d = \sqrt{\varepsilon_r k_0^2 - k_c^2} = \sqrt{\frac{(2\pi f)^2 \varepsilon_r}{c^2} - \left(\frac{p_{01}}{a}\right)^2} \qquad (2.234)$$

$$\alpha_a = \sqrt{k_c^2 - k_0^2} = \sqrt{\left(\frac{p_{01}}{a}\right)^2 - \left(\frac{2\pi f}{c}\right)^2} \qquad (2.235)$$

式(2.232)适用于高于 $z = L/2$ 或低于 $z = -L/2$ 的情况。

由于具有磁性壁波导,因此该配置的谐振频率比相同尺寸和介电常数的隔离介电介质谐振器和平行板介电介质谐振器的谐振频率低约 10%。

介电介质谐振器可以封闭在金属屏蔽层中,研究这种谐振结构的谐振特性对于介电介质谐振器的设计和材料表征很重要。封装在金属球体中的球形介质谐振器通常用于研究金属屏蔽层对谐振器谐振特性的影响,因为介电介质谐振器和屏蔽层之间的区域可以用半径来描述。Imai 和 Yamamoto 研究了半球形导电屏蔽中的半球形介质谐振器的谐振特性,如图 2.63 所示。

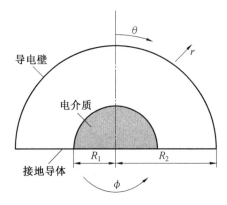

图 2.63　半球形金属腔中的半球形介质谐振器

在图 2.63 中,介质谐振器的半径为 R_1,金属球的半径为 R_2。当 R_2 逐渐增加而 R_1 保持恒定时,谐振结构的谐振频率变化如图 2.64 所示。在区域 a 中,R_2 略大于 R_1,并且谐振频率根据 R_2 迅速变化。当 R_2 接近 R_1 时,谐振频率接近完全充满电介质材料的空腔谐振频率。在区域 b 中,谐振频率几乎与 R_2 无关。在区域 c 中,谐振频率再次根据 R_2 变化。当 R_2 比 R_1 大得多时,谐振结构可以看作是安装在接地面上的半球形介质谐振器。

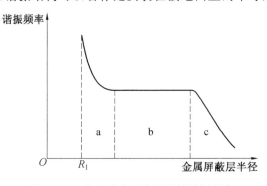

图 2.64　半球形介质谐振器的谐振频率

根据增量频率法则,当斜率 $\mathrm{d}f/\mathrm{d}R_2$(频率与空腔的大小)较小时,与屏蔽层的导体损耗有关的质量因子 Q_c 较大。在区域 b 中,Q_c 较大,可以忽略导体损耗对谐振结构的整体质量因子 Q 的影响。因此,在该区域中 Q 主要由电介质中的损耗决定。

3. 与外部电路的耦合

一般而言,所有耦合方法均可用于介电共振器。通常用于耦合的探头有电偶极子、磁偶极子、微带线和波导。应当注意,对于耦合探针,不同的耦合位置和不同取向导致不同的共振模式。如图 2.65 所示,电偶极子探针和磁偶极子探针通常用于耦合至介电共振器。

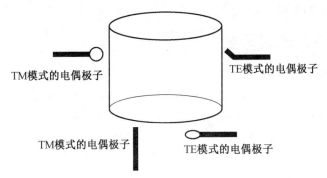

图 2.65　用于电介质 TE 和 TM 谐振模式耦合的电偶极子探头

4. 回音通道介质谐振器

回音通道(WGM)介质谐振器是一类旋转不变的共振结构。如图 2.66 所示,回音通道介质谐振器表现出多种尖锐谐振,是实现超宽带谐振结构的方法。由于 WGM 介质谐振器基本上沿方位角方向运行,因此提供了新的微波设计的可能性,例如定向滤波器和反射系数极低的功率合成器。在材料特性表征中,回音通道介质谐振器通常用于表征极低损耗的电介质、高介电常数、各向异性电介质和铁氧体材料。

图 2.66　介质谐振器中的典型 WGM 谐振(深色区域表示能量密度高的区域)

在回音通道介质谐振器中,由于全内反射,电磁波会在介电／空气界面内部反弹。对于给定的边界条件,

$$n\lambda = \pi d \sqrt{\varepsilon_\mathrm{r}\mu_\mathrm{r}} \tag{2.236}$$

式中,整数 n 为方位角;d 为晶体的直径;ε_{r} 为相对介电常数;μ_{r} 为相对磁导率。

该关系仅在 n 较大的高频下成立。在较低的频率下,电路径的长度会因来自内部苛性表面的反射而延长。

回音通道介质谐振器非常有趣。首先,即使在毫米波波段,尺寸也相对较大;其次,质量因子非常高,WGM 介电共振器的空载质量因子仅受所用材料的损耗角正切值决定,并且辐射损耗可忽略不计,而传统的 TE 或 TM 模式的空载质量因子不仅取决于材料损耗角正切,还取决于包围的金属屏蔽层;最后,回音通道介质谐振器具有良好的杂散抑制能力,沿 z 轴的传播常数非常小,不需要的振动会沿轴向泄漏,并且不受干扰;最后,回音通道介质谐振器的可高度集成,到平面电路中。

2.3.6　开放式谐振器

1.开放式谐振器的概念

如前所述,自由空间也可以作为传输线的一种类型。可以用两块平行的金属板将自由空间传输线端连接,形成法布里－珀罗谐振器,从而在自由空间传输线上制造谐振器,如图 2.67 所示。在毫米波和亚毫米波频率范围内,导体损耗是谐振腔能量耗散的主要方式。与封闭式谐振器相比,开放式谐振器由于导体壁的移动,导体损耗降低,可能具有更高的质量因子。

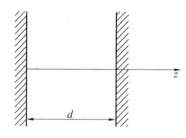

图 2.67　理想法布里－珀罗谐振器

假设图 2.67 中的平行板是无限长的,并且在板之间建立了一个 TEM 模式驻波。从边界条件可以得到共振频率 f_0 为

$$f_0 = \frac{cn}{2d} \tag{2.237}$$

式中,d 为两个平行板之间的距离;n 为模式数,$n=1,2,3,\cdots$;c 为光速。

式(2.237)表明,可以通过改变两个板之间的距离来调整共振频率。在实际的法布里－珀罗谐振器中,通常一个反射器是可移动的,这样共振频率就可以连续变化。

谐振器的质量因子 Q_0 可以通过以下公式估算

$$Q_0 = \frac{\pi n \eta_0}{4R_{\text{s}}} \tag{2.238}$$

式中,n 为模式编号;η_0 为自由空间的固有阻抗;R_{s} 为反射器的表面电阻。

式(2.238)表明质量因子随 n 的增加而增加。通常 n 是几千或更大,因此得到的质量因子也非常高。

2. 稳定性要求

式(2.238)给出了理想情况下的质量因子,即两个板是无限并且严格平行的。然而,在实际情况下,板的尺寸是有限的(图2.68),并且不是严格平行的,微波能量将被辐射。因此,实际质量因子将小于式(2.238)给出的值。

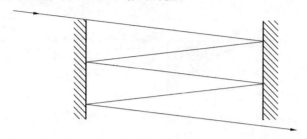

图 2.68   由于板的尺寸限制,法布里－珀罗谐振器的泄漏

如果用凹面反射器替换一个或两个反射平面板,则可以对上述现象进行改进(图2.69)。在这种情况下,磁场集中在较小的体积内,并且对两个反射器的要求不是很高。如果一个或两个反射器具有凹的球形表面,则谐振器内部的场服从高斯分布。这一事实可用于模拟自由空间场条件,与聚焦光束情况非常相似。

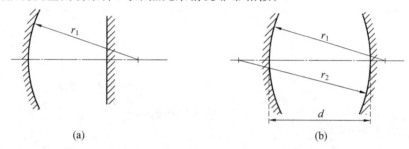

图 2.69   带有平面和球面反射器的谐振器几何结构

如果满足以下条件,即两个半径为 r_1 和 r_2 的球面反射器组成的开放式谐振器可以支持稳定模式,则有

$$0 \leqslant \left(1 - \frac{d}{r_1}\right)\left(1 - \frac{d}{r_2}\right) \leqslant 1 \tag{2.239}$$

根据式(2.239),可绘制开放式谐振器的稳定性图,如图2.70所示。在稳定性图中,稳定区域被遮蔽。有三种特殊情况,分别代表平行平面谐振器、同心谐振器和对称共焦谐振器。

平行板可以看作一个无限半径的球面反射器。平行板谐振器($d/r_1 = d/r_2 = 0$)对应的点位于稳定区和不稳定区的边界处。如果出现异常,系统就会变得不稳定。

对于共焦谐振器($r_1 = r_2 = d$),对应点位于稳定区和不稳定区之间的边界处。而同心谐振器($r_1 = r_2 = d/2$)对应点在稳定边界处。因此,这两种谐振器也不是很稳定。为了提高稳定性,共焦谐振器和同心谐振器通常被修改为近共焦和近同心几何结构,如图2.71所示。同时,开放式谐振腔用于材料性能表征时,应考虑谐振腔中的光束宽度,因为光束宽度决定了可测量样品的最小尺寸。

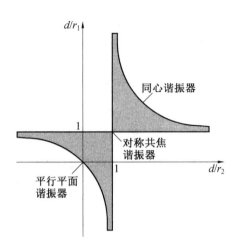

图 2.70   开放式谐振器的稳定性图

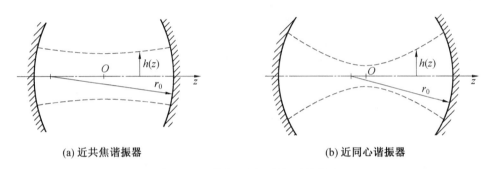

(a) 近共焦谐振器   (b) 近同心谐振器

图 2.71   共焦和同心谐振器的修改

3. 与外部电路的耦合

在微波法布里-珀罗谐振器中,耦合可以通过准光学或典型的微波方法来实现。图 2.72 为两种准光学耦合方法:通过一个或两个反射镜垂直于谐振轴。在通镜法中,开放式谐振器的反射镜是穿孔的金属板,射频信号通过一个放置在其焦点处的小喇叭馈电的准直透镜注入,并使用类似的透镜和喇叭来收集通过系统的信号。图 2.72(b) 所示的方法是使用与谐振轴 45°处的介质分束器,通常分束器由聚苯乙烯制成。通过旋转入射偏振可以连续调节谐振腔的质量因子。当电矢量位于入射面时,质量因子达到最大值;当电矢量垂直于入射面时,质量因子达到最小值。同时,分束器的厚度对谐振腔的质量因子也有影响。

法布里-珀罗谐振器也可以使用典型的微波方法进行耦合,例如反射镜中的耦合孔。图 2.73 为通过孔与波导耦合的开放式谐振器。耦合孔径的结构如图 2.74 所示。它包含一个标准 TE_{10} 模馈电波导,该馈电波导对接在一个反射器背面的矩形凹槽中。磁场环从孔径中发出,从而充当向半空间辐射的磁偶极子。耦合系数主要由耦合孔直径和壁厚决定。

开放式谐振器的易测参数包括谐振频率 f、质量因子 Q 和谐振器长度 d,与谐振器中所含材料的介电常数和损耗正切相关。实际上,材料特性表征是微波开放谐振器的首批应用之一。

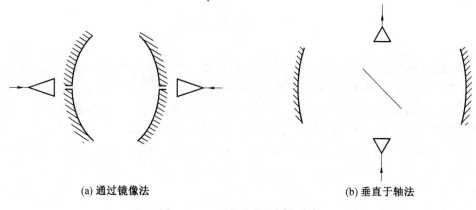

(a) 通过镜像法   (b) 垂直于轴法

图 2.72   两种准光学耦合方法

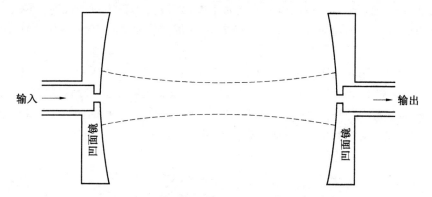

图 2.73   通过孔与波导耦合的开放式谐振器

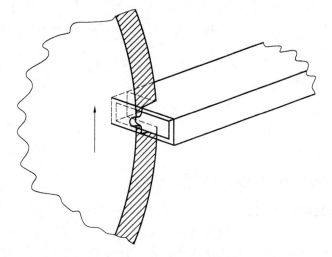

图 2.74   耦合孔径的结构

.

2.4   微型网络

场方法和线方法是微波理论和工程中两种重要方法。在场方法中,分析了电场和磁场的分布。在线方法中,传输线或谐振的微波特性由其等效集总元件表示。网络方法是在线性方法基础上发展起来的。在网络方法中,不关心微波结构中电磁场的分布,只关心微波结构如何响应外部微波信号。

在这一部分中,首先介绍微波网络的概念和描述微波网络的参数。然后介绍网络分析仪,最后讨论测量微波网络反射、传输和共振特性的方法。

2.4.1   微波网络的概念

微波网络的概念是从传输线理论发展而来的,是微波工程中一个强有力的工具。微波网络方法研究微波结构对外界信号的响应,是分析微波结构内部场分布的微波场理论的补充。

网络分析中常用两组物理参数。网络的两组定义如图 2.75 所示,一组是电压 V(或归一化电压 V) 和电流 I(或归一化电流 I);另一组是输入波 a(进入网络的波)和输出波 b(来自网络的波)。不同的网络参数用于不同的物理参数集。例如,阻抗矩阵和导纳矩阵用于描述电压和电流之间的关系,而散射参数用于描述输入波和输出波之间的关系。

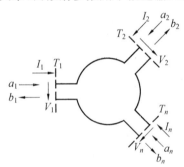

图 2.75   网络的两组定义

在接下来的讨论中,将重点讨论双端口网络,所得的结论可以推广到多端口网络。然后将讨论阻抗矩阵、导纳矩阵和散射矩阵,并讨论这些参数之间的转换。

2.4.2   阻抗矩阵和导纳矩阵

1.非标准阻抗和导纳矩阵

阻抗矩阵和导纳矩阵有两种:非标准矩阵和标准矩阵。非标准阻抗和导纳描述了非标准电压和非标准电流之间的关系。对于图 2.76 所示的双端口网络,有

$$[V] = [Z][I] \tag{2.240}$$

$$[I] = [Y][V] \tag{2.241}$$

式中,$[V]$ 为非标准化电压,$[V] = [V_1, V_2]^T$;$[I]$ 为非标准化电流,$[I] = [I_1, I_2]^T$。

阻抗矩阵为

图 2.76   定义电压和电流的双端口网络

$$[Z] = \begin{bmatrix} Z_{11} & Z_{12} \\ Z_{21} & Z_{22} \end{bmatrix} \tag{2.242}$$

根据式(2.240)可知如果 $I_i = 0 (i \neq j)$

$$Z_{jj} = \frac{V_j}{I_j}, Z_{ij} = \frac{V_i}{I_j} \quad (i = 1, 2; j = 1, 2) \tag{2.243}$$

式(2.243)表明,当另一个端口打开时,Z_{jj} 是端口 j 的输入阻抗,$Z_{ij}(i \neq j)$ 是端口 i 打开时从 j 到 i 端口的过渡阻抗。

式(2.241)中的导纳矩阵$[Y]$为

$$[Y] = \begin{bmatrix} Y_{11} & Y_{12} \\ Y_{21} & Y_{22} \end{bmatrix} \tag{2.244}$$

同样,Y_{jj} 是当另一个端口短路时端口 j 的输入导纳,$Y_{ij}(i \neq j)$ 是端口 i 短路时从 j 到 i 端口的过渡导纳。根据式(2.240)和式(2.241),可以得到$[Y]$和$[Z]$之间的关系为

$$[Z][Y] = [1] \tag{2.245}$$

2. 归一化阻抗和导纳矩阵

归一化阻抗矩阵$[z]$和归一化导纳矩阵$[y]$定义了归一化电流和归一化电压之间的关系,即

$$[v] = [z][i] \tag{2.246}$$

$$[i] = [y][v] \tag{2.247}$$

从式(2.240)、式(2.241)、式(2.246)和式(2.247),可以得到

$$[z] = [\sqrt{Y_c}][Z][\sqrt{Y_c}] \tag{2.248}$$

$$[y] = [\sqrt{Z_c}][Y][\sqrt{Z_c}] \tag{2.249}$$

$$[\sqrt{Z_c}] = \begin{bmatrix} \sqrt{Z_{C1}} & 0 \\ 0 & \sqrt{Z_{C2}} \end{bmatrix} \tag{2.250}$$

$$[\sqrt{Y_c}] = \begin{bmatrix} \sqrt{Y_{C1}} & 0 \\ 0 & \sqrt{Y_{C2}} \end{bmatrix} \tag{2.251}$$

式中,Z_{c1} 和 Z_{c2} 分别为与端口1和端口2相连的传输线的特性阻抗;Y_{c1} 和 Y_{c2} 分别为与端口1和端口2相连的传输线的特性导纳。

很明显

$$[\sqrt{Z_c}][\sqrt{Y_c}] = [1] \tag{2.252}$$

对于方程中的单个分量,通过式(2.248)和式(2.249)可以得到

$$z_{ij} = Z_{ij}\sqrt{Y_{ci}Y_{cj}} = \frac{Z_{ij}}{\sqrt{Z_{ci}Z_{cj}}} \qquad (2.253)$$

$$y_{ij} = Y_{ij}\sqrt{Z_{ci}Z_{cj}} = \frac{Y_{ij}}{\sqrt{Y_{ci}Y_{cj}}} \qquad (2.254)$$

当 $i=j$ 时,

$$z_{ii} = \frac{Z_{ii}}{Z_{ci}} \qquad (2.255)$$

$$y_{ii} = \frac{Y_{ii}}{Y_{ci}} \qquad (2.256)$$

式(2.255)和式(2.256)与传输线理论中的定义一致。

2.4.4　不同网络参数之间的转换

从不同物理参数之间的关系,可以得到不同网络参数的转换。根据标准化电压、电流、输入和输出波的定义,有

$$v = a + b \qquad (2.257)$$

$$i = a - b \qquad (2.258)$$

$$a = \frac{1}{2}(v + i) \qquad (2.259)$$

$$b = \frac{1}{2}(v - i) \qquad (2.260)$$

从式(2.257)～(2.260)可以得到表2.3中列出的$[S]$、$[z]$和$[y]$之间的转换。如果知道表2.3中 $[S]$、$[z]$ 和$[y]$ 中的任何一个,可以找到另外两个。在实验中,通常测量散射参数,其他参数如阻抗参数和导纳参数可由散射参数计算。

如图 2.77 所示,网络对外部电路的响应也可以用输入和输出微波来描述。端口 1 和端口 2 的输入波分别表示为 a_1 和 a_2,输出波分别表示为 b_1 和 b_2。

图 2.77　定义 a 和 b 的双端口网络

输入波$[a]$和输出波$[b]$之间的关系通常用散射参数$[S]$描述为

$$[b] = [S][a] \qquad (2.261)$$

式中,$[a] = [a_1, a_2]^{\mathrm{T}}$;$[b] = [b_1, b_2]^{\mathrm{T}}$;散射矩阵$[S]$ 的形式为

$$[S] = \begin{bmatrix} S_{11} & S_{12} \\ S_{21} & S_{22} \end{bmatrix} \qquad (2.262)$$

表 2.3 $[S]$、$[z]$、$[y]$ 之间的转换

$[y]$	$y_{11} = \dfrac{1 - S_{11} + S_{22} - \mid S \mid}{1 + S_{11} + S_{22} + \mid S \mid}$	$[y] = \dfrac{1}{\mid z \mid}\begin{bmatrix} z_{22} & -z_{12} \\ -z_{21} & z_{22} \end{bmatrix}$	$[y] = \begin{bmatrix} y_{11} & y_{12} \\ y_{21} & y_{22} \end{bmatrix}$
	$y_{12} = \dfrac{1 - S_{11} + S_{22} - \mid S \mid}{1 + S_{11} + S_{22} + \mid S \mid}$		
	$y_{21} = \dfrac{1 - S_{11} + S_{22} - \mid S \mid}{1 + S_{11} + S_{22} + \mid S \mid}$		
	$y_{22} = \dfrac{1 - S_{11} + S_{22} - \mid S \mid}{1 + S_{11} + S_{22} + \mid S \mid}$		
		$s_{22} = \dfrac{\mid z \mid - z_{11} + z_{22} - 1}{\mid z \mid + z_{11} + z_{22} + 1}$	$s_{22} = \dfrac{1 + y_{11} - y_{22} - \mid y \mid}{1 + y_{11} + y_{22} + \mid y \mid}$
$[Z]$	$Z_{11} = \dfrac{1 + S_{11} - S_{22} - \mid S \mid}{1 - S_{11} - S_{22} + \mid S \mid}$	$[Z] = \begin{bmatrix} z_{11} & z_{12} \\ z_{21} & z_{22} \end{bmatrix}$	$[z] = \dfrac{1}{\mid y \mid}\begin{bmatrix} y_{22} & -y_{12} \\ -y_{21} & y_{22} \end{bmatrix}$
	$z_{12} = \dfrac{-2S_{12}}{1 - S_{11} - S_{22} + \mid S \mid}$		
	$z_{21} = \dfrac{-2S_{12}}{1 - S_{11} - S_{22} + \mid S \mid}$		
	$z_{22} = \dfrac{1 - S_{11} + S_{22} - \mid S \mid}{1 - S_{11} - S_{22} + \mid S \mid}$		

对于散射参数 S_{ij}，如果 $a_i = 0 (i \neq j)$，根据式(2.261)，有

$$S_{jj} = \frac{b_j}{a_j} \quad (j = 1, 2) \tag{2.263}$$

$$S_{ij} = \frac{b_i}{a_j} \quad (i \neq j; i = 1, 2; j = 1, 2) \tag{2.264}$$

式(2.263)表明，当端口 j 连接到源而另一端口连接到匹配负载时，端口 j 处的反射系数等于 S_{ij}，即

$$\Gamma_j = S_{jj} = \frac{b_j}{a_j} \tag{2.265}$$

式(2.264)表明，当端口 j 连接到源，端口 i 连接到匹配负载时，端口 j 到端口 i 的传输系数等于 S_{ij}，即

$$T_{j \to i} = S_{ij} = \frac{b_i}{a_j} \tag{2.266}$$

2.4.5 网络分析仪基础

网络分析仪是分析模拟电路的重要工具。通过测量模拟电路的透射系数和反射系数振幅和相位，可揭示电路的所有网络特性。在微波工程中，网络分析仪用于分析各种材料、元件、电路和系统。在这一部分中，将讨论网络分析仪的基本原理和纠错技术。

1. 网络分析仪原理

网络分析仪广泛用于测量散射矩阵中的四个元素：S_{11}、S_{12}、S_{21} 和 S_{22}。如图 2.78 所示，网络分析仪主要由信号源、信号分离装置和检测器组成。可以独立测量四个波：两个正向行波 a_1 和 a_2，两个反向行波 b_1 和 b_2。根据方程将这四种波组合得到散射参数，见式（2.264）和式（2.265）。四个探测器分别用 a_1、a_2、b_1、b_2 标记测量四个对应的波，并且信号分离装置确保四个波独立测量。

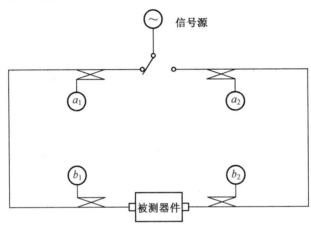

图 2.78　网络分析仪框图

2. 测量误差模型

网络分析仪的测量误差一般分为三种：系统误差、随机误差和漂移误差。

（1）系统误差。系统误差主要包括匹配误差、方向性误差、串扰误差和频率响应误差。其中，匹配误差是由被测器件（DUT）表面发生多次反射引起的，这些反射未被检测到。方向性误差是由于在反射波探测器处感测到但并非来自于被测器件反射，而是信号泄露造成的。串扰误差是由于在未通过被测器件的情况下，发射波检测器处感测到的泄露信号造成的。频率响应误差来源于路径损耗、相位延迟和探测器响应。这些误差是由测量系统的缺陷引起的，大多不随时间变化，因此可以通过校准来表征，并在测量过程中消除。测量系统的动态范围受系统误差的限制，反射测量的动态范围主要受方向性的限制，而透射测量的动态范围主要受地板噪声及串扰的限制。

（2）随机误差。随机误差通常是不可预测的，无法通过校准消除。随机误差的可能来源包括仪器噪声、开关重复性和连接器重复性。通过多次测量并取平均值，可以使随机误差最小化。

（3）漂移误差。漂移误差是由校准后测量系统工作条件的变化引起的，温度变化是漂移误差的主要来源之一。在实验中，应尽量使工作条件接近校准条件。同时，为了消除漂移误差，需要进一步校准。

3. 系统误差修正

网络分析仪的系统误差可以通过校准来修正。这个过程可计算已知参考标准上测量的系统误差并通过设置消除。完成这一步骤后，当进行后续测量时，系统误差将从测量结果中消除。两种主要的误差修正是响应修正和矢量修正。响应校准的执行很简单，但只修正了一些可能的系统误差项。响应校准本质上是一种标准化测量,其中参考记录道存储在存储器中,随后的测量数据除以该存储器记录道。一种更先进的响应校准形式是使用宽带二极管探测器进行反射测量的开/短平均。在这种情况下,将两个记录道平均在一起以导出参考记录道,即矢量误差校正。矢量误差校正是通过测量已知的校准标准来表征系统矢量误差项,然后从后续测量中消除这些误差的影响的过程。矢量误差校正要求网络分析仪能够同时测量幅度和相位数据。矢量误差校正可以解释系统误差,但需要更多的校准标准。需要注意的是,响应校准可以在矢量网络分析仪上执行,在这种情况下,将矢量参考轨迹存储在存储器中,以便显示标准化的幅度或相位数据。这与矢量误差校正不同,因为不能消除个别的系统误差,所有的系统误差都是矢量。

4. 不同校正方法对应的测量手段

网络分析仪广泛应用于材料性能表征。如前所述,有两种材料特性表征方法:共振法和非共振法。谐振法通常具有较高的精度和灵敏度,但要求频率稳定性较高。为了提高谐振法的精度和灵敏度,主要选择合成源,其次是误差修正。非共振方法可以在一个频率范围内表征材料。对于非共振方法,主要的选择是误差校正,其次是使用合成源。

2.4.6 反射和透射特性的测量

在材料特性表征的非共振方法中,将被测样品插入传输线的一端中,测量样品的反射和(或)通过样品的传输,以计算材料特性。在单端口和双端口测量中,测量结果可能会受到一些信号影响,例如同轴测量中连接器不匹配导致的表面反射和自由空间测量中的地面反射。

1. 单端口法

单端口法主要用于反射测量。在这种方法中,单端口发送信号,同时接收被研究样本反射的信号。测量的 S 参数是 S_{11} 或者 S_{22}。

反射测量的动态范围主要受测量端口方向性的限制。为了提高测量精度和灵敏度,通常需要进行单端口校准,这需要三个已知标准。在某些情况下即不需要高精度和灵敏度时,一个已知的标准,例如"短"或"空气",足以进行简单的校准。

2. 双端口法

双端口法适用于材料性能表征的透射/反射法。在双端口方法中,一个端口发送信号,另一个端口接收来自研究样本的信号。如图 2.79 所示,双端口法可用于透射/反射测量和双静态反射或散射测量。

双端口方法的动态范围主要受信号的噪声下限和两端口间的串扰限制。

如果不需要精确的测量,在某些情况下,通过校准可能就足够了。

3. 时域技术

傅里叶变换技术提供了一种在频域和时域之间变换数据的方法。在网络分析仪中,通常使用一种称为 Chirp Z 的快速傅里叶变换(FFT),它允许用户在特定时间(距离)范围内"放大"。这里,讨论转换过程的主要特性,以及如何使用各种处理选项来获得最佳结果。

通过傅里叶逆变换,可以将频域的测量结果转换到时域。时域结果给出了被测器件

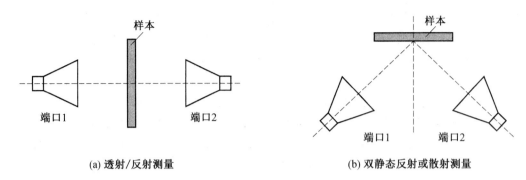

(a) 透射/反射测量　　　　　　　　　　(b) 双静态反射或散射测量

图 2.79　双端口测量

(DUT) 的清晰表示。例如,电缆中的故障可以直接定位。此外,特殊的时域滤波器,称为门,可以用来抑制不需要的信号成分,如多重反射。将时域"门控"测量数据转换回频域,得到不含多余信号分量的 S 参数表示。

线性不变网络对电磁波的响应可以用脉冲响应 $H(t)$ 在时域表示,也可以用传递函数 $H(f)$ 在频域表示。从根本上讲,$H(t)$ 和 $H(f)$ 给出了相同的信息,可以通过傅里叶变换从一个信息转换到另一个信息:

$$H(f) = \int_{-\infty}^{+\infty} h(t)\exp(-\mathrm{j}2\pi ft)\mathrm{d}t \qquad (2.267)$$

显然,网络分析仪在频域测量的数据可以通过逆傅里叶变换变换到时域:

$$H(t) = \int_{-\infty}^{+\infty} h(f)\exp(-\mathrm{j}2\pi ft)\mathrm{d}f \qquad (2.268)$$

在时域中,除了脉冲响应外,信号还可以用阶跃响应来表示,阶跃响应可以通过脉冲响应 $H(t)$ 的积分来获得。图 2.80 步进同轴电缆的时域响应(在低通模式下为 S_{11})。通常,测量的反射系数 S_{11} 和阻抗 Z 之间的关系由下式给出

$$S_{11} = \frac{Z - Z_0}{Z + Z_0} \qquad (2.269)$$

式中,Z_0 为特性阻抗。

在图 2.80 中,特性阻抗为 50 Ω。

通过时域响应,可以确定传输线阻抗不连续的位置。此外,阶跃清楚地显示了阻抗沿同轴线的变化。区域 Ⅰ 和 Ⅳ 中没有反射,因此图 2.80(c) 中的零值表示参考阻抗 Z_0。正值表示阻抗高于参考阻抗($Z > Z_0$),负值表示阻抗低于参考阻抗($Z < Z_0$)。

从数学上讲,这两种表示形式是等价的。可以通过分化或整合相互转化。如果对 DUT 的阻抗特性感兴趣,建议使用阶跃响应,而在大多数情况下,都使用脉冲响应。

数学上,在时间域中,假定了无限宽的频率范围。通过傅里叶变换,得到无限窄的狄拉克脉冲。然而,在实际的傅里叶变换中,由于频率跨度有限,频域乘以矩形加权函数,该矩形加权函数取网络分析器的实际频率范围的值 1,否则为零。频域中的这种乘积对应于时域中具有 S_i 函数的理想狄拉克脉冲的卷积,即

$$S_i(x) = \frac{\sin x}{x} \qquad (2.270)$$

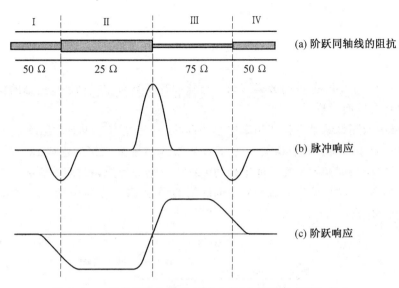

图 2.80 步进同轴电缆的时域响应(在低通模式下为 S_{11})

S_i 脉冲的宽度 ΔT 与频率范围的跨度 ΔF 成反比,即

$$\Delta T = \frac{2}{\Delta F} \tag{2.271}$$

对于大多数微波应用来说,时域技术的主要特性是分辨率,它反映了在其他信号存在的情况下定位特定信号的能力。上述讨论表明,分辨率的基本限制与频域内的数据采集带宽成反比。经验法则:分辨率约为 150 mm/ 频率跨度(千兆赫)。例如,10 GHz 的频率范围将提供约 15 mm 的分辨率。此外,应注意的是,分辨率也会受到处理方法和窗口的影响,这些将在后面讨论。

图 2.81(a) 显示了 S_i 脉冲的另一个特征:在主脉冲的左右两侧出现旁瓣。在实验中,旁瓣被视为干扰。根据 S_i 函数,主脉冲左右两侧的最大(负)边振幅为

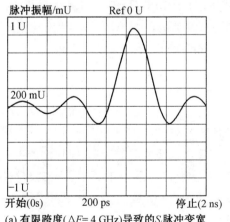

(a) 有限跨度($\Delta F = 4$ GHz)导致的 S_i 脉冲变宽
(脉冲宽度 Δt 约为500 ps)

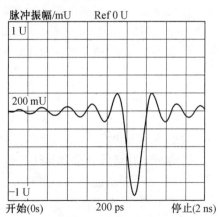

(b) 在低通模式下 S_i 脉冲的宽度减半
(脉冲宽度 Δt 约为250 ps)

图 2.81 短路线的时域响应

$$\frac{\sin\frac{3\pi}{2}}{\frac{3\pi}{2}} = -0.212 \tag{2.272}$$

这对应于 -13.46 分贝的旁瓣抑制。与脉冲宽度类似,在频域中,适当的窗也可以减小旁瓣,这将在后面讨论。

频率域中的测量结果不是随频率连续获得的,而是在有限个离散频率点上获得。在频域内,将连续谱与梳状函数相乘,可将频率离散测量视为修正的连续谱。在时域中,这对应于时间响应与周期狄拉克脉冲序列的卷积。这会导致原始时间响应频繁重复的艾里亚斯效应,如图 2.82 所示。时域响应中的时间间隔 Δt 称为无混叠范围,它与频率域中的频率步长 Δf 有关:

$$\Delta t = \frac{1}{\Delta f} \tag{2.273}$$

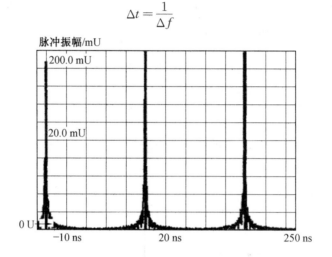

图 2.82　艾里亚斯示例(无混叠范围时 $\Delta t = 100$ ns)

在故障定位中,应充分考虑别名的。例如,对于 10 GHz、201 点频率采集,无别名范围为 1/50 MHz＝20 ns。这对于大多数电路来说都是很大的,但是如果在 100 m 长的电缆中找到一个故障,这个范围是不够的。对于此类应用,必须通过减小频率跨度或增加点数来减小步长。

时域转换的方法很多,常用的方法主要有低通和带通两种。为了获得准确的时域结果,通常在变换前对频域中的数据选用合适的窗口,以消除不需要的信号。在这一部分,将讨论低通和带通模式,窗口和门控将在后面的部分讨论。

带通模式允许任意点数和任意频率范围,适合脉冲响应的大小,通常推荐用于标量应用。然而,它不提供任何关于零频率的信息,并且频谱仅限于正频率。在某些情况下,如波导或带限器件,由于没有相位参考,矢量信息丢失;但是仍然可以获得有用的震级信息。这种处理方法常用于输电线路的故障定位。

实际上,脉冲响应和阶跃响应是很复杂的,它们的相位取决于被测器件和基准面之间的距离。因此,当需要测量反射系数的符号时,不建议使用带通模式。

低通模式需要一个特殊的频率计划:一组尽可能低的起始频率和谐相关的频率。一个直流项被外推,提供了一个相位参考,这样就可以得到不连续的真实性质。在低通模式的频率网格中,频率点之间的 Δf 等于开始频率,因此,可以精确外推到零频率,即

$$f_{\text{start}} = \Delta f \tag{2.274}$$

满足此要求的频率网格称为谐波网格,因为每个频率点的频率值是起始频率的整数倍。有时,可以使用谐波电网的一般定义,即

$$f_{\text{start}} = n\Delta f \tag{2.275}$$

在这种情况下,开始频率是步长 n 的整数倍。

在生成所需的谐波网格之后,网络分析仪能够在频率网格中添加零频率处的额外频率点,并以共轭复数的方式将在零频率附近的正频率处测量的数据镜像到负频率。因此,在低通模式下,频域的宽度加倍,与带通模式相比,时域的分辨率提高了 2 倍,如图 2.83 所示。

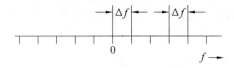

图 2.83　低通模式谐波频率网格

图 2.83 表明,与带通模式下的脉冲相比,低通模式下的脉冲具有负振幅。由于被测设备处于短路线路($S_{11} = -1$)中,图 2.83 测量的负振幅可以更好地符合预期。由于 DUT 在带通模式下的响应是复杂的,带通时域不能给出如图 2.83 所示的符号,人们通常只对带通时域响应的幅度感兴趣,而忽略了它的符号。另外,低通模式提供实时响应(虚部 = 0),因此它总是给出正确的符号和反射系数的振幅。

如前所述,由于频率范围有限,时域中的脉冲变宽,出现旁瓣。旁瓣对于时域测量非常不利,会产生假回波,也会降低测量的分辨率和精度。

适当地对测量的频域数据加窗,可以弥补旁瓣的出现。加窗本质上是开始和停止频率附近光谱成分的衰减。它是一条从数学函数导出的曲线,从频域数据中心的单位增益逐渐减小到两端的低值。

同轴空气线在用透射 / 反射法表征低电导材料的介电常数和磁导率方面有着广泛的应用,计算介电常数和磁导率的参数有反射(S_{11})和透射(S_{21})。然而,如图 2.84 所示,由于连接器和同轴航线接口的不匹配,在两个接口存在反射(Γ_1 和 Γ_2)。当同轴线长度等于半波长整数倍的频率下,界面处的反射会对测量结果造成明显的误差。

利用时域技术可以减小界面反射的影响。如图 2.84 所示,如果把样品放在同轴线的中心,由于界面 Γ_1 和 Γ_2 引起的反射和样本 Γ_s 引起的反射在不同的位置,因此可以在时域中进行识别。可以通过时域选通来消除界面(Γ_1 和 Γ_2)引起的反射。利用带时间选通的 S_{11} 频域数据可以得到准确的介电常数和磁导率结果。

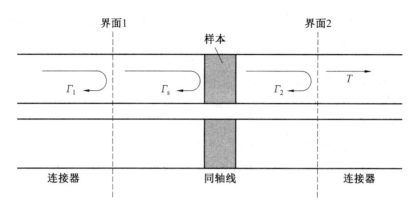

图 2.84　传输／反射测量用同轴空气线

　　时域技术在自由空间测量中起着重要的作用。如图 2.85 所示,大多数自由空间测量系统都受到多径反射的影响。时域是一种有效的消除多径反射的方法,可以消除对 DUT 性能的多径反射失真。

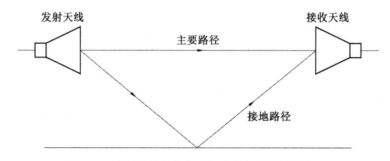

图 2.85　发射天线和接收天线的自由空间测量设置

本章参考文献

［1］刘顺华,刘军民,董星龙.电磁波屏蔽及吸波材料［M］.北京:化学工业出版社,2007.

［2］杨尚林,王俊,郑卫,等.结构吸波材料设计与性能预报［J］.哈尔滨工程大学学报, 2003,24(5):544-547.

［3］WANG L N,NIU X J,CHEN S,et al . Design and high-power test of the transmission line for millimeter wave deep drilling［J］. International Journal of Numerical Modelling:Electronic Networks,Devices and Fields,2020,33(3):2715.

［4］LIU J W,LI X H,SUN B H,et al . A surface wave exciter adapting to different-diameter lines and its application to single power line communications ［J］. International Journal of RF and Microwave Computer-Aided Engineering,2020,30 (3):22102.

［5］郝源,吴一,刘丽媛,等.卢比变换码在自由空间光通信中的应用［J］.光通信研究, 2020(4):6-11.

［6］EVERTS J R,KING G G,LAMBERT N J. Ultrastrong coupling between a microwave resonator and antiferromagnetic resonances of rare-earth ion spins[J]. Physical Review B,2020,101(21):214414-214419.

[7] NAGARJUN K P, RAJ P, JEYASELVAN V, et al. Microwave power induced resonance shifting of silicon ring modulators for continuously tunable, bandwidth scaled frequency combs[J]. Optics express,2020,28(9):13032-13042.

[8] 张娜.网络分析仪时域测量技术综述[J].宇航计测技术,2019,39(1):1-4.

[9] MERSANI A,BOUAMARA W,OSMAN L,et al. Dielectric resonator antenna button textile antenna for off-body applications[J]. Microwave and Optical Technology Letters,2020,62(9):2910-2918.

[10] GUO Q Q,ZHANG J W,ZHU J J,et al. A compact multiband dielectric resonator antenna for wireless communications[J]. Microwave and Optical Technology Letters,2020,62(9):2945-2952.

[11] 田锟鹏.同轴开放式谐振腔介电性能测试技术研究[D].成都:电子科技大学,2015.

[12] 覃觅觅,罗勇,杨仕超,等.170 GHz缓变截面开放式谐振腔传播特性模拟[J].强激光与粒子束,2013,25(2):427-430.

[13] 方瑾.射频微波网络非线性测量理论与技术分析[J].科技创新与应用,2020,15:158-159.

[14] 秦俊飞,杨国晖,赵承祥,等.法布里－珀罗谐振腔中石墨烯的等离激元光学性质[J].山西师范大学学报(自然科学版),2020,34(2):13-17.

[15] 储艳飞.矢量网络分析仪功率与迹线噪声的分析研究[J].电子世界,2020(13):175-176.

[16] 吴小宇,赵虎,李智.基于网络分析仪的3D Transmon相干测量方法[J].物理学报,2020,69(13):130-135.

[17] 南永兵,吕玉祥,王帅,等.单端口低频矢量网络分析仪的设计[J].实验室研究与探索,2018,37(5):78-81.

[18] 刘晨,吴爱华,孙静,等.宽带在片SOLT校准件研制及表征[J].计量学报,2017,38(1):98-101.

[19] 季晓枫,李凯,韩冰,等. TRL校准方法原理[C].航空工业测控技术发展中心,中国航空学会测试技术分会,状态监测特种传感技术航空科技重点实验室,第十六届中国航空测控技术年会论文集,2019:355-357.

[20] 黄勇萍,谭呈祥.基于变分率时域技术的光通信数据预处理研究[J].激光杂志,2020,41(1):154-157.

第3章　材料介电损耗

3.1　标准材料的理想特性

标准介电材料通常具有多种特性。有些是重要的,有些则是次要的。理想的介电标准材料的特性见表3.1。

表 3.1　理想的介电材料的特性

主要电气属性	次要非电气属性
线性	热膨胀
均匀性	软化点
各向同性	吸湿
	硬度(机械加工性)
	化学和机械稳定性
	可获得性
	成本

标准介电材料的要求是:在施加电场中呈线性行为,在有效频率范围内是均质和各向同性的,并且不会因温度、化学变化以及老化等外界因素的改变而发生太大变化。

为了充分理解候选标准材料,对测量技术进行详细分析是十分必要的,这样不仅可以指定测量误差的范围,并且可将候选材料的同质性偏差与测量误差进行区分。就微波区域中的材料应用而言,可以对几个介电常数的范围进行描述,在材料的计量工作中起到较大的作用。

透波材料不会显著改变通过的电磁波传播的振幅和相位。这种材料主要用于制造雷达天线罩,以保护雷达装置的天线不受周围介质的影响。选择具有低介电损耗($\tan\delta \leqslant 0.01$)以及相对较低的介电常数实部($\varepsilon' = 1 \sim 5$)和厚度适当的材料用于天线罩的设计。商用天线罩材料主要是聚合物和熔融二氧化硅,它们具有低介电常数实部(ε')和虚部(ε'')。如聚四氟乙烯的介电常数实部ε'和介电损耗$\tan\delta$是2.1和4.2×10^{-4},而熔化的二氧化硅介电常数实部ε'和介电损耗$\tan\delta$是3.9和3×10^{-4}。

电磁干扰(EMI)是指电子设备在工作时引起的电磁场对周围其他电子设备产生的干扰。电子外壳,以及房间、储藏室和存放电子设备的飞机,都需要具备能够屏蔽电磁干扰的功能。如碳纤维复合材料,不仅可用来减轻飞机质量,还要具备电磁屏蔽能力。研究表明,电磁波可以诱导肿瘤在人体内生长,因此,亟须屏蔽材料对人体进行电磁辐射防护。电磁干扰屏蔽材料是指能够反射和(或)吸收电磁,防止辐射通过屏蔽层传播,从而起到屏蔽作用的材料。电磁干扰屏蔽的主要机制是反射,屏蔽材料必须具有能与电磁辐射相互作用的移动电荷载流子(电子或空穴),这也使得金属成为最常用的电磁屏蔽材料。在许多情况下,覆盖结构内表面或外表面的金属箔足以反射电磁波,防止电磁波从系统中逸出。但大多数金属的固有波阻抗只有毫欧姆,而自由空间的固有阻抗为 377 Ω,因此,当电磁波辐射到金属时,大部分能量会被反射。除此之外,导电聚合物具有轻质、可调的导电性、可塑性和可加工性,也常被用作抗电磁干扰材料使用,尤其是在轻量级航空电子产品、笔记本电脑、飞机或其他设备的电磁干扰屏蔽上,受到了越来越多的关注。然而,聚合物基材料也有着明显的缺点,如强度较低,温度稳定性有限(只有 400 ℃),这些缺陷大大限制了它的应用。

电磁吸收是指电磁能量被耗尽,然后转化为其他能量,如热能,使电磁波不能反射或渗透到材料内部。吸收是电磁干扰屏蔽的另一种机制,材料在交变电磁场作用下应具有极化损耗和(或)电损耗和(或)磁损耗,以衰减入射电磁波。用于测试电子设备和天线的消声室,或用于防御作战的隐形舰船和飞机,这些应用场所要求至少从接口的一侧吸收电磁辐射。其中,无机材料,如铁氧体和金属粉末等,具有很大的电、磁和(或)介电损耗,但也存在一些固有的缺点,如材料的密度很高(> 5.0 g/cm³)、强度低。与其他介电陶瓷相比,铁氧体和金属粉末等一般具有较高的导电性,但由于高频涡流损耗的影响,其磁导率迅速下降,因此,仅在兆赫范围内有效,而且吸收带宽相对较窄,在居里温度以上失去磁特性。这也使得铁氧体和金属粉末通常被用作低频和低温电磁吸收材料,如应用在消声室。

聚合物基纳米复合材料结合了纳米颗粒的高电磁损耗和聚合物的易加工性和多功能性,成为低密度、宽吸收带、高电磁损耗的吸收剂,引起了人们的极大关注,但聚合物基纳米复合材料力学性能差、分解温度低,不能在高温条件下使用,这些缺陷限制了其应用。而低密度陶瓷可在千兆赫兹频率范围内提供优异的效能,并在高温、腐蚀和氧化环境中保持优异稳定性。因此,陶瓷及其复合材料作为电磁屏蔽材料具有巨大的应用潜力。

典型介电陶瓷,如 SiO_2、BN、Si_3N_4、Al_2O_3、SiC、$SiCN$、$SiBCN$、Ti_3SiC_2 和 C 的介电常数对比图如图 3.1 所示。高级工程陶瓷,如碳化硅(SiC)和氮化硅(Si_3N_4)等具有较高的热稳定性和化学稳定性,同时,碳化硅和氮化硅具有较高的硬度和强度,是结构陶瓷中的重要候选材料。尤其是 SiC,作为一种宽禁带半导体材料,在恶劣环境下的电磁吸收和屏蔽方面有着广泛的应用前景。而 Si_3N_4 则是一种很有前途的具有小的复介电常数(ε')的透波材料。基于 SiC 和 Si_3N_4 的 $SiCN$ 和 $SiBCN$ 陶瓷也是应用较多的吸波材料。

3.1.1　透波陶瓷基复合材料的设计原则

透波陶瓷基复合材料必须同时满足不同的要求,如低相对介电常数、良好的频率和温度稳定性以及在宽的频率范围内,以尽量减少电容耦合和信号延迟,从而减少信号衰减,常用作微电子包装、天线罩和天线材料。以天线罩材料为例,要求其弯曲强度大于 50 MPa,断裂韧性大于 1 MPa·m$^{1/2}$。

透波材料的相对复介电常数通常用谐振腔法测量,这种方法具有较高的测量精度。研究最多的透波陶瓷包括非晶态 SiO_2、六角-BN($h-BN$)和 $\alpha/\beta-Si_3N_4$。在高频下,电磁辐射只穿透导体的近表面区域,这就是所谓的趋肤效应。平面波穿透导体的电场随穿

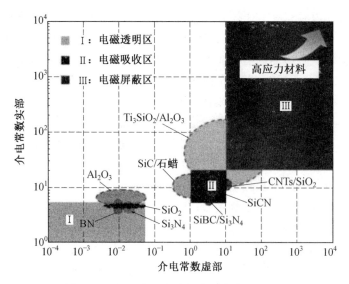

图 3.1　典型介电陶瓷的介电常数对比图

透深度的增加呈指数下降。电磁场下降到入射值的 $1/e$ 的深度称为趋肤深度 δ。趋肤深度 δ 由下式计算：

$$\delta = 1/(\pi f \mu \sigma)^{1/2} \tag{3.1}$$

式中，f 为赫兹频率；μ 为磁导率，$\mu = \mu_0 \cdot \mu_r$，这里的相对磁导率 $\mu_r = 1$，$\mu_0 = 4\pi \times 10^{-7}$；$\sigma$ 为电导率，单位为西门子每米（S/m）。透波材料应具有小 σ，这与 $\dot{\varepsilon}$ 和 $\ddot{\varepsilon}$ 有关。$\dot{\varepsilon}$ 的变化归因于影响介电常数的极化机制（即电子、原子和偶极子）的频率依赖性。降低电介质 $\dot{\varepsilon}$ 的一种方法是减少每单位体积的极化基团的数量；另一种方法是利用 ε' 较低的相形成复合材料。对于统计混合，Lichtenecker 和 Rother 发展了一个对数混合定律，数学上表示为

$$\lg \dot{\varepsilon}_c = \sum_1^i v_i \lg \dot{\varepsilon}_i \tag{3.2}$$

式中，$\dot{\varepsilon}_c$ 为复合材料的相对介电常数；v_i 和 $\dot{\varepsilon}_i$ 为第一相的体积分数和相对介电常数。

孔可以有效地充当低相对介电常数（$\varepsilon' = 1$）和损耗（$\tan\delta = 0$）的相。对于多孔陶瓷，Lichtenecker－Rother 方程可以表示为

$$\lg \varepsilon'_p = (1 - P) \lg \varepsilon'_0 \tag{3.3}$$

式中，$\dot{\varepsilon}_p$ 和 $\dot{\varepsilon}_0$ 为致密材料的相对介电常数；P 为总孔隙率。

介电损耗包括本征损耗和非本征损耗。前者取决于晶体结构，这导致了二氧化硅和氮化硅的 ε' 和 ε'' 差异。非本征损耗与微观结构中的缺陷有关，如杂质、缺陷、晶界、孔隙率、微裂纹和无规则的晶粒取向。虽然陶瓷中的气孔和低 ε' 的第二相可以减少 ε'，但它们也可能导致 $\tan\delta$ 增加，即

$$\tan\delta = (1 - P)\tan\delta_0 + P(AP^{n-1}) \tag{3.4}$$

式中，$\tan\delta_0$ 为全致密材料的损耗角正切；n 为大于 1 的常数；P 为孔隙或第二相的体积分数；A 为系数。

简而言之，电磁波在固有透明材料的内部散射可使材料变得半透明或不透明。这种散射发生在材料内部的缺陷区域，如密度波动、晶界、相界和孔隙。为了获得较低的 ε' 和

$\tan\delta$ 值,EM 透明材料应该是绝缘的,并且可能含有微米大小的孔和(或)第二相粒子。与微米级孔洞和(或)第二相粒子相比,纳米级缺陷和第二相具有更多的界面,在电磁场作用下会产生额外的介电损耗。因此,对于透波材料,相对较大的微米孔径和(或)第二相更有利于避免内散射现象和纳米界面效应。

3.1.2 电磁(EM)屏蔽陶瓷及复合材料的设计原则

具有高的电磁屏蔽性能和轻质是电磁屏蔽材料的重要技术要求,特别是在飞机、航空航天、汽车、电子和可穿戴设备等领域。如图 3.2 所示石墨烯/聚二甲基硅氧烷(PDMS)泡沫,具有柔性、轻质和优异的电磁干扰屏蔽性能。虽然高级陶瓷不具有柔性,但它们质量轻,可以在高温下工作,也被广泛应用。

电磁屏蔽用陶瓷应具有高 ε' 和高 ε'',如碳材料,包括碳纳米管(CNT)和石墨烯,具有高导电性,这意味着碳/陶瓷复合材料适用于电磁屏蔽领域。材料屏蔽电磁波的能力可以用电磁屏蔽效能或效率(SE)来表示。如 20 dB 的 SE 意味着 99% 的入射信号被阻断,这是商业应用所必需的。

根据谢尔库诺夫理论,材料的总 SE(集合)由材料两个表面的初始反射损耗(RL)之和(第一反射损耗的能量)、材料内部吸收或穿透损失(吸收海水造成的能量损失)和现有界面处的内部 RL(多重反射扫描电镜造成的能量损失)决定,即

$$SE_r = SE_R + SE_A + SE_M \tag{3.5}$$

如果屏蔽层厚度大于蒙皮深度,则来自内表面的反射波将被导电材料吸收,因此可以忽略多次反射。然而,如果屏蔽层厚度小于蒙皮深度,多次反射将显著降低材料整体 EM 屏蔽。对于远场平面电磁波,SE_R、SE_A 和 SE_M 作为频率 f 和电导率 σ 的函数可以表示为

$$SE_R = 39.5 + 10\lg\frac{\sigma}{2\pi f\mu} \tag{3.6}$$

$$SE_A = 8.7\frac{d}{\delta} = 8.7\sqrt{\pi f\mu\sigma} \tag{3.7}$$

$$SE_M = 20\lg\left|1 - e^{-2d/\sigma}\right| = 20\lg\left|1 - e^{-2d\sqrt{\pi f\mu\sigma}}\right| \tag{3.8}$$

式中,μ 为渗透性;d 为试样厚度;δ 为表皮深度。

吸收的能量随屏蔽层厚度的增加和表皮深度的减少而增加。表皮深度随屏蔽电导率、磁导率和电磁波频率的增加而减小。式(3.7)仅适用于具有高导电性的材料,如金属。

多次反射是指同种材料中不同表面或界面的反射,要求材料中存在较大的表面积。式(3.8)表明多次反射是一个负项。因此,薄屏蔽层中的多次反射降低了整个 SE。当设为 15 dB 时,式(3.5)通常假定为以下形式:

$$SE_T \approx SE_R + SE_A \tag{3.9}$$

研制高导电陶瓷是电磁屏蔽的必要条件。ε'' 由介电材料中的 σ 确定:

$$\varepsilon'' = \frac{\sigma}{\omega\varepsilon_0} = \frac{\sigma}{2\pi f\varepsilon_0} \tag{3.10}$$

式中,ε_0 为自由空间的介电常数(8.85×10^{-12} F/m);f 为频率。

由于趋肤效应,具有较小单位尺寸的第二相的导电填料(或第二相)比具有较大单位

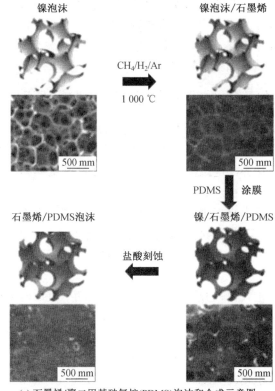

(a) 石墨烯/聚二甲基硅氧烷(PDMS)泡沫和合成示意图

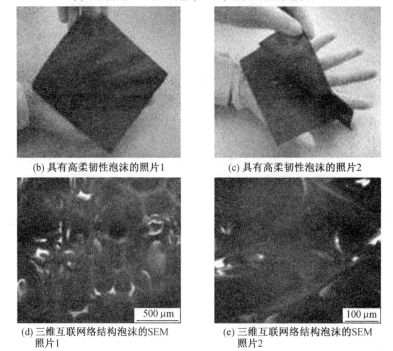

(b) 具有高柔韧性泡沫的照片1　　(c) 具有高柔韧性泡沫的照片2

(d) 三维互联网络结构泡沫的SEM
　　照片1

(e) 三维互联网络结构泡沫的SEM
　　照片2

图 3.2　柔性、轻质电磁屏蔽材料的制备示意图

尺寸的导电填料更有效,对于使用填料单元的整个横截面表面进行屏蔽是有效的。在绝缘体－导体复合材料中,导电填料存在一个临界体积分数,即渗透现象。直流电导率(σ_{dc})和 ε' 与导电相含量的关系符合幂律。

$$\sigma_m = \sigma_c \left[\frac{(\Phi - \Phi_c)}{1 - \Phi_c} \right]^t, \quad \Phi > \Phi_c \tag{3.11}$$

$$\varepsilon_m = \varepsilon_i (\Phi_c - \Phi)^{-s}, \quad \Phi - \Phi_c \tag{3.12}$$

式中,t 为电导率指数;s 为描述电导率发散行为的临界指数。

Φ 和 Φ_c 是导电组分的体积和临界体积分数(渗透阈值)。McLachlan 等人提出了一个将有效介质理论(EMT)与渗流标度律相结合的双组分复合材料介电常数的广义有效方程,称为双指数单渗流方程(TESPE)。这个方程给出了有效介电常数实部和虚部的连续解析表达式,可以写为

$$\Phi_1 \frac{(\varepsilon_1^{\frac{1}{t}} - \varepsilon^{\frac{1}{s}})}{\varepsilon_1^{\frac{1}{t}} + \left[\frac{(1 - \varepsilon_{2c})}{\varepsilon_{2c}} \right] \varepsilon^{\frac{1}{s}}} + \Phi_2 \frac{(\varepsilon_1^{\frac{1}{t}} - \varepsilon^{\frac{1}{t}})}{\varepsilon_1^{\frac{1}{t}} + \left[\frac{(1 - \varepsilon_{2c})}{\varepsilon_{2c}} \right] \varepsilon^{\frac{1}{t}}} = 0 \tag{3.13}$$

式中,两相复合材料的有效介电常数 ε 由表面分数 Φ_1 和 Φ_2 以及组分1(连续基体)和2(夹杂)的介电常数 ε_1 和 ε_2 决定;Φ_{2c} 为渗透阈值表面分数;指数 s 为从绝缘侧($\Phi_2 < \Phi_{2c}$)接近 Φ_{2c} 时直流电导的发散行为,指数 t 表征($\Phi_2 > \Phi_{2c}$)交流和直流电导。

在标准逾渗理论中,假设 s 和 t 是临界行为,由于它们只依赖于几何尺寸,即在二维渗流网络中广泛接受的 s 和 t 值是 $s = t = 1.3$。对于在另一介电相的连续基体中随机分散的介电相复合材料,Brosseau 证明了利用 TESPE 来拟合炭黑填充聚合物在不同炭黑浓度范围内的微波介电响应,揭示了填料的表面质量分数和两相间的介电常数比对复合材料有效介电常数的影响。简而言之,为了增加 ε' 和 ε'',电磁屏蔽材料应该是导电的,其中可能部分包含半导电或绝缘相。含有小尺寸导电第二相的陶瓷只有在第二相的含量达到渗透阈值时才能表现出良好的屏蔽性能。

3.1.3 电磁(EM)吸波陶瓷及复合材料的设计原则

电磁吸波材料的发展源于电磁干扰屏蔽的应用。例如 C_m/SiO_2、C_f/SiO_2、PyC/Si_3N_4、SiC/ZrO_2 与 SiC/Si_3N_4 应用于高吸收的电磁屏蔽效应。电磁吸波材料具有带较宽、RL 较小、厚度较小、质量轻等特点。同时,高的电磁吸收意味着较小的透射与反射。

材料衰减电磁波能力由吸收能力与吸收系数 A 决定,定义为电磁波从材料中发射时吸收功率 P_A 与功率 P_1 的比值。公式表达为:$A = P_A/P_1 = 1 - |S_{11}|^2 - |S_{21}|^2$。$A/d$ 表示每毫米的吸收系数。EMI 可以计算出电磁屏蔽反射系数 R、吸收系数 A 和透射系数 T。R 与 T 给出的公式为 $R = |S_{11}|^2$ 与 $T = |S_{21}|^2$。研究人员可以根据 $A + R + T = 1$ 之间的关系计算出具体的 A 值。除了材料厚度之外,A 值还取决于材料体系的有效介电常数(σ)。当样品在波导室中测量时,A 值可以作为介电常数的函数表示为

$$A = 2\pi d (\varepsilon^{0.5} \tan \delta)/\lambda \tag{3.14}$$

式中,ε 为介质的相对介电常数;λ 为电磁波的波长;d 为样品厚度。

吸波材料的引入可以阻断电磁波的传播,通过分析电磁波反推到材料的吸收特性。美国海军研究实验室(NRL)拱形自由空间测量方法用于测量放置在金属板上材料的反射功率。电磁波的吸收性能根据反射损耗值(RL)来确认。公式可以表达为

$$RL = 10\lg(P_R/P_1) \quad (dB) \tag{3.15}$$

式中,P_1 与 P_R 分别为电磁波的入射功率和接收功率。

当 RL 值低于 -10 dB 时,表明 90% 的电磁能量被吸收。值得注意的是,吸波材料应该满足下列要求:第一,材料的特性阻抗应该尽可能接近自由空间的阻抗;第二,入射的电磁波可以在吸波材料内部迅速衰减。基于传输线理论与金属背板模型,RL 可以由相关磁导率与介电常数确定。

$$RL = 20\lg \left| (Z_{in} - 1)/(Z_{in} + 1) \right| \tag{3.16}$$

$$Z_{in} = \sqrt{\frac{\mu}{\varepsilon}} \tanh(j2\pi\sqrt{\mu\varepsilon}fd/c) \tag{3.17}$$

式中,Z_{in} 为归一化电阻;ε 为介电常数;μ 为渗透率;d 为厚度;c 为真空中的光速。

3.2 材料的电磁特性

3.2.1 A 类介电材料

如果非渗透性介电材料是线性和各向同性的,并且在空间上是均匀的(或均质的),就可将其划分为 A 类介电材料。空间均匀性意味着极化率张量的所有空间导数均为零。只要材料特性具有长期稳定性(取决于环境条件),无论固相、液相还是气相的 A 类电介质都可以作为主要参考材料。但是,对于某些电介质,在一种频率的电场中呈现各向同性或是均质的,在另一频率下可能会呈现各向异性或是非均质的。类似地,当放置在低强度电场呈现线性表现的电介质,在高强场中(或在高温下)可能不是线性的。

当将电介质置于电场 E 中时,材料会发生极化,并且通常会写入电介质位移场

$$D = \varepsilon_0 E + P \tag{3.18}$$

式中,P 为材料的电极化(每单位体积的偶极矩),可以表示为

$$P = \varepsilon_0 E\chi \tag{3.19}$$

式中,χ 为电化率,式(3.19)中包含因子 ε_0(等于 8.854×10^{-12} F/m 的自由空间电容率),从而使 χ 为无量纲。因此,式(3.18)变为

$$D = \varepsilon_0(1 + \chi)E \tag{3.20}$$

$$D = \varepsilon_0\varepsilon_R^* E \tag{3.21}$$

式中,ε_R^* 为相对介电常数或复介电常数,$\varepsilon_R^* = 1 + \chi$。

电介质的存在总是会通过 ε_R^* 影响 D 与 E 的比例。对于线性材料,外部电场 E 在电介质中感应的偶极矩与 E 成正比。只要电介质的介电特性与方向无关,就为各向同性;也就是说,P 和 E 是共线的。

然而,对于各向异性材料,当沿着一个坐标轴施加电场时,获得的极化(或电荷分离)

数值将不同于沿着另一个坐标轴施加相同电场产生的极化(或电荷分离)数值。从数量上可以表达为

$$P = \varepsilon_0 E \cdot \overline{X} \tag{3.22}$$

式中,$\overline{X} = [X_x \overrightarrow{ii} + X_y \overrightarrow{jj} + X_z \overrightarrow{kk}]$;$X_x$、$X_y$、$X_z$ 是以二进位形式表示的电极化率张量各向异性的数值大小。

对于各向同性材料,$X_x = X_y = X_z$,式(3.22)回归为式(3.19)。式(3.22)表明,当 $X_x = X_y \neq X_z$ 或 $X_x \neq X_y \neq X_z$ 时,或当 $X_x \neq X_y = X_z$ 时(对于二维或三维各向异性),P 和 E 不是共线的,因此通常将电极化率张量视为将向量 E 转换为与 E 不共线的新向量 P 的运算。

3.2.2 极性与非极性材料

介电材料可以分为两类:极性和非极性。非极性材料(例如惰性气体或稀有气体)是一种不处于电场时,不包含(等效)偶极子(或电荷分离)的材料。相反,极性材料,即使在没有电场的情况下也具有永久极化。极性材料在微观或分子水平具有永久性偶极矩。水分子是常见的极性材料,结构如图 3.3(a) 所示。

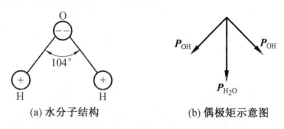

(a) 水分子结构   (b) 偶极矩示意图

图 3.3   水分子的结构示意图

氢原子具有一个共价电子,氧原子具有 6 个共价电子,因此氧原子周围的电子趋于形成 8 个电子满壳层结构。与在氢原子周围形成两个电子的满壳层结构一样。

如图 3.3(b) 所示,原子由于电子传递而带电,H_2O 分子的永久矩矢量用 P_{H_2O} 表示。与图 3.4 中所示的 CO_2 分子对比,可见每对 CO 形成的偶极矩方向相反,大小相等,从而产生零永久矩。通常,任何电荷分布都可以用其多对偶极矩矢量和来描述。

(a) CO_2 分子结构   (b) 偶极矩示意图

图 3.4   二氧化碳分子的结构示意图

由上述讨论可知,当施加与频率相关的电场时,分子中存在的永久性偶极矩会产生一种极化损耗机制。以水分子为例,在没有电场的情况下,各个分子偶极矩指向随机方向,从宏观上看,偶极矩的矢量和为零。但是,在存在施加电场 E 的情况下,就会出现偶极矩排列倾向于电场方向的趋势,从而形成了可以计算其大小的取向极化。

3.2.3　损耗机制的分类

麦克斯韦方程组可以推导出一切与电磁波传输相关的参量,电磁波的传输常数为

$$k^2 = \omega\mu(\omega\varepsilon - j\sigma) \tag{3.23}$$

通常,材料的电学特性可以书写成复数形式,也就是考虑损耗的影响,即

$$\varepsilon = \varepsilon' - j\varepsilon'' = (\varepsilon'_R - j\varepsilon''_R)\varepsilon_0 = \varepsilon^*_R \varepsilon_0$$

$$\sigma = \sigma' + j\sigma''$$

$$\mu = \mu' - j\mu'' = (\mu'_R - j\mu''_R)\mu_0 = \mu^*_R \mu_0 \tag{3.24}$$

需注意,对于各向异性材料,普遍认为,ε、σ 和 μ 张量矩阵中的每一个分量都是复数形式,复数的具体表现方法取决于各向异性材料的本征属性。传播常数的虚部包含有关波传播过程中介质能量损失的所有必要信息。如果忽略磁性,仅考虑式(3.23)中 ε 和 σ 的复数形式,则

$$\omega\varepsilon - j\sigma = \omega(\varepsilon' - j\varepsilon'') - j(\sigma' + \sigma'') = (\sigma'' + \omega\varepsilon') - j(\sigma' + \omega\varepsilon'') \tag{3.25}$$

因此,可以将 $(\omega\varepsilon' + \sigma'')$ 视为等效介电常数,将 $(\sigma' + \omega\varepsilon'')$ 视为等效电导率。就 $(\sigma' + j\sigma'')$ 这个物理量来说,代表着由于欧姆和法拉第扩散机制所引起的载流子传输,而 $(\varepsilon' - j\varepsilon'')$ 表示介电弛豫机制。根据式(3.25),损耗正切简单定义为

$$\tan\delta - \tan\left(\psi + \frac{\pi}{2}\right) = \frac{\sigma' + \omega\varepsilon''}{\sigma'' + \omega\varepsilon'} \tag{3.26}$$

式中,ψ 为 $\boldsymbol{E}$ 和 $\boldsymbol{J}$ 之间的相位。

如果没有介电损耗,则 $\varepsilon'' \to 0$。同样,如果没有法拉第损耗,则 $\sigma'' \to 0$,因此

$$\tan\delta = \frac{\sigma'}{\omega\varepsilon'} \tag{3.27}$$

若对置于时变电场中材料的介电性能分析时,需要区分材料中欧姆载流子传输和介电损耗。然而,实际上在物理测试层面区分是有一定难度的。因此,可以从物理意义和制备工程中为某种电磁特性材料寻找最适的环境。

通过式(3.26)可以看出,两种损耗机制的区别仅在于测量数据。观察电导率和介电常数虚部不同的另一种方法是安培定律,即

$$\nabla \times \boldsymbol{H} = \boldsymbol{J} + \frac{\partial \boldsymbol{D}}{\partial t} \tag{3.28}$$

式中,$\boldsymbol{J}$ 为由于施加电场而在材料介质中形成的传导电流。

对于正弦场,可以将式(3.28)重写为

$$\nabla \times \boldsymbol{H} = \sigma\boldsymbol{E} + \varepsilon\frac{\partial\boldsymbol{E}}{\partial t} = (\sigma + j\omega\varepsilon_0\varepsilon^*_R)\boldsymbol{E} = j\omega\left[\varepsilon'_R - j\left(\varepsilon''_R + \frac{\sigma}{\varepsilon_0\omega}\right)\right]\varepsilon_0\boldsymbol{E} \tag{3.29}$$

因此,在没有其他物理信息的情况下,明显电导率 σ 等价于下式给出的 ε 的虚部

$$\varepsilon''_R = \frac{\sigma}{\omega\varepsilon_0} \tag{3.30}$$

所以等价形式的式(3.27)为

$$\tan\delta = \frac{\varepsilon''}{\varepsilon'} = \frac{损失电流}{导电电流} \tag{3.31}$$

将电介质给定频率 f 下的质量因子 Q 定义为损耗角正切的倒数:

$$Q = \frac{1}{\tan \delta} = \frac{\varepsilon'}{\varepsilon''} = \frac{\omega \varepsilon' E_0^2}{\omega \varepsilon'' E_0^2} = 2\pi f \frac{\frac{1}{2}\varepsilon' E_0^2}{\frac{1}{2}\varepsilon'' E_0^2} = 2\pi \frac{\text{每个半周期存储的平均能量}}{\text{每半个周期耗散的能量}} = \frac{VA}{W}$$

(3.32)

前面的讨论表明,材料的相对介电常数是相对于真空介电常数归一化的常数。因此,可以用复介电常数描述材料介质的电组成特性,对于各向同性材料,可以写成 $\varepsilon^*(x,y,z) = \varepsilon'(x,y,z) - \text{j}\varepsilon''(x,y,z)$,其中 ε' 为有效介电常数;ε'' 包含在波传播过程中材料能量损耗(包括介电损耗和欧姆电导)的信息。

此外,可以通过叠加无限波长和持续时间的谐波序列来构造指定初始形式的脉冲或"信号"。这些分量波的恒定相表面传播的速度取决于传播常数或参数 ε、μ、σ。如果介质是非导电的,并且 ε 和 μ 与所施加磁场的频率无关,则相速度是恒定的,并且信号在传输时不会失真。但是,损耗机制的存在会在频率和相位速度之间以及频率和衰减之间产生函数关系。因此,在损耗或吸收性介质中,谐波分量在传播方向上会发生相对的相位偏移,并且信号将以修正形式传播到各个点。因此,信号被分散和衰减,其中相速度是频率 f 的函数(或其中复介电常数 ε^* 是频率的函数)的介质被认为是电分散介质。

$\varepsilon'(f;x,y,z)$ 是材料极化量的量度。其中,可能存在许多不同的极化机制,每个极化机制都具有特征弛豫频率和以该弛豫频率为中心的介电色散。在弛豫频率处具有最大吸收范围。

在高频率下,材料的极化中心是电子。当施加的电场导致原子的电子云相对于原子核发生净位移时,就会发生电子极化。频率低于 10^{13} Hz 时,原子极化也有贡献。

原子极化可发生在分子溶液中,在这些结构中,原子不能平均共享电子,电场优先将电子云移向较强的原子。当带电原子相对于彼此位移时,也会发生原子极化。此外,偶极极化即极性分子(具有不对称电荷分布的分子)的取向在低于 10^{10} Hz 的频率发生。

在频率低于 10^5 Hz 时,存在各种类型的电荷极化,统称为麦克斯韦-瓦格纳(Maxwell-Wagner)机制。另一种形式的极化是界面极化(空间电荷极化),即迁移的载流子由于局部化学势被捕获或运动被阻碍,从而引起局部电荷的积累和宏观电场的畸变。对于多种不同电特性材料组成的混合物来说(例如嵌入电介质中的导电球),在低频范围内可能发生另一种极化,可用不同的方程式描述各种几何形状材料的导体特性,如电介质中的导电球或棒、电介质和导体的交替层等,会在导体-电介质边界处发生电荷重排。

目前,还有另外一种用于低频率介电行为的色散机制,它与麦克斯韦-瓦格纳效应不同,是一种发生在胶体悬浮液中的效应。当介质中导电粒子周围的电荷是一层比粒子尺寸小得多的薄涂层时,就会发生麦克斯韦-瓦格纳效应。在胶体悬浮液中,电荷层的厚度与粒子的尺寸相当,因此它更容易受到相邻粒子电荷的影响。胶体悬浮液中的分散现象理论是目前研究的一个热点。胶体反应产生的低频介电常数比典型的麦克斯韦-瓦格纳机制产生的介电常数要高得多,经常达到 10^5 数量级。

3.3　材料中的色散和弛豫过程

电磁波的共振和弛豫效应,使其在介质传播过程中产生极化。当被特殊频率驱动时,材料体系的偶极子可能会出现谐振现象。此外,弛豫是一种临界阻尼或过阻尼振荡状态。在介电材料中,由弛豫和共振引起的 ε'' 和 ε' 与频率的函数关系如图 3.5 所示。

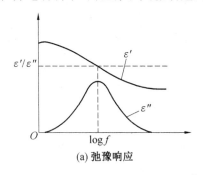
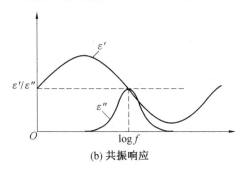

图 3.5　ε'' 和 ε' 与频率的函数关系

在微波频率段,主要讨论偶极或取向极化。在频率足够低时,极性分子有时间旋转。当频率为 $\omega = \dfrac{1}{\tau}$,偶极子运动会跟不上电场变化,从而导致 ε' 随着频率升高而降低。弛豫时间 τ 表示偶极子恢复成随机状态所需要的时间。图 3.5 表示一个色散过程。

一般原子和电子极化发生在可见光部分与近红外部分(1 THz 及以上),导致共振形式的介电损耗。对于给定的材料,可能存在任意一种到四种形式的极化,这与分子组成和原子结构有关。

介电材料在微波及以下频率段能观察到弛豫过程。因此,有必要考虑一些弛豫模型。在这里讨论的所有弛豫模型都是按照电荷的移动方程(3.33)建立的,即

$$\ddot{q} + (\mu\sigma)^{-1}\dot{q} + q = 0 \tag{3.33}$$

式中,q 为电荷对时间的微分,所有的导数都是关于时间的。

另外一种弛豫模型是根据离子浓度扩散来建立的,拟合模型方程为

$$\frac{\partial^2}{\partial x^2}\bar{Q}(t;x,y,z) + \frac{\partial^2}{\partial y^2}\bar{Q}(t;x,y,z) + \frac{\partial^2}{\partial z^2}\bar{Q}(t;x,y,z) =$$

$$\frac{1}{K}\frac{\partial}{\partial t}\bar{Q}(t;x,y,z) + \frac{\eta}{K}(t;x,y,z) \tag{3.34}$$

式中,Q 为电荷离子浓度,是空间和时间的函数;$K(t)$ 为扩散系数;η 为常量。

针对式(3.34),可以从扩散角度弛豫入手分析空间的导数。从等效电路角度上,这种弛豫相当于广义分布阻抗(与集总阻抗相对应),具有非线性行为。

3.3.1　德拜弛豫

具有单弛豫时间常数的材料称为德拜材料。在德拜材料中,复介电常数的公式为

$$\varepsilon' - j\varepsilon'' = \varepsilon_\infty\left[\frac{(\varepsilon_s - \varepsilon_\infty)\omega\tau}{1 + j\omega\tau} + 1\right] = \varepsilon_\infty + \frac{\varepsilon_s - \varepsilon_\infty}{1 + \omega^2\tau^2} - j\frac{(\varepsilon_s - \varepsilon_\infty)\omega\tau}{1 + \omega^2\tau^2} \tag{3.35}$$

式中,ε_s 为频率为零时材料的介电常数($\varepsilon_{d.c.} = \varepsilon_s \varepsilon_0$);$\varepsilon_\infty$ 为频率无限大时材料的介电常数。一般来说,单一的弛豫现象不容易被观察到,而多种弛豫容易观测,比较有利于讨论极化机理。

3.3.2　广义弛豫

Wyllie 给出了描述介电材料多种弛豫现象的表达式为

$$\varepsilon' - j\varepsilon'' = \varepsilon_\infty + (\varepsilon_s - \varepsilon_\infty) \int_0^\infty \frac{D(\tau)(1 - j\omega\tau)}{1 + \omega^2\tau^2} d\tau \tag{3.36}$$

式中,$D(\tau)$ 为对时间的积分,是一常数。其数学式可以表示为

$$\int_0^\infty D(\tau) d\tau = 1$$

在微波频率以下,Cole—Cole 分布为最常见的一种弛豫分布。在 Cole—Cole 分布中,式(3.36) 可以化简为

$$\varepsilon' - j\varepsilon'' = \varepsilon_\infty + \frac{(\varepsilon_s - \varepsilon_\infty)}{1 + (j\omega\tau)^{1-m}} \tag{3.37}$$

当 $0 \leqslant m \leqslant 1$,Cole—Cole 分布的衰减正切角表达式为

$$\tan\delta = \frac{\varepsilon''}{\varepsilon'} = \frac{\theta(\omega\tau)^{1-m}\sin\left[(1-m)\frac{\pi}{2}\right]}{1 + \theta + (2+\theta)(\omega\tau)^{1-m}\cos\left[(1-m)\frac{\pi}{2}\right] + (\omega\tau)^{2(1-m)}} \tag{3.38}$$

式中,$\theta = (\varepsilon_s - \varepsilon_\infty)/\varepsilon_\infty$。当 $m = 0$ 时,对应的是德拜材料(单弛豫);当 $m = 1$ 时对应的是一种无限连续分布的状态(没有弛豫分布)。在后一种情况下,介电常数的虚部会消失,且实部和频率不再有关系。

对于德拜材料,其 $\varepsilon'' - \varepsilon'$ 曲线图是一个圆心在 $\varepsilon'' = 0$ 水平轴上的半圆图,对于 Cole—Cole 材料,其 $\varepsilon'' - \varepsilon'$ 曲线图是一个圆心在 $\varepsilon'' = 0$ 水平轴之下,同时圆心与($\varepsilon' = \varepsilon_\infty$, $\varepsilon'' = 0$)$\varepsilon'' = 0$ 的水平轴夹角为 $m\pi/2$ 的圆弧,如图 3.6 所示。

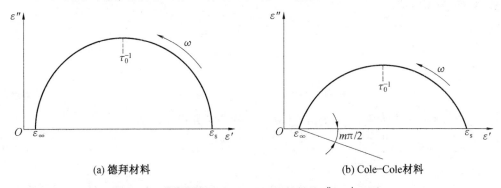

(a) 德拜材料　　　　　　　　　　　(b) Cole—Cole材料

图 3.6　德拜材料和 Cole—Cole 材料的 $\varepsilon'' - \varepsilon'$ 区别

在实际应用中,通常很难从介电测试数据中得到分布函数形式。但是,主要的弛豫时间 τ_0 以及对称性是可以确定的,即通过采集合适的 $\varepsilon''(\varepsilon')$ 频率,可以解释复介电常数的能量损耗机理。因此,可以推论出所有的介电材料属性都可以用不同的计量手段表征。ε^*

与频率的频散关系可以用简单的函数关系描述,如 Cole－Cole 材料的弛豫时间分布函数可以用以下方程表示为

$$D(\tau) = \frac{\sin m\pi}{\tau \left[2\pi \cosh(1-m) \ln \dfrac{\tau}{\tau_0} - \cos m\pi \right]} \tag{3.39}$$

3.3.3　广义介电响应

除了 Cole－Cole 的表达式,还有三种经验关系通常用来描述非德拜关系,分别为 Cole－Davidson 表达式、联合 Cole－Cole 表达式与 Williams－Watkins 表达式。以上的经验表达式有一个共同的特点:除了式(3.34),当频率远离弛豫频率时,可以对公式进行简化,表现出的幂律规则决定了 ε''、ε' 与频率的关系。Jonscher 定义了这个幂律关系,作为一种广义弛豫定律,相关公式为

$$\varepsilon' = K\omega^{-C} \tag{3.40}$$

式中,K 和 $C(C > 0)$ 为依赖于材料本身属性的常量。

1. 介电损耗不随频率变化的材料

前面介绍给出了介电损耗和实际介电常数之间的弛豫关系。式(3.36)可以写为

$$\varepsilon'(\omega) - \varepsilon_\infty = \int_0^\infty \frac{F(\tau)}{1 + \omega^2\tau^2} d(\tau) \tag{3.41}$$

$$\varepsilon''(\omega) = \int_0^\infty \frac{F(\tau)\omega\tau}{1 + \omega^2\tau^2} d(\tau) \tag{3.42}$$

对于一定范围或者弛豫时间的偶极子电介质,最原始的模型是根据式(3.41)与式(3.42)建立的。在有限的频率范围内,某些介电损失值 ε'' 是恒定值,与频率无关。这个弛豫分布状态与幂律分布状态 $F(\tau)$ 相反,方程表示为

$$F(\tau) = \frac{F_0}{\tau}, \quad \tau \neq 0 \tag{3.43}$$

式中,F_0 为恒定值。

$$\varepsilon'(\omega) - \varepsilon_\infty = \int_0^\infty \frac{d(\tau)}{\tau(1 + \omega^2\tau^2)} \tag{3.44}$$

$$\varepsilon''(\omega) = F_0 \int_0^\infty \frac{\omega}{1 + \omega^2\tau^2} d(\tau) \tag{3.45}$$

把式(3.43)带入式(3.44)与式(3.45),就可对方程化简为

$$\varepsilon'(\omega) - \varepsilon_\infty = \frac{F(0)}{2} \ln \frac{1}{\omega^2} \tag{3.46}$$

$$\varepsilon'' = F_0 \arctan \omega\tau = F_0 \frac{\pi}{2} \tag{3.47}$$

计算当 $\omega = \omega_1$ 与 $\omega = \omega_2$ 时 ε' 值。式(3.46)计算过程为

$$\varepsilon_1'(\omega_1) - \varepsilon_2'(\omega_2) = \frac{F_0}{2} \left(\ln \frac{1}{\omega_1^2} - \ln \frac{1}{\omega_2^2} \right)$$

$$\Delta\varepsilon'(\omega) \equiv \omega_1'(\omega_1) - \omega_2'(\omega_2) = \frac{F_0}{2}\ln\frac{\omega_2^2}{\omega_1^2} \tag{3.48}$$

由式(3.31)与式(3.47)得

$$F_0 = \frac{2\varepsilon''}{\pi} = \frac{2}{\pi}\varepsilon'\tan\delta \tag{3.49}$$

$$\Delta\varepsilon'(\omega) = \frac{2}{\pi}\varepsilon'\tan\delta\ln\frac{\omega_2}{\omega_1} \tag{3.50}$$

$$\frac{\Delta\varepsilon'}{\varepsilon'} = \frac{2}{\pi}\tan\delta\ln\frac{\omega_2}{\omega_1} \tag{3.51}$$

这个结果给出了两个频率之间的有效介电常数,并将实际有效介电常数的变化与介质材料的损耗紧密联系起来。Garton 首次提出了这个概念,即使由于存在争议而鲜少被人们认知,甚至在某些情况下与测量结果相反,但是在以下三种情况,也会得到较好的结果:

(1)检查测量复介电常数值是否存在差异(或者用一种测量方法预测另一种)。

(2)指出吸收峰值出现的频率。

(3)用来确定有效模型,这种有效模型在测量空腔和波导时非常有用。

2.吸收材料具有单一弛豫时间

Garton 的工作可以推广到德拜介电材料的模型,这里的 $\tan\delta$ 对于不同频率不是一个恒定值。带入式(3.35)中,德拜电介质方程可写为

$$\varepsilon' = \varepsilon_\infty + \frac{\varepsilon_s - \varepsilon_\infty}{1 + \omega^2\tau^2} \tag{3.52}$$

$$\varepsilon'' = \frac{(\omega_s - \omega_\infty)\omega\tau}{1 + \omega^2\tau^2} \tag{3.53}$$

如果考虑两个测量频率,$\omega_1 = \omega_0 - \Delta\omega$ 与 $\omega_2 = \omega_0 + \Delta\omega$,其中 ω_0 是 ω_1 与 ω_2 算术平均数。可以写成如下方程:

$$\Delta\varepsilon' \equiv \varepsilon_1'(\omega_1) - \varepsilon_1'(\omega_2) = (\omega_s - \omega_\infty)\frac{\left[1 + \omega_0^2\tau^2\left(1 + \frac{\Delta\omega}{\omega_0}\right)^2\right] - \left[1 + \omega_0^2\tau^2\left(1 - \frac{\Delta\omega}{\omega_0}\right)^2\right]}{\left[1 + \omega_0^2\tau^2\left(1 + \frac{\Delta\omega}{\omega_0}\right)^2\right]\left[1 + \omega_0^2\tau^2\left(1 - \frac{\Delta\omega}{\omega_0}\right)^2\right]}$$

当 $\frac{\Delta\omega}{\omega_0} \ll 1$ 时,

$$\left(1 + \frac{\Delta\omega}{\omega_0}\right)^2 \cong 1 + 2\frac{\Delta\omega}{\omega_0}$$

$$\left(1 - \frac{\Delta\omega}{\omega_0}\right)^2 \cong 1 - 2\frac{\Delta\omega}{\omega_0}; \Delta\varepsilon' \cong \frac{4(\omega_s - \omega_\infty)\omega_0^2\tau^2}{(1 + \omega_0^2\tau^2)^2} + \frac{\Delta\omega}{\omega_0} \tag{3.54}$$

$$\Delta\varepsilon' \cong \frac{4\overline{\varepsilon''}\omega_0\tau}{1 + \omega_0^2\tau^2}\frac{\Delta\omega}{\omega_0} \tag{3.55}$$

$$\overline{\varepsilon''} = \frac{(\omega_s - \omega_\infty)\omega_0\tau}{1 + \omega_0^2\tau^2} \tag{3.56}$$

考虑到 ω_1 与 ω_2 介电损失的平均值,表达式可以写成

$$\ln \frac{\omega_2}{\omega_1} \cong \ln\left(1 + 2\frac{\Delta\omega}{\omega_0}\right) \tag{3.57}$$

$$\Delta\varepsilon' \cong \frac{2\bar{\varepsilon}''\omega_0\tau}{1 + \omega_0^2\tau^2 \ln\frac{\omega_2}{\omega_1}} \tag{3.58}$$

$$\Delta\varepsilon' \cong \frac{2\bar{\varepsilon}''\omega_0\tau}{1 + \omega_0^2\tau^2}\tan\delta\ln\frac{f_2}{f_1} \tag{3.59}$$

$$\frac{2\omega_0\tau\ln 10}{1 + \omega_0^2\tau^2} \tag{3.60}$$

Lynch 扩展了 Garton 的单原子弛豫模型的适用范围,方程为

$$\frac{\Delta\varepsilon}{\varepsilon} \cong a\tan\delta\lg\frac{f_2}{f_1} \tag{3.61}$$

式中,$1.0 \leqslant a \leqslant 2.3$;$\omega \geqslant 1$;$0 \leqslant \tau \leqslant 4$。

需要着重指出的是在德拜吸收曲线以外的频率,影响因子设置为1.5时,式(3.50)与式(3.51)通常是有效的。在应用式(3.50)与式(3.51)时,通常需要注意以下问题:

(1)假设极化以德拜极化为主,那么随着频率变化电介质损耗可能是恒定的,但也可能是变化的。注意这个假设只是一种近似正确的推断。

(2)测量到的实际有效介电常数随频率的变化往往没有足够的精度范围,因此无法对这些关系进行严格的测试。

由于在实际应用中存在有效介电常数和介电损耗密切相关的问题,Lynch 比较了几种材料在 K-波段及以下的频率的测量值与计算值。结果见表3.2。实际有效介电常数与介电损失之间的关系值需要进一步研究,特别是对非德拜弛豫机制。两者之间的关系对检查介电测量中的错误与差异具有很大意义。

表 3.2 损耗正切预测值与报告值对比图

材料	频率	相对介电常数	损耗因子	
			实际	预测
聚苯乙烯	50 Hz	2.55	0.001	<0.003
	9 GHz	2.55	0.004	
聚四氟乙烯	50 GHz	2.12	0.000 05	0.000 7
	24 GHz	2.1	0.000 25	
苯酚甲醛树脂包含 5.8%(质量分数)水	100 MHz	5	0.006 8	0.078
	1 GHz	4.05	0.084	
0 ℃ 水	3 GHz	79.8	0.31	0.76
	9.3 GHz	45.4	0.91	1.76
	24 GHz	16.3	1.7	—

续表3.2

材料	频率	相对介电常数	损耗因子	
			实际	预测
75 ℃ 水	3 GHz	61.9	0.055	0.033
	9.3 GHz	60.4	0.17	0.25
	24 GHz	51.7	0.43	0.43

3. 介电材料与弛豫时间长短的一般关系

若已知一种材料的介电常数,则可以推导出实际有效介电常数 ε' 与损耗因子 ε'' 之间的关系。通常,介电常数可以看作是一个以外加电场为输入,以位移场为输出的材料的电学性质的函数。在时域中,材料的介电常数仅仅是系统的瞬态响应。考虑到一般材料的真实介电常数是在 $t=0$ 时被激发出来的,介电常数 $\varepsilon(t)$ 可以分解成偶函数 $\varepsilon_e(t)$ 和奇函数 $\varepsilon_0(t)$,即

$$\varepsilon(t) = \varepsilon_e(t) + \varepsilon_0(t) \tag{3.62}$$

$$\varepsilon_e(t) = [\varepsilon(t) + \varepsilon(-t)] \times 0.5 \tag{3.63}$$

或

$$\varepsilon_0(t) = [\varepsilon(t) - \varepsilon(t)] \times 0.5 \tag{3.64}$$

介电常数 $\varepsilon(t)$ 分解示意图如图 3.7 所示,这种响应为在原点不包含奇点的瞬态系统响应,即

$$\varepsilon_e(t) = \varepsilon_0(t), \quad t > 0 \tag{3.65}$$

$$\varepsilon_e(t) = -\varepsilon_0(t), \quad t < 0 \tag{3.66}$$

所以

$$\varepsilon(t) = \varepsilon_e(t)\,\mathrm{sgn}(t) \tag{3.67}$$

并且

$$\varepsilon_e(t) = \varepsilon_0(t)\,\mathrm{sgn}(t) \tag{3.68}$$

其中

$$\mathrm{sgn}(t) = \begin{cases} 1, & t \geqslant 0 \\ -1, & t \leqslant 0 \end{cases} \tag{3.69}$$

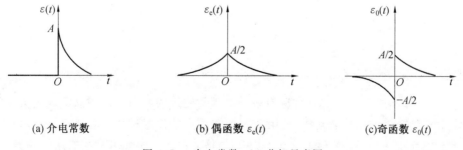

(a) 介电常数   (b) 偶函数 $\varepsilon_e(t)$ (c) 奇函数 $\varepsilon_0(t)$

图 3.7　介电常数 $\varepsilon(t)$ 分解示意图

参见式(3.67)和式(3.68),函数 sgn 随时间的变化关系如图 3.8 所示。

式(3.67)与式(3.68)的重要性在于,对于任意材料介电常数的时域,函数都可以分解成

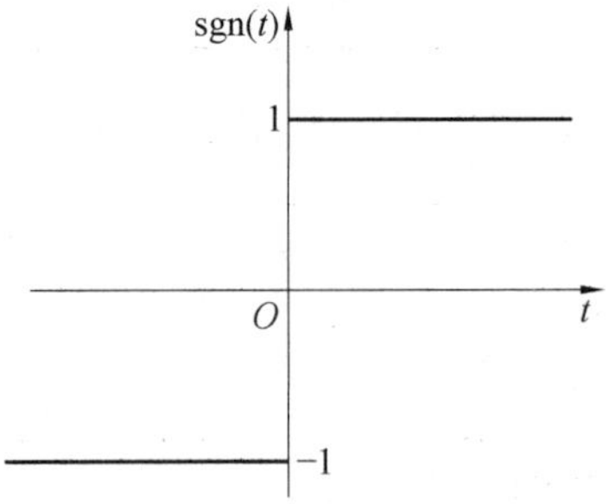

图 3.8 函数 sgn 随时间的变化关系

奇函数与偶函数,并且写成两个时间函数的乘积。当进行傅里叶变换时,有

$$F\{\varepsilon(t)\} \equiv \varepsilon'(t) - j\varepsilon''(t) \tag{3.70}$$

其中

$$F\{\varepsilon_e(t)\} = \varepsilon'(\varepsilon) \tag{3.71}$$

$$F\{\varepsilon_0(t)\} = -j\varepsilon''(t) \tag{3.72}$$

傅里叶变换 $F(\omega)$ 对于任意函数 $F(t)$ 给出: $F(\omega) = \int_{-\infty}^{\infty} F(t)\,\mathrm{e}^{-j\omega t}\,\mathrm{d}t$。两个时间常数的傅里叶变换等于它们各自变换的卷积除以 2π。

因此

$$F[\mathrm{sgn}(t)] = \frac{2}{j\omega} \tag{3.73}$$

可以直接把式(3.71)、式(3.72)和式(3.73)代入式(3.67)和式(3.68)中得到

$$\varepsilon''(\omega) = \frac{1}{\pi}\varepsilon'(\omega) * \frac{1}{\omega}$$

和

$$\varepsilon'(\omega) = -\frac{1}{\pi}\varepsilon''(\omega) * \frac{1}{\omega}$$

式中,$*$ 表示卷积,或

$$\varepsilon''(\omega) = \frac{1}{\pi}\int_{-\infty}^{\infty} \frac{\varepsilon'(u)}{\omega - u}\mathrm{d}u \tag{3.74}$$

$$\varepsilon'(\omega) = -\frac{1}{\pi}\int_{-\infty}^{\infty} \frac{\varepsilon''(u)}{\omega - u}\mathrm{d}u \tag{3.75}$$

当 $t=0$,$\varepsilon(t)$ 中不存在奇点时,式(3.74)和式(3.75)有效。符号 $\int$ 表示柯西主值。换言之,式(3.74)和式(3.75)是从实际有效介电常数获得损耗因数 ε'' 或从损耗因数获得实际有效介电常数 ε' 的精确表达式,适用于 $\varepsilon(t)$ 在原点的任意材料。限制 $\varepsilon(t)$ 在原点不含冲量意味着当 $\omega \to \infty$ 时 $\varepsilon^*(\omega) \to 0$。实际上,总会存在一个介电常数的光学偏振,如式(3.76)所示。

$$\varepsilon_{\infty} = n^2 = 1 + \frac{P_{\infty}}{E} \tag{3.76}$$

式中,n 为材料在电场 E 下的折射率。

于是,

$$\lim_{\omega\to\infty} \varepsilon^*(\omega) = \lim_{\omega\to\infty} \varepsilon'(\omega) \equiv \varepsilon_\infty \tag{3.77}$$

因此在 $\varepsilon(t)$ 的原点处存在冲量。这意味着偶数项 $\varepsilon_\infty\delta(t)$(按 ε_∞ 加权的狄拉克增量函数)存在于 $\varepsilon(t)$ 和 $\varepsilon_e(t)$ 中,但不存在于 $\varepsilon_0(t)$ 中。换言之,式(3.74)仍然有效,但式(3.75)没有 $\varepsilon_\infty\delta(t)$ 项。可以得出结论,$\varepsilon''(\omega)$ 由式(3.74)给出,但是只有 $\varepsilon'(\omega)-\varepsilon_\infty$。从式(3.75)中得到的 $\varepsilon'(\omega)$ 只能在实际光学极限 ε_∞ 内通过测量 $\varepsilon''(\omega)$ 确定。因此,式(3.74)和式(3.75)应写成

$$\varepsilon''(\omega) = \frac{1}{\pi}\int_{-\infty}^{\infty}\frac{\varepsilon'(u)}{\omega-u}du \tag{3.78}$$

$$\varepsilon(\omega) = \varepsilon_\infty - \frac{1}{\pi}\int_{-\infty}^{\infty}\frac{\varepsilon''(u)}{\omega-u}du \tag{3.79}$$

积分方程式(3.78)和式(3.79)右侧的表达式分别是介电常数和损耗因数的 Hilbert 变换,并且提供了一种根据实际有效介电常数(或损耗)的测量值来计算损耗因数(或实际有效介电常数)的方法。式(3.78)和式(3.79)中的积分变量 u 只是一个虚变量,不一定与 ε'' 或 ε' 所需的角频率 ω 相同。此外,式(3.78)和式(3.79)给出的关系在微波、毫米和 IR 频率范围是正确的。换言之,不存在限制式(3.78)和式(3.79)有效性的频率范围。在这些关系的推导中隐含的假设前提有:

(1)电介质材料在电场作用下呈线性行为。

(2)电介质材料的组成在分析时间内不变。

(3)电介质是有诱因的(在电场刺激之前不极化)。

这些关系具有重要作用,原因有两个:

(1)低损耗标准物质和吸收材料损耗测量的不确定度通常比实际有效介电常数的不确定度大得多,即

$$\frac{\Delta\varepsilon''}{\varepsilon''} \gg \frac{\Delta\varepsilon'}{\varepsilon'}$$

因此,可以通过真实有效介电常数的精确测量来确定损耗因数。

(2)吸收性电介质特性可以通过带外测量进行预测。

4. Hilbert 变换关系在吸波(色散)材料介电性能预测中的应用实例

图 3.9 和图 3.10 给出了式(3.78)从离散介电数值 ε' 预测损耗因数 ε'' 的示例。图 3.10 所示的介电材料只有 $\varepsilon_s=6$ 和 $\varepsilon_\infty=2$ 的单一弛豫时间。图 3.11 与图 3.9 所示的精确(离散)损耗相比,频率上的误差不超过 2%。类似地,图 3.10 中给出了使用式(3.79)从离散损耗因数值 ε'' 预测实际有效介电常数 ε' 的方法。图 3.12 中的实际有效介电常数预测值与图 3.9 中的实际介电常数值在 1.9% 的误差内保持一致。

3.3.4 温度变化的影响

材料中发生的极化过程通常是角频率 ω 和温度 T 的强函数。因此,复介电常数张量通常写为

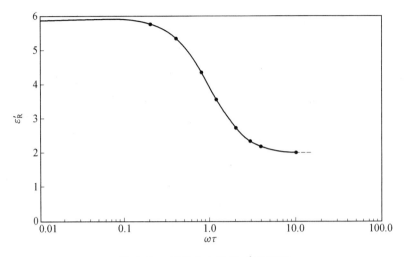

图 3.9　　离散介电数值 ε' 预测图

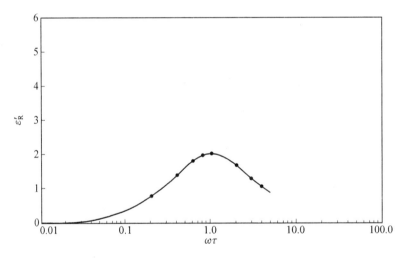

图 3.10　　损耗因数 ε'' 预测图

$$\bar{\bar{\varepsilon}}^{*}(x,y,z;\omega,T)=\bar{\bar{\chi}}^{*}(x,y,z;\omega,T)+\bar{\bar{I}} \tag{3.80}$$

式中,$\bar{\bar{\varepsilon}}^{*}$、$\bar{\bar{\varepsilon}}^{*}$ 分别为复数依赖于频率和温度的介电常数和电极化率张量;$\bar{\bar{I}}$ 为单位矩阵。

　　为了深入了解复介电常数在偶极随温度的变化情况,可以考虑使用统计热力学的方法,并将结果与附录中弛豫时间介质的结果进行比较。

　　如果一种材料的极化与该材料在给定温度和时变电场下的活化能 U 相关,那么就可以得到预测该材料介电行为随温度变化的函数。这样预测的精准度受到物理模型中隐含的假设条件的限制,并且需要通过测量频率和温度的函数来进行验证。显然,这类测量方法应当与理论物理模型相结合,这不仅可以增加预测介电常数的方式,而且易于操作(通过变频介电测量推断温度场)。

　　考虑介电体内基本偶极的双稳态模型,该介电体的分子组可以用明确的、永久的偶极矩来表征。在这种类型的模型中,假设电荷 q 处于距离 d 分隔得到的两种状态中的某一状态,这些状态被定义为势能 U 的最小值,如图 3.13 所示。

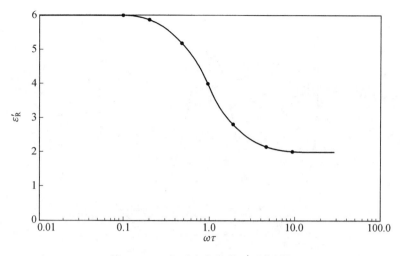

图 3.11 相对介电常数 ϵ'_R 预测图

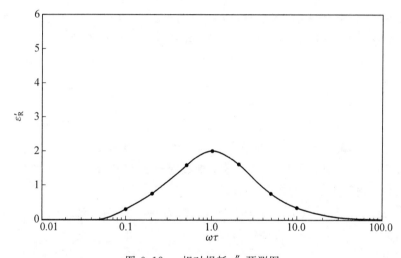

图 3.12 相对损耗 ϵ''_R 预测图

在这个模型中,作用在电介质上的电场使电荷从状态 1 的最小值移动到状态 2 的最小值,这种电荷运动相当于偶极矩旋转了 $180°$。

$$\mid \boldsymbol{p} \mid = \frac{1}{2}qd \tag{3.81}$$

由外加电场 E 引起的电位差即

$$\psi_1 - \psi_2 = 2\boldsymbol{p} \cdot \boldsymbol{E} = qdE\cos\theta \tag{3.82}$$

式中,θ 为电场和偶极矩之间的夹角。

假设单位体积内双稳偶极子的总数 N 很小,则介质内各个偶极子之间的相互作用可以忽略。对于偶极子,通常也可以假设 $\theta=0$,并且在没有电场的情况下,状态 1 和 2 具有相等的势能。在这个微观组件中,双稳偶极子处于热源中,热源由自发活动的粒子组成,这些粒子通过相互之间和偶极之间的热涨落交换能量。因此,偶极子的方向是波动的。在理论上,热波动可以使处于最低状态 1 的电荷获得足够的能量,从而"越过"势垒 U 并下

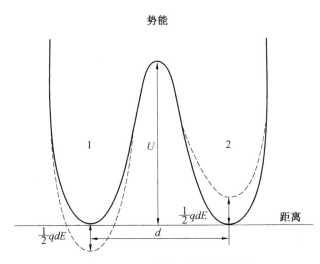

图 3.13 函数的双稳态模型图

降到最低状态 2。在状态 2 中,电荷的能量返回到热源,电荷保持在状态 2,直到它从热源获得足够的能量再返回到状态 1。双势阱(态)中电荷跳跃的概率在经典统计热力学中是众所周知的,这样就足以说明,在每单位时间内从状态 1 跳跃到状态 2 的偶极子的数目可以根据两个双势阱之间的势能差给出

$$u_{12} = A\mathrm{e}^{-(U \pm pE)/kT} \tag{3.83}$$

式中,U 为活化能;k 为玻耳兹曼常数(1.37×10^{-23} J/K);T 为绝对温度(K)。

常数 A 可能与温度有关,也可能无关。对于离子型固体,A 与 T 间无关,而对于有机聚合物(塑料),A 与 T 则成反比。式(3.83)指数内的 $\pm$ 符号指示状态 2 的最小值是低于或者高于状态 1 的最小值。通常,$U \gg kT$。

对于普通介质中的偶极子,p 是 10^{-29} cm 量级的,而对于击穿强度以下的场,E 总是小于 10^6 V/m。因此

$$\frac{pE}{kT} \ll 1 \tag{3.84}$$

注意,pE/kT 是无量纲,并且当 $T \to \infty$ 时,热波动主导极化,而当 $T \to 0$ 时,极化(pE)占主导地位。式(3.84)可以近似表示为

$$u_{12} = u(1 - \frac{pE}{kT}) \tag{3.85}$$

其中,

$$u = A\mathrm{e}^{-U/kT} \tag{3.86}$$

式(3.86)是在没有外加电场的情况下跳跃的频率。

类似地,从状态 2 跳跃到状态 1 的频率可线性表示为

$$u_{21} = u(1 + \frac{pE}{kT}) \tag{3.87}$$

假设每单位时间从状态 1 跳跃到状态 2 的电荷数 N_1 与从状态 2 跳跃到状态 1 的电荷数 N_2 相同,那么状态 1 和状态 2 的势阱中平均的电荷总数不随时间改变,即处于平衡状

态,表示为

$$N_1 u_{12} = N_2 u_{21} \tag{3.88}$$

双稳态偶极子的总数为常数,即

$$N_1 + N_2 = N \tag{3.89}$$

平衡状态下的 N_1 和 N_2 可通过式(3.88)和式(3.89)计算。

由于单位体积 P 的极化被定义为一个方向上偶极子的数目,且不被相反方向偶极子补偿,即

$$P = P_s = (N_1 - N_2)p \tag{3.90}$$

则可以利用统计热力学来确定介质处于平衡状态时的极化随温度的变化;而由式(3.88)可知

$$N_1 u(1 - \frac{pE}{kT}) = N_2 u(1 + \frac{pE}{kT})$$

或

$$N_1 - N_2 = (N_1 + N_2) \frac{pE}{kT} = N \frac{pE}{kT} \tag{3.91}$$

因此式(3.90)可以写为

$$P_s = N \frac{p^2 E}{kT} \tag{3.92}$$

需要注意的是,状态1中偶极子数量的变化等于状态2中偶极子的流出减去状态2中偶极子的流入,据此,可以推导模型与频率相关的属性公式为

$$\frac{dN_1}{dt} = -N_1 u_{12} + N_2 u_{21} \tag{3.93}$$

由于双稳态偶极子的总数是常数,即

$$\frac{dN_1}{dt} = -\frac{dN_2}{dt}$$

或

$$\frac{d(N_1 - N_2)}{dt} = 2 \frac{dN_1}{dt} \tag{3.94}$$

使得式(3.93)变为

$$\frac{dN_1}{dt} = 2 \frac{d(N_1 - N_2)}{dt} = -N_1 u(1 - \frac{pE}{kT}) + N_2 u(1 + \frac{pE}{kT}) \tag{3.95}$$

式(3.95)可简化为

$$\frac{1}{2} \frac{d(N_1 - N_2)}{dt} = -u(N_1 - N_2) + u(N_1 + N_2) \frac{pE}{kT} \tag{3.96}$$

或

$$\frac{1}{2} \frac{d[(N_1 - N_2)p]}{dt} = -u(N_1 - N_2)p + uN \frac{p^2 E}{kT} \tag{3.97}$$

关于介质偶极极化与温度的微分方程为

$$\frac{1}{2u} \frac{dp}{dt} + p = \frac{Np^2 E}{kT} \tag{3.98}$$

在具有单一弛豫时间介质中推导弛豫时间时,式(3.98)和式(3.97)具有相似性;换言之,式(3.98)是具有弛豫时间的弛豫方程,即

$$\tau = \frac{1}{2u} = \frac{1}{2A}e^{-U/kT} \tag{3.99}$$

可以将式(3.98)推广到

$$\tau \frac{dp_D}{dt} + p_D = \alpha_D E \tag{3.100}$$

式中,p_D 为偶极极化;α_D 为介质材料的偶极极化率。

利用简单的傅里叶变换方法,得到

$$\varepsilon^*(\omega, T) - \varepsilon_\infty(T) = \frac{\alpha_D}{1 + j\omega\tau} \tag{3.101}$$

$$\varepsilon'(\omega, T) = \varepsilon_\infty(T) + \frac{\alpha_D}{1 + \omega^2\tau^2} \tag{3.102}$$

$$\varepsilon''(\omega, T) = 1 + \frac{\alpha_D\omega\tau}{(1 + \omega^2\tau^2)} \tag{3.103}$$

$$\tan\delta(\omega, T) = \frac{\alpha_D\omega\tau}{\alpha_D + \varepsilon_\infty(T)(1 + \omega^2\tau^2)} \tag{3.104}$$

在该模型中,介电常数和损耗因数与材料的偶极极化率成正比,而偶极极化率与温度成反比。

式(3.101)~(3.104)描述了作为温度和频率的函数双稳态介质的色散介电行为,给出了温度 T 下的偶极极化率、活化能和高频(光学)介电常数随温度变化的损耗因数。但这种推导仅限于介质材料,单个偶极子之间的相互作用可以忽略,如在 $pE \ll kT$(非超导状态)的情况下。

3.4 其他特性

3.3 节中讨论了材料的一般电磁特性,可由电磁场作用下材料发生的基本物理过程的本构方程来定义。许多物理极化机制对介质材料的实际频率相关行为有影响,因此,只要对复介电常数的实部和虚部进行充分的频率采样,以表征弛豫分布函数,那么即使在没有频率测量数据的情况下,也可以预测任意材料的介电行为。由于介电弛豫时间与温度的微分方程类似于介电弛豫时间相对于外加电场的时间变化的微分方程,因此,可以推导出温度和频率的函数关系。在实际应用中,可以利用这些关系式测量介电常数,从而确定介质的温度,也可以通过改变介质的温度来控制和预测其复介电常数。这在微带应用中具有重要意义。

可根据温度和频率的不同组合预估相同材料的介电值。如果该材料能利用频率表征,则可以预测任何温度下或激发频率下的介电性能(当发生相同的物理弛豫过程时)。这将为通过较低频率和温度下测得的数据来预测高频率的介电特性提供依据。温度或频率色散关系对所有电介质的适用性是研究的重点。

这对于理解介电样品测量以及在电场作用下材料发生的物理过程提供了依据,这些

物理过程对选择适当参考材料具有指导意义。

3.4.1 样品均匀性

在讨论介电材料必需性能时,指出必须对测量技术进行详细的分析,以便指定测量误差范围。测量误差既是系统误差又是随机误差,是测量系统偏离理想模型的假设所致。介电计量学中常用的固定装置包括传输线系统(同轴电缆或矩形波导)、敞开或闭合的空腔以及各种桥式电路。在前两种情况下,精确地指定了施加到被测样品上电场的模态结构,然而,由于实际夹具偏离理想夹具模型,从而会导致测量偏差。

需要指出的是,在标准参考材料范围内,应当考虑样品的不均匀性,这样可以将候选材料的同质性偏差与测量误差区分开。确定均质性偏差对指定电磁场结构的影响,可以量化参考样品的均质性。

在过去的研究中,任何参考样品的均质性都以非常实用的方式表述,即在指定的夹具误差范围内,对相同制造工艺生产的样品进行测量。然后将测量结果(在国内或国际上)与使用不同夹具测量的结果进行比较。

虽然不均匀的样品会影响甚至破坏精密夹具的预期模态场行为,但尚不确定样品是如何影响场结构的定量分析,因此对于介电测量如何精确定义样品的不均匀性仍然未知。为了解决样品电介质不均匀性对测量夹具在外加电磁场下的结构影响,有必要重新应用麦克斯韦方程。利用相同分析方法还可量化由偏心波导、腔体夹具、负载的传输线、样品中不均匀的气隙、端板与圆柱腔的轴不正交等引起的测量误差。以上所有因素导致简并模式的出现,可以确定其幅度对精密介电测量的影响。

本节对频域给出一个简短的公式,以检查三维上任意形状、具有任意内部结构或损耗特性的电介质在外加电磁场中的相互作用。从麦克斯韦方程开始,其中假设 $\exp(+j\omega t)$ 与时间有关,则安培定律和法拉第定律可以分别表述为

$$\nabla \times \boldsymbol{H} = \boldsymbol{J} + j\omega\varepsilon\boldsymbol{E} = (\sigma + j\omega\varepsilon)\boldsymbol{E} + \boldsymbol{J}_0 \tag{3.105}$$

$$\nabla \times \boldsymbol{E} + j\omega\mu\boldsymbol{H} = 0 \tag{3.106}$$

式中,$\boldsymbol{J}$ 为总电流密度;为方便起见,使用式(3.31)来区分电导率或损耗因子与 ε、μ 和 σ 所描述介质的介电常数;$\boldsymbol{J}_0$ 为施加的电流密度。

现在,考虑自由空间包含的电介质样品和源,同时考虑样品的不均电导率和介电常数,并不含有任何磁性因素。

不同材料参数可以定义为

$$\sigma_s \equiv \sigma_d - \sigma_0 \supseteq \sigma_d \text{ 和 } \varepsilon_s \equiv \varepsilon_d - \varepsilon_0$$

式中,σ_0 和 ε_0 分别为真空电导率和介电常数;σ_d 和 ε_d 分别为介电材料的电导率和介电常数。

上述材料参数受散射的入射电磁能量影响。用一个有效散射电流代替样品的作用,如下:

$$\boldsymbol{J}_s = (\sigma_s + j\omega\varepsilon_s)\boldsymbol{E} \tag{3.107}$$

在散射损耗介电样品中,安培定律变成

$$\nabla \times \boldsymbol{H} - j\omega\varepsilon_0\boldsymbol{E} = \boldsymbol{J}_s + \boldsymbol{J}_0 \tag{3.108}$$

在 Helmholtz 矢量波动方程的通用形式中,有

$$\nabla \times \nabla \times \boldsymbol{E} = \nabla \nabla \cdot \boldsymbol{E} - \nabla^2 \boldsymbol{E} = -\mathrm{j}\omega\mu \ \nabla \times \boldsymbol{H} = \omega^2 \mu \varepsilon_0 \boldsymbol{E} - \mathrm{j}\omega\mu \ (\boldsymbol{J}_\mathrm{s} + \boldsymbol{J}_0)$$

或者

$$\nabla \times \nabla \times \boldsymbol{E} - k_0^2 \boldsymbol{E} = -\mathrm{j}\omega\mu \ (\boldsymbol{J}_\mathrm{s} + \boldsymbol{J}_0) \tag{3.109}$$

这里 $k_0^2 = \omega^2 \mu \varepsilon_0$。

此外,如果损耗样品缺少自由电荷,则有 $\nabla \cdot \boldsymbol{E} = -\dfrac{\nabla \varepsilon}{\varepsilon} \cdot \boldsymbol{E}$。假定在测试中,样品介电常数在空间上保持不变,即 $\nabla \cdot \boldsymbol{E} \equiv 0$,所以通常 Helmholtz 矢量方程写成

$$\nabla^2 \boldsymbol{E} + k_0^2 \boldsymbol{E} = +\mathrm{j}\omega\mu \ (\boldsymbol{J}_\mathrm{s} + \boldsymbol{J}_0) \tag{3.110}$$

要求解的两个问题是

$$\nabla \times \nabla \times \boldsymbol{E}(\boldsymbol{r}, \omega) - k_0^2 \boldsymbol{E}(\boldsymbol{r}, \omega) = -\mathrm{j}\omega\mu \boldsymbol{J}(\boldsymbol{r}, \omega) \tag{3.111}$$

和

$$\nabla \times \nabla \times \boldsymbol{H}(\boldsymbol{r}, \omega) - k_0^2 \boldsymbol{H}(\boldsymbol{r}, \omega) = \nabla \times \boldsymbol{J}(\boldsymbol{r}, \omega) \tag{3.112}$$

在这里,

$$\boldsymbol{J}(\boldsymbol{r}, \omega) = \boldsymbol{J}_\mathrm{s}(\boldsymbol{r}, \omega) + \boldsymbol{J}_0(\boldsymbol{r}, \omega) \tag{3.113}$$

根据高斯定律,$\nabla \cdot \boldsymbol{B} \equiv \nabla \cdot \mu \boldsymbol{H} = 0$,所以 $\nabla \cdot \boldsymbol{H} \equiv 0$ 表明 μ 在空间上是不变的。因此,$\nabla \cdot \nabla \times \boldsymbol{A} \equiv 0$,则

$$\mu \boldsymbol{H} = \nabla \times \boldsymbol{A} \tag{3.114}$$

类似地,对于任何可以微分的标量势函数,由于 $\nabla \times \nabla \psi = 0$,从式(3.114)可以得到

$$\boldsymbol{E} = -\mathrm{j}\omega \boldsymbol{A} - \nabla \psi \tag{3.115}$$

把式(3.114)和式(3.115)带入到式(3.105),可以得到

$$\nabla \times \nabla \times \boldsymbol{A} = k_0^2 \boldsymbol{A} + \mu \boldsymbol{J}_0 - \mu(\sigma + \mathrm{j}\omega\varepsilon) \nabla \psi$$

或

$$\nabla \times \nabla \times \boldsymbol{A} - \nabla^2 \boldsymbol{A} = k_0^2 \boldsymbol{A} + \mu \boldsymbol{J}_0 - \mu(\sigma + \mathrm{j}\omega\varepsilon) \nabla \psi \tag{3.116}$$

式中,$k^2 = -\mathrm{j}\omega\mu(\sigma + \mathrm{j}\omega\varepsilon)$。

如果施加洛伦兹规范条件

$$\nabla \cdot \boldsymbol{A} = -\mu(\sigma + \mathrm{j}\omega\varepsilon) \psi \tag{3.117}$$

那么式(3.116)会包含一个矢量势函数 $\boldsymbol{A}$ 的矢量微分方程,即

$$\nabla^2 \boldsymbol{A} + k^2 \boldsymbol{A} = -\mu \boldsymbol{J}_0 \tag{3.118}$$

这就是非齐次 Helmholtz 矢量方程。通过式(3.116)的散度,连续方程 $\nabla \cdot \boldsymbol{J}_0 = -\mathrm{j}\omega\rho_0$,以及规范条件(式(3.117)),可以得到 ψ 的微分方程为

$$\nabla^2 \psi + k^2 \psi = \frac{-\omega^2}{k^2} \rho_0 \tag{3.119}$$

式中,ρ_0 为自由电荷的密度。

式(3.119)为非齐次标量波方程。对应于源的辐射波,式(3.119)和式(3.101)的解可以通过以下方程给出

$$\boldsymbol{A}(\boldsymbol{r}) = \mu \iiint \boldsymbol{J}(\boldsymbol{r}_0) G_0(\boldsymbol{r}; \boldsymbol{r}_0) \, \mathrm{d}V \tag{3.120}$$

$$\psi(\boldsymbol{r}) = \frac{\omega^2}{k^2} \iiint \rho_0(\boldsymbol{r}_0) G_0(\boldsymbol{r};\boldsymbol{r}_0) \, \mathrm{d}V \tag{3.121}$$

其中,

$$G_0(\boldsymbol{r};\boldsymbol{r}_0) = \frac{\mathrm{e}^{-jk|\boldsymbol{r}-\boldsymbol{r}_0|}}{4\pi|\boldsymbol{r}-\boldsymbol{r}_0|}, \; |\boldsymbol{r}-\boldsymbol{r}_0| = \left[(x-x_0)+(y-y_0)+(z-z_0)\right]^{\frac{1}{2}} \tag{3.122}$$

式中,$G_0(\boldsymbol{r};\boldsymbol{r}_0)$ 为对应于三维标量波方程的自由空间格林函数,其中 $\boldsymbol{r}$ 表示一个场观测点的位置矢量,$\boldsymbol{r}_0$ 表示一个源点的位置矢量,根据式(3.115)和式(3.117),可以得出

$$\boldsymbol{E}(\boldsymbol{r};\omega) = -j\omega \left[\boldsymbol{A}(\boldsymbol{r};\omega) + \frac{1}{k^2} \boldsymbol{\nabla}\boldsymbol{\nabla} \cdot \boldsymbol{A}(\boldsymbol{r};\omega) \right] \tag{3.123}$$

$$\boldsymbol{H} = \frac{1}{\mu} \nabla \times \boldsymbol{A} \tag{3.124}$$

因此,求出 $\boldsymbol{A}(\boldsymbol{r})$ 的解,将得到电磁场的矢量 $\boldsymbol{E}$ 和 $\boldsymbol{H}$。

3.4.2 电磁场分量的耦合

无限域中的电势已被用来解决麦克斯韦方程组的自由空间格林函数,该函数是三维标量波动方程的解。可以根据该标量格林函数导出一个针对坐标方向指向的源自由空间矢量格林函数。由于任意源在三个坐标方向上都具有分量,因此通常需要三个向量格林函数。

考虑一个位于 $\boldsymbol{r}_0$ 处极小的源,该源有一个指向 x 方向的电流矩 $\frac{-1}{j\omega\mu}$,即

$$\boldsymbol{J}(\boldsymbol{r}) = \frac{-1}{j\omega\mu} \delta(\boldsymbol{r}-\boldsymbol{r}_0) \hat{u}_x \tag{3.125}$$

式中,$\delta(\boldsymbol{r}-\boldsymbol{r}_0)$ 为狄克拉 δ 函数;$\hat{u}_x$ 为指向 x 方向的单位矢量。

因此

$$\iiint \boldsymbol{J}(\boldsymbol{r}_0) \, \mathrm{d}v = \frac{-1}{j\omega\mu} \hat{u}_x \tag{3.126}$$

将式(3.126)代入式(3.120)中,得到

$$\boldsymbol{A}(\boldsymbol{r}) = -\frac{1}{j\omega} G_0(\boldsymbol{r};\boldsymbol{r}_0) \hat{u}_x$$

所以,如果用 $\boldsymbol{G}_0^{(x)}(\boldsymbol{r};\boldsymbol{r}_0)$ 表示单元源引起的电场,那么

$$\boldsymbol{G}_0^{(x)}(\boldsymbol{r};\boldsymbol{r}_0) = \left(1 + \frac{1}{k^2} \boldsymbol{\nabla}\boldsymbol{\nabla}\right) G_0(\boldsymbol{r};\boldsymbol{r}_0) \hat{u}_x \tag{3.127}$$

该方程的一个解为

$$\nabla \times \nabla \times \boldsymbol{G}^{(x)}(\boldsymbol{r};\boldsymbol{r}_0) - k^2 \boldsymbol{G}_0^{(x)}(\boldsymbol{r};\boldsymbol{r}_0) = -\delta(\boldsymbol{r}-\boldsymbol{r}_0) \hat{u}_x \tag{3.128}$$

这直接表明当 $|\boldsymbol{r}| \to \infty$,方程 $\boldsymbol{G}^{(x)}(\boldsymbol{r};\boldsymbol{r}_0)$ 满足辐射条件,或者

$$\lim_{|\boldsymbol{r}| \to \infty} r\left[\boldsymbol{\nabla} \times \boldsymbol{G}_0^{(x)}(\boldsymbol{r};\boldsymbol{r}_0) - jkr \times \boldsymbol{G}_0^{(x)}(\boldsymbol{r};\boldsymbol{r}_0)\right] = 0 \tag{3.129}$$

$\boldsymbol{G}_0^{(x)}(\boldsymbol{r};\boldsymbol{r}_0)$ 命名为一个指向 x 方向源的自由空间矢量格林函数。由于矢量源可以指向 y 方向或者 z 方向,另外两个自由空间矢量格林函数 $\boldsymbol{G}_0^{(y)}(\boldsymbol{r};\boldsymbol{r}_0)$ 和 $\boldsymbol{G}_0^{(z)}(\boldsymbol{r};\boldsymbol{r}_0)$,并满足下面方程,各自解可由以下方程得出

$$\nabla \times \nabla \times \boldsymbol{G}_0^{(y)}(\boldsymbol{r};\boldsymbol{r}_0) - k^2 \boldsymbol{G}_0^{(y)}(\boldsymbol{r};\boldsymbol{r}_0) = -\delta(\boldsymbol{r}-\boldsymbol{r}_0) \hat{u}_y \tag{3.130}$$

$$\nabla \times \nabla \times \boldsymbol{G}_0^{(z)}(\boldsymbol{r};\boldsymbol{r}_0) - k^2 \boldsymbol{G}_0^{(z)}(\boldsymbol{r};\boldsymbol{r}_0) = -\delta(\boldsymbol{r}-\boldsymbol{r}_0)\hat{u}_z \tag{3.131}$$

和

$$\boldsymbol{G}_0^{(y)}(\boldsymbol{r};\boldsymbol{r}_0) = \left(1+\frac{1}{k^2}\nabla\nabla\right)G_0(\boldsymbol{r};\boldsymbol{r}_0)\hat{u}_y \tag{3.132}$$

$$\boldsymbol{G}_0^{(z)}(\boldsymbol{r};\boldsymbol{r}_0) = \left(1+\frac{1}{k^2}\nabla\nabla\right)G_0(\boldsymbol{r};\boldsymbol{r}_0)\hat{u}_z \tag{3.133}$$

它们同样遵循式(3.129)描述的辐射方程。自由空间矢量格林函数定义为

$$\overline{\overline{G}}_0(\boldsymbol{r};\boldsymbol{r}_0) = \boldsymbol{G}_0^{(x)}(\boldsymbol{r};\boldsymbol{r}_0)\hat{u}_x + \boldsymbol{G}_0^{(y)}(\boldsymbol{r};\boldsymbol{r}_0)\hat{u}_y + \boldsymbol{G}_0^{(z)}(\boldsymbol{r};\boldsymbol{r}_0) \tag{3.134}$$

整理式(3.128)、式(3.130)和式(3.131),得到

$$\nabla \times \nabla \times \overline{\overline{G}}_0(\boldsymbol{r};\boldsymbol{r}_0) - k^2\overline{\overline{G}}_0(\boldsymbol{r};\boldsymbol{r}_0) = -\overline{\overline{I}}\delta(\boldsymbol{r}-\boldsymbol{r}_0) \tag{3.135}$$

式中,$\overline{I}$ 为幂等因子或者单位向量,定义为 $\overline{I} = \hat{u}_x\hat{u}_x + \hat{u}_y\hat{u}_y + \hat{u}_z\hat{u}_z$ 以及 $\boldsymbol{A} \cdot \overline{I} = \overline{I} \cdot \boldsymbol{A} = \boldsymbol{A}$。

把式(3.110)、式(3.115)和式(3.133)代入式(3.134)中,得到

$$\overline{\overline{G}}_0(\boldsymbol{r};\boldsymbol{r}_0) = \left(1+\frac{1}{k^2}\nabla\nabla\cdot\right)G_0(\boldsymbol{r};\boldsymbol{r}_0)\overline{\overline{I}} =$$
$$\left(\overline{\overline{I}}+\frac{1}{k^2}\nabla\nabla\cdot\right)G_0(\boldsymbol{r};\boldsymbol{r}_0) \tag{3.136}$$

同样地,整理矢量格林函数的 3 个辐射条件,可得

$$\lim_{r\to\infty} r[\nabla\times\overline{\overline{G}}(\boldsymbol{r};\boldsymbol{r}_0) - \mathrm{j}k\boldsymbol{r}\times\overline{\overline{G}}_0(\boldsymbol{r};\boldsymbol{r}_0)] = 0 \tag{3.137}$$

根据格林矢量定理,有

$$\iiint[\boldsymbol{W}\cdot\nabla\times\nabla\times\boldsymbol{Q} - \boldsymbol{Q}\cdot\nabla\times\nabla\times\boldsymbol{W}]\mathrm{d}V =$$
$$\iint[\boldsymbol{Q}\times\nabla\times\boldsymbol{W} - \boldsymbol{W}\times\nabla\times\boldsymbol{Q}]\cdot\boldsymbol{n}\mathrm{d}S \tag{3.138}$$

令 $\boldsymbol{W}=\boldsymbol{E}(\boldsymbol{r})$,$\boldsymbol{Q}=\overline{\overline{G}}_0(\boldsymbol{r};\boldsymbol{r}_0)\cdot\hat{a}$,其中 $\hat{a}$ 是一个任意常向量,可以得到

$$\iiint\{\boldsymbol{E}(\boldsymbol{r})\cdot\nabla\times\nabla\times\overline{\overline{G}}_0(\boldsymbol{r};\boldsymbol{r}_0)\cdot\hat{a} - [\overline{\overline{G}}_0(\boldsymbol{r};\boldsymbol{r}_0)\cdot\hat{a}]\cdot\nabla\times\nabla\times\boldsymbol{E}(\boldsymbol{r})\}\mathrm{d}V =$$
$$-\iint_S\{[\nabla\times\boldsymbol{E}(\boldsymbol{r})]\times[\overline{\overline{G}}_0(\boldsymbol{r};\boldsymbol{r}_0)\cdot\hat{a}] + \boldsymbol{E}(\boldsymbol{r})\times\nabla\times\overline{\overline{G}}_0(\boldsymbol{r};\boldsymbol{r}_0)\cdot\hat{a}\}\cdot\boldsymbol{n}\mathrm{d}S =$$
$$-\iint_s\{[\boldsymbol{n}\times\nabla\times\boldsymbol{E}(\boldsymbol{r})]\cdot\overline{\overline{G}}_0(\boldsymbol{r};\boldsymbol{r}_0)\cdot\hat{a} + [\boldsymbol{n}\times\boldsymbol{E}(\boldsymbol{r})]\cdot\nabla\times\overline{\overline{G}}_0(\boldsymbol{r};\boldsymbol{r}_0)\cdot\hat{a}\}\mathrm{d}S \tag{3.139}$$

式中,$\boldsymbol{n}$ 为一个垂直于 S 表面向外的法向向量。

将式(3.111)和式(3.135)代入式(3.139)得

$$\iiint\{\boldsymbol{E}(\boldsymbol{r})\cdot k^2\overline{\overline{G}}_0(\boldsymbol{r};\boldsymbol{r}_0)\cdot\hat{a} - \boldsymbol{E}(\boldsymbol{r})\cdot\overline{\overline{I}}\delta(\boldsymbol{r}-\boldsymbol{r}_0)\cdot\hat{a} - \overline{\overline{G}}_0(\boldsymbol{r};\boldsymbol{r}_0)\cdot\hat{a}\cdot k^2\boldsymbol{E}(\boldsymbol{r}) +$$
$$\overline{\overline{G}}_0(\boldsymbol{r};\boldsymbol{r}_0)7\cdot\hat{a}\cdot\mathrm{j}\omega\mu\boldsymbol{J}(\boldsymbol{r})\}\mathrm{d}V =$$
$$-\iint_s\{[\boldsymbol{n}\times\nabla\times\boldsymbol{E}(\boldsymbol{r})]\cdot\overline{\overline{G}}_0(\boldsymbol{r};\boldsymbol{r}_0)\cdot\hat{a} + [\boldsymbol{n}\times\boldsymbol{E}(\boldsymbol{r})]\cdot\nabla\times\overline{\overline{G}}_0(\boldsymbol{r};\boldsymbol{r}_0)\cdot\hat{a}\}\mathrm{d}S$$

由于 $\iiint\boldsymbol{E}(\boldsymbol{r})\cdot\overline{\overline{I}}\delta(\boldsymbol{r}-\boldsymbol{r}_0)\cdot\hat{a}\mathrm{d}v = \boldsymbol{E}(\boldsymbol{r}_0)\cdot\hat{a}$,式(3.139)可改写成 Schwinger 积分方程,即

$$\boldsymbol{E}(\boldsymbol{r})=\mathrm{j}\omega\mu\iiint \boldsymbol{J}(\boldsymbol{r}_0)\boldsymbol{\cdot}\overline{\overline{G}}_0(\boldsymbol{r}_0;\boldsymbol{r})\,\mathrm{d}v+\iint_s\{\mathrm{j}\omega\mu\,[\boldsymbol{H}(\boldsymbol{r}_0)\times\boldsymbol{n}]\boldsymbol{\cdot}\overline{\overline{G}}_0(\boldsymbol{r}_0;\boldsymbol{r})+$$
$$[\boldsymbol{n}\times\boldsymbol{H}(\boldsymbol{r}_0)]\boldsymbol{\cdot}\nabla_0\times\overline{\overline{G}}_0(\boldsymbol{r}_0;\boldsymbol{r})\}\,\mathrm{d}S \tag{3.140}$$

式中，∇_0 为对源点坐标的微分。

对于一个处在自由空间的电磁场，根据辐射条件，有

$$\lim_{r\to\infty} r\left[\nabla\times\begin{pmatrix}\boldsymbol{E}\\\boldsymbol{H}\end{pmatrix}-\mathrm{j}kr\times\begin{pmatrix}\boldsymbol{E}\\\boldsymbol{H}\end{pmatrix}\right]=0 \tag{3.141}$$

或者

$$\lim_{r\to\infty} r[-\mathrm{j}\omega\mu\boldsymbol{H}(\boldsymbol{r})-\mathrm{j}k\boldsymbol{n}\times\boldsymbol{E}(\boldsymbol{r})]=0 \tag{3.142}$$

如果假定体积为无限大，以致包络面 S 无穷大，那么式(3.140)、式(3.142)可以写成以下形式：

$$\boldsymbol{E}(\boldsymbol{r})=\mathrm{j}\omega\mu\iiint \boldsymbol{J}(\boldsymbol{r}_0)\boldsymbol{\cdot}\overline{\overline{G}}_0(\boldsymbol{r}_0;\boldsymbol{r})\,\mathrm{d}v+$$
$$\iint_{S\to\infty}[\boldsymbol{n}\times\boldsymbol{H}(\boldsymbol{r}_0)]\boldsymbol{\cdot}[\nabla_0\times\overline{\overline{G}}_0(\boldsymbol{r}_0;\boldsymbol{r})-\mathrm{j}k\boldsymbol{n}\times\boldsymbol{G}_0(\boldsymbol{r}_0;\boldsymbol{r})]\,\mathrm{d}S$$

由于辐射条件通过式(3.129)描述，上述表面积分变为零，得

$$\boldsymbol{E}(\boldsymbol{r};\omega)=\mathrm{j}\omega\mu\iiint_V\overline{\overline{G}}_0(\boldsymbol{r};\boldsymbol{r}_0)\boldsymbol{\cdot}\boldsymbol{J}(\boldsymbol{r}_0)\,\mathrm{d}V=$$
$$\mathrm{j}\omega\mu\iiint_V\overline{\overline{G}}_0(\boldsymbol{r};\boldsymbol{r}_0)\boldsymbol{\cdot}[\boldsymbol{j}_s(\boldsymbol{r}_0)+\boldsymbol{j}_0(\boldsymbol{r}_0)]\,\mathrm{d}V \tag{3.143}$$

在一个均匀的全空间里，物理条件将包含一个始电流源和一次源。由于表面边界在无穷远处，式(3.140)中的面积分变成零。由于样品在测试过程中缺少源电流，通过直接计算入射场 $\boldsymbol{E}^{\mathrm{inc}}(\boldsymbol{r})$，简化式(3.143)得

$$\boldsymbol{E}(\boldsymbol{r};\omega)=\boldsymbol{E}_{\mathrm{inc}}(\boldsymbol{r})+\mathrm{j}\omega\mu\iiint_V\overline{\overline{G}}_0(\boldsymbol{r};\boldsymbol{r}_0)\boldsymbol{\cdot}\boldsymbol{J}_s(\boldsymbol{r}_0)\,\mathrm{d}V \tag{3.144}$$

式(3.144)所出现的次电流密度可以认为是点电流偶极子分布的叠加。也就说，电流密度可以写成

$$\boldsymbol{J}_s(\boldsymbol{r})=Idl\delta(y)\delta(z)$$

式中，Idl 为一个电流偶极子矩。

所求的并矢格林函数就是式(3.135)的一个解，式(3.135)的分量形式变成

$$(\nabla\times\nabla\times-k^2)G^{mn}(\boldsymbol{r};\boldsymbol{r}_0)=-\delta(\boldsymbol{r}-\boldsymbol{r}_0)\delta^{mn} \tag{3.145}$$

那么格林张量的一个分量 G_0^{yz} 可以表示为一个单位点偶极子在 z 方向产生电场 y 的分量。式(3.144)可以简化为

$$\boldsymbol{E}(\boldsymbol{r};\omega)=\boldsymbol{E}_{\mathrm{inc}}(\boldsymbol{r};\omega)+\mathrm{j}\omega\mu\iiint_{\substack{样品\\体积}}[\sigma_s+\mathrm{j}\omega\varepsilon_s]\overline{\overline{G}}_0(\boldsymbol{r};\boldsymbol{r}_0)\boldsymbol{\cdot}\boldsymbol{E}(\boldsymbol{r}_0)\,\mathrm{d}V \tag{3.146}$$

式(3.146)中的体积积分仅是样品体积，由于 σ_s 和 ε_s 在样品外均为 0，一旦该场出现在样品内部，在外部的任何一个点可通过式(3.146)得出。通过式(3.124)可以得到磁场为

$$H(r;\omega)=H^{\rm inc}(r;\omega)-\frac{1}{{\rm j}\omega\mu}\iiint\limits_{\substack{样品\\体积}}[\sigma_{\rm s}+{\rm j}\omega\varepsilon_{\rm s}]\overline{\overline{F}}(r;r_0)\cdot E(r_0)\,{\rm d}V \qquad (3.147)$$

式中,张量 $\overline{\overline{F}}(r;r_0)\sim F^{mn}$,分量可由以下给出

$$F^{xx}=\frac{\partial G^{zx}}{\partial y}-\frac{\partial G^{yx}}{\partial z},\quad F^{xy}=\frac{\partial G^{zy}}{\partial y}-\frac{\partial G^{yy}}{\partial z} \qquad (3.148)$$

$$F^{xz}=\frac{\partial G^{zz}}{\partial y}-\frac{\partial G^{yz}}{\partial z},\quad F^{zx}=\frac{\partial G^{yx}}{\partial x}-\frac{\partial G^{xx}}{\partial y},\quad F^{zy}=\frac{\partial G^{yy}}{\partial x}-\frac{\partial G^{xy}}{\partial y}$$

$$F^{zz}=\frac{\partial G^{yz}}{\partial x}-\frac{\partial G^{xz}}{\partial y},\quad F^{yx}=\frac{\partial G^{zx}}{\partial x}-\frac{\partial G^{xx}}{\partial z},\quad F^{yy}=\frac{\partial G^{xy}}{\partial z}-\frac{\partial G^{zy}}{\partial x}$$

电导率和介电常数可在目标体积内变化。该过程首先要解决目标内的电场以获得散射电流,然后再确定磁场。

只有在已知目标内部场之后,才可以直接使用式(3.146)。一种常见的方法是将目标划分为多个单元,其中每个单元的电场都是恒定的。然后建立一个形式为 $\overline{M}\cdot E=E^{\rm inc}$ 的矩阵,通过对 $\overline{M}$ 求逆得出 E。但是矩阵 $\overline{M}$ 很大,因此反向求解成为一个难题。此外,当电场在每个单元保持恒定时,必须将目标划分为相对较细的网格以进行精确的计算。对于由 N 个点描述的三维问题,由于格林张量的耦合,三个场分量必须同时计算,每个方向在每个频率上都要倒置一个 $3N^{3/2}\times 3N^{3/2}$ 的矩阵。因此,对于在每个方向上由 100 个点描述的样品,求逆的复数矩阵为 3 000×3 000。求解式(3.146)的另一种方法是让样品中的 $E(r_0)$ 近似于 $E^{\rm inc}$(波恩近似)。该方法对于低损耗介电散射体是有效的,在低损耗介电散射体中,复介电常数的虚部接近于零,从而实现了很小的相位变化。

在任意夹具以及施加电场 $E=(x,y,z;\omega)$ 下,式(3.146)是电导率为 $\sigma_{\rm s}(x_0,y_0,z_0)$ 和介电常数为 $\varepsilon_{\rm s}(x_0,y_0,z_0)$ 的非均匀损耗介质样本的积分方程。当损耗不低时,可使用迭代波恩技术求解复介电常数。还应注意,在现代实验室中,散射矩阵参数 $S_{\rm pq}$ 通常使用矢量网络分析仪或微波 n 端口测量。因此,式(3.146)给出的总电场的矢量分量必须与散射矩阵有关。

在理想的 TE_{01n} 圆柱腔中没有径向电场,除非样品在方位角上不均匀或介电样品是均匀的,放置的样品周围存在不均匀的气隙腔(由于加工不均匀或圆柱形波导的偏心)。借助式(3.146),可以确定上述哪个因素可能存在非零径向电场(或简并的横向磁共振模式)。

3.4.3　各向同性

微波和光学各向同性的充分条件是,材料没有长程有序或晶格的晶体结构(无定形)或材料是隐晶的(例如熔融石英或玻璃)或具有立方晶系的晶体结构。在等距和非晶态物质中,所有方向的介电常数均相同,即这些物质是电各向同性的。在其他物质中,电磁波的速度根据其在晶格结构中的传播方向变化,这些物质可以说是电各向异性的。进入二维各向异性物质的电磁波可被分解为不同速度的两个正交波。因此该物质具有不同的介电指数。在光学中,介电或折射率的差异称为双折射。双折射通常很小(对于石英,为0.009),但对于某些材料(例如方解石)可能会很大(0.172)。

　　介电指数与晶格结构之间的关系可以通过晶格线的中心向各个方向绘制,其中线段长度与该波传播方向的介电常数成比例关系。 在图上所得到的数字称为介电指标(dielectric indicatrix)(图 3.14)。对于非晶和各向同性物质,由于介电常数在所有方向上都相同,所以介电指标是一个球体。对于晶格结构属于四方和六角的物质,介电指标是一个旋转椭球体,其中垂直于一个轴的所有部分都是圆形的;该轴始终是晶格结构的对称轴。所有沿对称轴方向传播的电磁波都有相同的速度,因为电场的变化在水平轴的平面上,这在系统中是等价的。因此,晶格结构为四方和六角形的物质被称为单轴各向异性物质。对于晶格结构属于正交系、单斜系和三斜系的物质,介电指标的对称性较低,这与较低的晶格结构对称性相一致;介电指标是一个三轴椭球体。这种椭球体的一个显著特征是它只有两个圆形部分,其他部分都是椭圆。所有横穿这些圆形截面的电磁波的传播速度将相同,而与截面中的电场行为无关。与介质三轴椭球体的圆形截面成直角的两个方向具有相同的介电常数(在光学中称为光轴)。因此,正交、单斜和三斜物质可以说是介电双轴的。

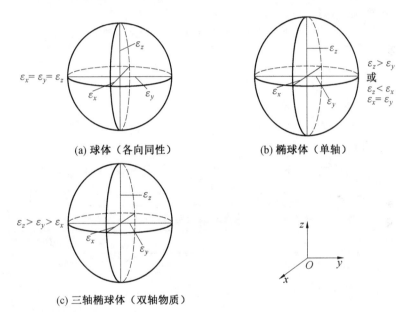

(a) 球体(各向同性)　　　　　(b) 椭球体(单轴)

(c) 三轴椭球体(双轴物质)

图 3.14　不同结构的介电指标

　　介电常数的取向与物理晶格常数有关。只有在三斜介质中,介电常数三个主轴的位置才与分子晶格对称性无关。

　　任何物质的介电性质都与分子晶格的对称性密切相关。样品的许多物理性质也显示出对晶格方向的依赖性,包括热导率、压缩性和热膨胀。讨论与材料(规则的)分子晶格结构相关的物理性质的理论和技术超出了本书的范围。但是基本要点是,获得电各向同性的介电参考材料最简单的方法是使用非晶态分子结构或隐晶线的材料(例如熔融石英、熔融二氧化钛或玻璃),由于它们是由熔融状态快速冷却或淬火形成的,这种规则的晶格结构框架就没有时间在分子水平上发展,因此显示出非晶各向同性。然而,如果晶体材料属于等轴晶格系统,即电和光学是各向同性的。人们可以选择等距系统材料,以确保各向同性。类似的,单轴(二维各向异性)介电参考材料或双轴(三维各向异性)介电材料可从四方和六方或正交、单斜和三斜体系的物质中获得。

1. 同构现象

在分子水平上具有相似晶格结构的无机物具有相似的介电行为和密切相关的分子结构,即具有相似分子式的物质,其阳离子和阴离子的大小相似,这种现象称为同构。由于具有相似的内部结构,物质以相似的形式结晶。其中,晶格结构属于等距系统是各向同性的一个充分条件。在这种情况下,电介质张量的所有主对角线分量相同。属于等距晶格结构的材料,其同构应当具有作为参考材料或检验标准所必需的各向同性特征。同样的说法也适用于双轴各向异性标准物质的单轴。

同构现象广泛存在于无机材料和天然矿物中。许多同构基团,如尖晶石类(AB_2X_4双氧化物结构,其中 A 是一种或多种二价金属(Mg、Fe、Zn、Mn、Ni),B 是一种或多种三价金属(Al、Fe、Cr、Mn),X 是氧元素;石榴石类($X_3Y_2(SiO_4)_3$,其中 X 可以为 Ca、Mg、Fe,Y 可以为 Al、Fe 或 Cr);赤铁矿类(X_2O_3,其中 X 可以为 Al 或 Fe,以及 FeTi 等)。表 3.3 ~ 3.5 中展示了这些结构类型的各种同构及其化学组成。

表 3.3　石榴石类同构物质名称及分子式

名称	分子式
铁铝榴石(Almandite)	$Fe_3Al_2(SiO_4)_3$
镁铝榴石(Pyrope)	$Mg_3Al_2(SiO_4)_3$
锰铝榴石(Spessartite)	$Mn_3Al_2(SiO_4)_3$
钙铝榴石(Grossularite)	$Ca_3Al_2(SiO_4)_3$
钙铁榴石(Andradite)	$Ca_3Fe_2(SiO_4)_3$
钙铬榴石(Uvarovite)	$Ca_3Cr_2(SiO_4)_3$

表 3.4　等距尖晶石类同构物质名称及分子式

名称	分子式
铝镁尖晶石(Spinel)	$MgAl_2O_4$
磁铁矿(Magnetite)	Fe_3O_4
铬酸盐(Chromlte)	$(Mg,Fe)Cr_2O_4$
锌铁尖晶石(Franklinite)	$(Zn,Mg,Fe)(Fe,Mn)_2O_4$
黑锰矿(Hausmanite)	$MnMn_2O_4$
金绿宝石(Chrysoberyl)	$BeAl_2O_4$

表 3.5　等距赤铁矿类同构物质名称及分子式

名称	分子式
刚玉 / 氧化铝(Corundum/Alumina)	Al_2O_3
赤铁矿(Hematite)	Fe_2O_3
钛铁矿(Ilmenite)	$FeTiO_3$

尖晶石和石榴石类的所有同构都是各向同性的。类似地,刚玉(或氧化铝)作为赤铁

矿基团的同构,被广泛用作高频吸波的基底材料(由于其高介电常数、低介电损耗和在化学、真空或热处理时的惰性行为),具有单轴各向异性的晶格结构。此外,在氧化铝等材料中,存在"伪各向同性"的说法,若想获取非常细的刚玉颗粒,需要在高压和高温下烧结,使成品陶瓷基板中微晶的各向异性"平均"。然而,这是以牺牲微带传输线产品的表面光洁度(或粗糙度)为代价的,而表面光洁度是引起衰减的主要因素。事实上,氧化铝陶瓷缺乏平滑度和平坦度,控制了光刻的精度,也便于将元件连接到微波传输线的完整电路上。

在各种电介质的研究中,许多同晶群都具有实际意义,如硅类、金红石类或橄榄石 — 镁橄榄石类,见表 3.6 和表 3.7。

表 3.6　单轴各向异性四方金红石群的同构物质名称及分子式

名称	分子式
金红石(Rutile)	TiO_2
软锰矿(Pyrolusite)	MnO_2
锡石(Cassiterite)	SnO_2
块黑铅矿(Plattnerite)	PbO_2
重钽铁矿(Tapiolite)	$FeTa_2O_6$

表 3.7　双轴各向异性正交橄榄石群的同构物质名称及分子式

名称	分子式
镁橄榄石 / 滑石(Forsterite/steatite)	Mg_2SiO_4
铁橄榄石(Fayalite)	Fe_2SiO_4
橄榄石(Olivine)	$MgFeSiO_4$
钙镁橄榄石(Monticelllte)	$CaMgSiO_4$

熔融态二氧化钛(金红石)具有超低的介电损耗,宽的频率范围,相对高的介电常数(可达 100)。此外,橄榄石类是由镁橄榄石和铁橄榄石组成的连续固溶体。以陶瓷的烧结形式为例,这种同构作为候选介电参考材料,具有非常低的损耗(25 ℃ 时为 0.003)和一个从 100 Hz 到 10 GHz 的恒定介电常数(5.80)。

当然,上述许多烧结或熔融形式的介电材料(根据分子晶格结构,属于电各向异性的)都可以作为"各向同性"参考材料,在频率(例如,从 100 Hz 到 30 GHz)和温度方面是相对无色散的。然而,这些熔融或烧结形式的电气特性,取决于制造工艺,随着工艺(和可用性)的变化,所制造的产品介电特性,包括均匀性和各向同性,将受到严格的质量控制。

同构,是由大小相对相同(即显示相同配位)且数量相等的阴离子和阳离子以相同的晶格结构结晶而产生的。针对晶体结构相似的材料,化学性质不同的问题一直困扰着研究者,直到 X 射线衍射技术发现,这一问题才被揭示。有些同构物质之间甚至没有相似的分子式。例如,磷酸铝($AlPO_4$)矿,也被称为块磷铝矿(berlinite),与石英是同构的;在石英的分子式为 Si_2O_4 时,由于 Al 和 P 的离子尺寸与硅相似,可以与氧以四配位的形式存在于晶体结构中。因此,$AlPO_4$ 可以像石英一样结晶。类似地,钽铁矿(tantalite)$FeTi_2O_6$

与金红石 TiO_2(Ti_3O_6)同构,金属离子大小相似,均与氧呈六配位。

综上所述,同一同构群的材料具有各向同性。由于不同的同晶型化合物的原子量和诱导偶极矩不同,故同晶材料在分子(或宏观)水平上并不表现出相同的复极化率。未来应用研究中一个广阔的领域是测量介质同构的色散频率和温度相关特性,并将宏观测量的介电行为与可计算的原子或分子极化率联系起来。

2.多态性

在寻找参考材料的过程中,只有提到多态性,关于介电各向同性或各向异性的讨论才是完整的。几乎所有元素或化合物都以一种以上的晶体形式存在,即多态性。由于每种形态都有不同的物理性质和晶体结构,也就是说,原子或离子在同一物质的不同晶型中的排列不同。因此,同一物质的多晶型具有不同的定向光学和电学性质。根据不同晶型的数目,多态性物质可以描述为二型、三型等。多态性,即分子晶体结构并非完全由化学成分决定,通常相同比例的一个或多个原子或离子可以形成多种结构,如金刚石和石墨。在金刚石中,每个碳原子通过非极性键与其余四个碳相连,所有的键强度相等,整个晶体是一个巨大的分子(就像大多数有机材料一样),然而,在石墨中,每个碳原子通过非极性键或共价键与其余三个碳原子相连,形成碳原子的平面片。这些片层之间由弱残余范德瓦耳斯力连接。因此,金刚石(C)属于等距晶格系统,而石墨(C)属于六角形系统。金刚石是电各向同性的,但是由于其硬度极高,不是极好的介电参考材料。材料的其他物理性质,如硬度和机械强度,通常由最弱的原子键决定,在机械或热应变增加的情况下,原子键最先受到破坏。

同一物质在不同的压力和温度条件下可形成不同的晶型。例如,金刚石－石墨多态平衡曲线如图 3.15 所示。此外,二氧化硅的稳定性关系如图 3.16 所示。

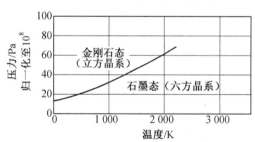

图 3.15　金刚石－石墨多态平衡曲线

在确定的温度和压力下,物质从一个多晶型到另一个多晶型是否可逆,是识别两种类型多态性的基础。当两种晶型之间可逆时,称为对映异构体;当两种晶型不可逆时,称为单性。由于石英的多态性是对映异构体的,因此在 101 325 Pa 的压力下,有

$$石英 \xrightarrow{867\ ℃} 磷石英 \xrightarrow{1\ 470\ ℃} 方石英$$

然而,石英多晶型的反应速度非常慢。方石英是一种常见的天然物质,由于各向同性、机械稳定性和硬度大,其成为纯净的介质标准物质。一般来说,高－低多晶型的特点是,高温形式比相应的低温形式具有更高的对称性(意味着更大的电各向同性)。此外,一种物质的高温多晶型通常比低温多晶型具有更开放的晶格结构,因此具有更低的密度。另外,如果从晶格结构和分子极化特性方面理解稀土氧化物的各种多晶型结构,就有可能

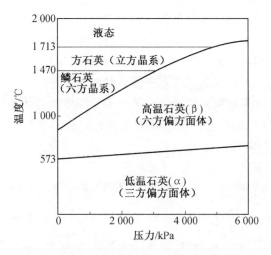

图 3.16 二氧化硅的稳定性关系

从宏观角度介电测量中预测高温超导特性。

3.硬度

物质的可加工性取决于硬度和韧性。硬度(或机械稳定性)通常被定义为抗划伤性,而相对硬度作为一种有用的诊断特性在系统矿物学中起源较早。奥地利矿物学家Mohs(莫氏)在1822年提出了相对硬度标度,每一种硬度较高的矿物都会划伤硬度较低的矿物。莫氏相对硬度对比见表3.8。

表 3.8 莫氏相对硬度对比

更高硬度

↑
|
|
|
|
|
|
|
|
↓

更低硬度

10.金刚石,C

9.刚玉,Al_2O_3

8.黄玉,$Al_2SiO_4(OH,F)_2$

7.石英,SiO_2

6.正长石,$KAlSi_3O_8$

5.磷灰石,$Ca_5(PO_4)_3(F,Cl,OH)$

4.萤石,CaF_2

3.方解石,$CaCO_3$

2.石膏,$CaSO_4\cdot2H_2O$

1.滑石,$Mg_3Si_4O_{10}(OH)_2$

莫氏建立的比例尺至今仍被使用。在最初的描述中,莫氏致力于使刻度上的间隔尽可能相等,同时针对各单位选择了常见的矿物。刚玉和金刚石的间隔比其他单位的间隔要大,但中间硬度的矿物是未知的(目前仍然是未知的),而且硬度随晶体学方向而变化。因此,用无机材料的细晶试样作为标准比粗晶矿物更好。

硬度测定的程序表明,除9和10外,莫氏硬度计上的间隔大致相等。因此,尽管它是定性的,但也非常适合于比较矿物和其他材料的相对硬度。如指甲的硬度为 2.5,小刀的硬度为 5.5。硬度为 1 的矿物或材料通常有油腻感;硬度为 2 的矿物或材料可用指甲刮伤;硬度为 3 的材料可用刀切割;硬度为 6 及以上的材料不能用刀划伤。黄铜棒中镶嵌一组标准矿物小片硬度点或者圆锥片,可用于测定材料的硬度。

对于晶格结构,硬度是结构对机械变形的抗力。硬度与晶体结构之间的关系如下:

(1)原子或离子的价态或电荷越大,硬度就越大。

(2)原子或离子越小,硬度越大。

(3)原子或离子的堆积密度越大,硬度越大。

离子尺寸对硬度的影响可以通过对同晶型的对比而清楚地看到,同晶群所有成员的晶格结构都是相同的。如赤铁矿类(见表 3.5)包含三价金属离子氧化物,尺寸从 Fe^{+3}(0.064 nm)到 Al^{+3}(0.051 nm);赤铁矿的硬度 6 到刚玉(氧化铝)的 9,随着离子尺寸的减小而增加。另一个例子是方解石类,即二价金属碳酸盐,离子大小从 Ca^{+2}(0.099 nm)至 Mg^{+2}(0.066 nm)。在这种情况下,方解石($CaCO_3$)的硬度为 3,而菱镁矿($MgCO_3$)的硬度为 4.5。

表 3.9 的元素周期表给出了离子的电荷和原子半径尺寸(以纳米为单位)。从表 3.9 可以看到,对具有多种价态的元素来说(带来了不同电荷量的离子),离子半径随正电荷的增加而减小;例如,V^{+3}:0.074 nm,V^{+3}:0.059 nm。因为随着电子的丢失,原子核对剩余的电子施加更大的拉力,从而减小了离子的有效半径。

通过比较相同结构和相似离子尺寸的化合物,可以看出价态或电荷对硬度的影响。钠硝石($NaNO_3$)和方解石($CaCO_3$)具有相同的结构,Ca(0.099 nm)和 Na(0.097 nm)的离子大小相似。但是,由于价态不同,钠硝石的硬度为 2,方解石的硬度为 3。

另外,从对称性角度也可以看出堆积密度对硬度的影响。例如,鳞铁矿与低或高石英相比,具有更大的晶格对称性(较少的电各向异性),但堆积密度(2.26 g/cm³)小于磷石英(2.65 g/cm³)。因此,石英的硬度为 7,而磷石英的硬度为 6.5。

表 3.9　元素周期表(离子半径单位 10^{-10} m)

H																	He
Li^1 0.68	Be^2 0.35	B^3 0.23	C^4 0.16											N^6 0.13	O^{-2} 1.40	F^- 1.36	Ne
Na^1 0.97	Mg^2 0.66	Al^3 0.51	Si^4 0.42											P^6 0.35	S^6 0.30 / S^{-2} 1.84	Cl^- 1.81	Ar
K^1 1.33	Ca^2 0.99	Sc^3 0.81	Ti^4 0.68	V^5 0.59 / V^3 0.74	Cr^6 0.52 / Cr^3 0.63	Mn^4 0.60 / Mn^2 0.80	Fe^3 0.64 / Fe^2 0.74	Co^3 0.63 / Co^2 0.72	Ni^2 0.69	Cu^2 0.72 / Cu^1 0.96	Zn^2 0.74	Ga^2 0.62	Ge^4 0.53	As^5 0.46	Se^6 0.42	Br^- 1.95	Kr

Rb^1 1.47	Sr^2 1.12	Y^3 0.92	Zr^4 0.79	Nb^5 0.69	Mo^6 0.62	Tc^7 0.56	Ru^4 0.67	Rh^3 0.68	Pd^2 0.80	Ag^1 1.26	Cd^2 0.97	In^3 0.81	Sn^4 0.71	Sb^5 0.62 Su^3 0.76	Te^6 0.56	I^- 2.16	Xe
Cs^1 1.67	Ba^2 1.34	La^{3-} 1.14 Lu^3 0.85	Hf^4 0.78	Ta^5 0.68	W^6 0.62	Re^4 0.72	Os^6 0.69	Ir^4 0.68	Pt^2 0.80	Au^1 1.37	Hg^2 1.10	Tl^1 1.47	Pb^4 0.84 Pb^2 1.20	Bi^3 0.96			
		Th^4 1.02		U^4 0.97													

由于材料晶格结构中的结合力在不同方向上有所不同,因此材料的硬度可能会随方向而变化。但是,这种变化通常很小。

表 3.10 为无机化合物的机械硬度与化学成分之间的关系。

表 3.10　无机化合物的机械硬度与化学成分之间的关系

硬度	化学成分
$\leqslant 3$	重金属(银、铜、汞、铅)
$\leqslant 5$	硫化物(镍和铁的硫化物除外)
$\leqslant 5$	水合物
> 5.5	无水氧化物和硅酸盐
$\leqslant 5.5$	碳酸盐、硫酸盐、磷酸盐

上述讨论对寻找介电参考材料的要求是材料不仅是线性、均质以及各向同性的,而且莫氏硬度至少为 5.5。

4. 韧性

材料的韧性可以定义为材料对断裂、压碎、弯曲或切割的阻力。大多数无机化合物或矿物质脆性较大。换言之,可以被粉碎。这使得韧性材料具有一定程度的可熔性(例如,熔融石英、氧化铝、金红石),但牺牲了可加工性。一些无机物(天然金属)具有延展性,这仅意味着它们的形状可以轻易改变但不会破裂。锤打或研磨会使颗粒滚成板。如果材料在弯曲后会弹回到原始形式,则称为弹性材料。

5. 润湿性

无机和有机材料在其表面性质上表现出显著差异。对于介电参考材料,润湿性是一项具有重大技术意义的特性,润湿性即该材料表面可以用水涂覆的相对容易程度。亲液性材料是指易于润湿的材料,而疏液性材料是指不易润湿的材料。表面润湿性的差异已经在矿物提取行业中应用了很多年(例如,用于从冻干性矿物中分离出钻石等的疏液物)。

介于极度亲液性和极度疏液性之间所有润湿程度的材料都是存在的。通常,具有离子键的材料是亲液的。具有金属键或共价键的材料(例如硫化物或塑料)是疏液的。金刚石具有等距晶格结构和共价键,是疏液的。石英在硅和氧四面体中具有离子键,是亲液的。大多数陶瓷也具有离子键并且是亲液的。理想情况下,希望电介质参考材料是一种疏液物质,因为可润湿性材料会影响电学性能测量(以及应用中的性能)。因此,人们可能会优先考虑那些表现出共价键的有机材料,例如聚四氟乙烯(Teflon)、交联聚苯乙烯(Rexolite)等。然而,一个重要的问题是材料在应用温度范围内的热膨胀。只要保持温度恒定(并指定温度),某些有机材料将被视为有效的介电检测标准。

6. 压电性与热电性

在寻找低损耗介电参考材料时,需要两个重要特性,首先是热电性,即由温度变化引起极化变化。热电材料,例如硫酸锂、亚硝酸钡和电气石,通常用于红外传感设备中。这些低损耗材料的介电特性是温度的强函数,通常发生在其晶格结构具有极性对称轴的物质中。

其次是压电性,这是由于定向压力产生极化电荷。在无线电中,使用石英的压电技术是众所周知的。由电路产生交变电场被施加到一块石英板上,经过适当切割、安装和调整尺寸,以使其机械振动固有频率之一与电路的谐振频率一致。因此,发送或接收的频率稳定并可以得到精确控制。通常,任何缺乏晶格对称中心的材料都是压电材料,尽管效果可能很弱。在介电计量学中,可以在很大温区下进行测量,但很少将样品置于定向应力下。因此,候选介电参考材料是均质的、线性的和各向同性的,在宽的频率和温度范围内具有低的损耗,并且具有可加工性,它就是压电的,热电性最小。

3.4.5　合适的介电参考材料

上述内容已经对电介质的基本性质和参考材料在空间均匀性、各向同性、长期稳定性和可湿润性(吸湿性)方面的要求进行了回顾。另外,也给出了介电非分散、非德拜材料在频率和温度变化的要求。如果材料是分散的,可以根据环境条件和施加场的频率来预测材料性质。

通过在电路中用已知尺寸的试样代替真空或空气中的试样并测量电路的变化,可以测量材料的本构电参数。样品测试设备通常是集总参数电路电抗、传输线或腔的一部分(开放或封闭),并且观察是共振或阻抗。实际测量通常涉及三个步骤,即电磁边界值问题的解决方法、所用系统的尺寸测量以及系统的电测量,如复阻抗或复谐振频率。

如前所述,标准电介质样品(或那些介电性能具有众所周知的精确误差限制的电介质样品)可在实验室中使用,以改善或验证所用测量程序和设备的准确性。

美国国家标准技术研究所冯·希佩尔已对各种固体绝缘材料进行了许多介电测量。这些测量是使用平行板电容器、短路的传输线和谐振腔进行的。这些介电测量的结果见表3.11。数据汇总显示了材料成分、温度、介电常数、损耗角正切、频率、介电强度和直流体积电阻率(在25 ℃时)、热线性膨胀(已知)、软化点和水分吸收率。需注意,对于熔融石英,各种陶瓷和塑料的介电测量值是在25 ℃下随频率变化的参数。除钛酸钡外,所有材料均为低损耗且在测量频率范围内无松弛。

表 3.11　陶瓷、玻璃和有机物的介电常数随频率的变化关系

材料成分	T/℃	介电常数				损耗角				真空介电强度 (25 ℃)	DC 体积	热延展性	软化点	吸水性
		10^4	10^6	3×10^9	2.5×10^{10}	10^4	10^6	3×10^9	2.5×10^{10}					
玻璃	25	3.82	3.82	3.82	3.82	0.000 1	0.000 04	0.000 006	0.000 25	410	$>10^{16}$	5.7×10^{-7}	1 667	—
陶瓷—Al_2O_3(0.5%)	25	9.48	9.44	—	9.37	0.000 26	0.000 25	—	0.000 37	—	—	—	—	—
钛酸钡	25	11.43	—	600	100	0.010 5	—	0.3	0.60	3	10^{10}—10^{11}	—	1 400—1 430	0.1
MgO	25	9.65	9.65	—	—	<0.000 3	<0.000 3	—	—	—	—	—	—	—
$MgSO_4$	25	5.96	5.96	5.90	—	0.000 5	0.000 4	0.001 2	—	—	$>10^{12}$	9.2×10^{-6}	1 350	0.1~1
钛酸 Mg	25	13.9	13.9	13.8	13.7	0.000 4	0.000 5	0.017	0.065	—	—	—	—	—
滑石	25	5.77	5.77	5.77	—	0.000 7	0.000 6	0.000 89	—	—	—	—	—	—
钛白粉	25	100	100	—	—	0.003	0.000 25	—	—	—	—	—	—	—
塑料—交联聚苯乙烯	25	2.55	2.55	2.54	—	0.000 11	0.000 13	0.000 48	—	—	—	—	—	—
聚四氟乙烯	25	2.1	2.1	2.1	2.08	<0.000 2	<0.000 2	0.000 15	0.000 6	39~79	10^{15}	9×10^{-5}	66	0.00
聚回氟乙烯	25	2.26	2.26	2.26	2.26	<0.000 2	<0.000 2	0.000 31	—	47	10^{15}	19×10^{-5}	95~105	0.03
聚甲基丙烯酸甲酯	27	3.12	2.76	2.60	—		0.014 0	0.005 7	—	39	75×10^{14}	$(8\sim9)\times10^{-5}$	70~75	0.3~0.6

Teflon 是低损耗、低介电常数的理想介电参比材料。Teflon 在 10 kHz 至 25 GHz 范围内的介电常数接近 2.0,在相同频率范围内的损耗角正切小于 0.000 6,并且没有润湿性。它也不易燃,对大多数化学药品完全惰性,价格便宜。但是,较低的软化点或玻璃化转变温度(约 66 ℃)限制了其使用。聚四氟乙烯的热膨胀与温度的关系如图 3.17 所示。

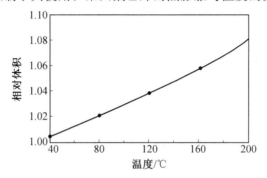

图 3.17　聚四氟乙烯的热膨胀与温度的关系

众所周知,在存在电离辐射的情况下,塑料(或大多数有机材料)的绝缘性能会下降。聚合物聚苯乙烯(Rexolite)是乙烯基苯$[C_6H_5CH-CH_2]_n$(n 通常大于 500)的高分子量衍生物,在经历高达 300 C/kg 的辐射剂量和 40 C/kg 的辐射剂量后,无永久介电降解。聚苯乙烯具有低介电常数、低损耗介电参比材料特性。 然而,聚苯乙烯熔点低(105 ℃),可在低于 80 ℃ 的温度下氧化、变脆并失去介电特性。即使通过热降解稳定下来,聚苯乙烯在暴露于紫外线下仍会变质,从而导致脆化和介电特性损失。

在所示的有机固体中,交联聚苯乙烯是低损耗、低介电常数介电参比材料的最佳选择。交联聚苯乙烯的温度色散特性如图 3.18 所示。

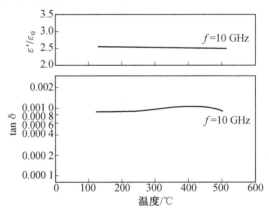

图 3.18　交联聚苯乙烯的温度色散特性

图 3.19 ～ 3.22 分别显示了熔融二氧化硅、氧化铝、滑石和二氧化钛的色散特性随温度的变化曲线。

0 ～ 500 ℃,熔融二氧化硅显示出非常低的损耗($\tan \delta < 0.002$),同时在相同温度范围内恒定介电常数为 3.82。因此,熔融二氧化硅(纯净形式)满足低损耗介电参比材料的优越特性。

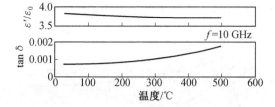

图 3.19 熔融二氧化硅的温度色散特性

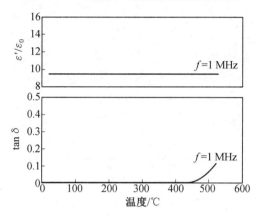

图 3.20 熔融氧化铝的温度色散特性

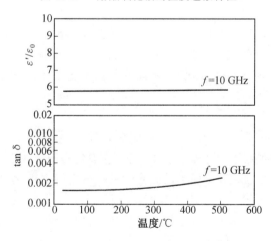

图 3.21 滑石(方铁石)的温度色散特性

纯度大于 99.5% 的氧化铝($\varepsilon = 9.48$)和滑石($\varepsilon' = 5.77$)都具有高介电常数和低损耗的显著特性。然而,氧化铝在低于 150 ℃ 的温度下比铁橄榄石的损耗更低,尽管在 10 GHz 时,铁橄榄石的介电常数和损耗角正切值与温度无关(0 ~ 500 ℃)。但是在更低的频率(小于 10 kHz)下,铁辉石会随温度而强烈分散。因此,对于参考材料和检查标准品,氧化铝可能是更好的选择。

对于高的介电常数($\varepsilon' = 100$),在温度低于 250 ℃ 时可选用熔融的金红石或二氧化钛作为参考材料。具有铁电钙钛矿晶格结构的钛酸钡虽然也具有很高的介电常数(25 GHz 时 $\varepsilon' = 100$)。但是它在 25 GHz 时的损耗角正切值为 0.60,并表现出非线性和介电滞后。

因此,对于介电常数非常高且损耗低的介电参考材料,二氧化钛是更好的选择。

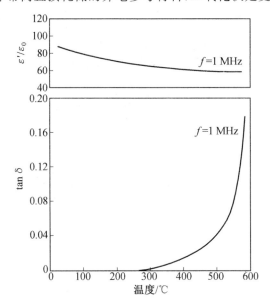

图 3.22　熔融二氧化钛的温度分散特性

3.4.5　结　论

由于介电元件对电子设备至关重要,因此,在国际标准上需要介电材料的精密测量,而参比材料是测量精度的基础。理想的介电参比材料不仅应满足电气和磁线性、均质和各向同性,最好还要具有低的热膨胀系数、高的软化温度、化学和机械稳定性,以及可机加工并易于获得的特性。

1.基本电磁特性

为了表征材料的电磁特性,有必要了解和确定控制电磁行为并定义电气和磁性能的基本物理过程。材料在施加的电场中极化,主要的极化机制取决于所施加场的频率,极化在本质上可以是电子的、原子的、偶极的或界面的。材料的电极化率定义了该材料的复介电常数,通常以复数形式表示,为实际有效介电常数和损耗因子之和。对于单轴或双轴各向异性材料,介电常数为 3×3 复数张量。如果通过材料传播的电磁波衰减则实际有效介电常数和损耗因子都是频率的函数。因此,要了解电介质用作标准参比材料对频率的依赖性行为。极化或材料介质中的电荷分离通过松弛过程在射频和微波区域中得到物理衰减。

在类似于 R－C 梯形集总参数电路中,时间常数分布函数量化了材料的固有弛豫,并可以推导出随着频率变化的介电常数和损耗角正切之间的关系。这个关系可由 Debye 材料(单弛豫)和具有无限宽广的连续分布函数(无弛豫)得出,并且可以适当地使用 ε' 和 ε'' 的测量值来表示一种介电材料中是否存在弛豫时间的一个或多个分布,如果存在,则该分布是对称的。例如,一旦将一种材料归为 Debye 材料,那么只需要对低频和高频复介电常数进行测量,就可以完全表征该材料在所有频率下的特性。

对于单弛豫或无弛豫特征的材料,3.3 节中的分布关系也能揭示有效介电常数的变化,该介电常数随损耗角正切呈线性变化,并且其对数随测量频率变化而变化。这个有效介电常数 — 损耗角正切关系是非常有用的,因为根据这个关系可以确定介电参比材料的频散分布特性,或者能在未获取测量数据的频率下预测材料的介电性能。还可用于确定本征参量在介电腔或波导测量模具中是有效的,识别报告的介电测量差异和错误,以及指示介电损耗材料的吸收频率峰值出现的位置。

对于弛豫时间分布不对称的介电材料,需要推导实际有效介电常数 $\varepsilon'(\omega)$ 和损耗因子 $\varepsilon''(\omega)$ 之间的关系。损耗因子与频率的函数关系式可以由离散介电常数值通过 Hilbert 变换来确定。同样的,实际有效介电常数等于损耗因子的 Hilber 变换加上高频(光学)极限 ε_∞。经过 30 年的发展,量化的 Hilbert 变换结果表明,在偶极弛豫状态下,由损耗因子预测实际有效介电常数或由实际有效介电常数预测损耗因子都具有很高的精度,误差范围小于 2%。因此,在 $0.1 < \omega\tau < 10$ 的范围内获得的离散数据都是正确的,其中 τ 是电介质的主要弛豫时间。Hilbert 变换关系在射频、微波、毫波和红外线频率范围内都是有效的。前提条件是介电材料在存在电场的情况下需要呈线性行为,即介电材料与电场之间具有因果关系(在电场激励之前不会极化),并且其组成在观察时间内不发生改变(例如,有一些多晶型材料的结构会随温度变化而变化)。

Hilbert 变换关系在两个方面对参比材料的表征非常有用:一种是损耗测量(对于低损耗标准参比材料和吸收性材料而言),通常要比实际有效介电常数的不确定度大得多,可以在一定频率范围内使用精确的有效介电常数来测定损耗因子与频率的函数关系;另一种是根据测量数据来预测吸波材料的特性。在寻找介电参比材料时,必须要考虑温度的变化。在测定可能导致体积蠕变现象的软化点或所研究材料的膨胀和收缩特性方面,如果不考虑温度的影响,介电参比材料的膨胀或收缩会导致精密介电测量模具出现严重的气孔误差。因此,介电参比材料的(线性)热膨胀系数应小于 10^{-6} K^{-1}。另外,因为温度会导致不同能量状态材料的极化率或损耗发生根本变化,所以了解复介电常数随温度变化的关系至关重要,特别是在该材料为参考标准材料时。换言之,材料的极化率在给定温度以及随时间变化的电场下,与已知的活化能相关,则可以用于预测该材料介电行为随温度变化的函数。为了实现这一点,需考虑电介质的基本偶极子的双稳态模型,该模型的分子结构可以通过定义明确的永久偶极矩来表征。考虑到电荷在双电势阱的跳跃可能导致介电材料分散的行为与绝对温度、频率、活化能和材料的偶极极化率的关系,随温度变化的弛豫时间遵循 Boltzmann 定律,并在微分方程中,介电体的偶极极化随温度的变化与 Debye 电介质偶极化随所施加的电场频率的变化具有相似性。对于温度对介电特性的影响,在 3.3.5 节中给出的推导仅限于忽略偶极子相互作用的关系,并且满足 $pE \ll kT$(非超导态)的条件,其中 p 为偶极矩,E 为施加的电场,k 为 Boltzmann 常数,T 为绝对温度。

由温度决定的介电材料的色散效应可以使用双稳态模型进一步研究。对于温度和频率的不同组合,可以在给定温度和频率下预期相同材料介电性能。然而,双稳态模型的局限性在于针对单个分子偶极的相互作用以及温度域(特别是在临界超导状态附近)仍有待确定。过去,介电参比样品的均匀性可以通过多次测试相同材料来确定,并将测量结果与不同模具的结果进行比较。通常为了修正实际模具偏离理想理论模型而引起的误差,需要对介电测量数据进行校正。更重要的是,要能够从模具测量的不准确性中区分出候选参考材料的均匀性偏差。均匀性念头的检测要这种方法使用有效散射电流,样品的几何形状、测量模具的外加电场结构和激发频率都是任意的。可以将被测介电样品视为电偶极子的叠加,并且样品外部任意点的总电场为样品外加电场的总和加上张量 Green 函数的卷积积分,以此定义为样品的散射电流。卷积积分仅为样本体积上的积分,其中 ε'、ε'' 的空间分布是任意的。确定在任何频率和任何采样点的复介电常数方程是第二 Fredholm 积分方程。如果被测介电样品的损耗很低,则可以用 Born 近似值(样品中的场大约等于入射场)来确定介电常数分布。当样品损耗很高时,可以用迭代 Born 近似值来解出复介电常数。不均匀样品不在腔体或波导装置呈轴向居中,或者样品周围存在不均匀的气隙时,可以用相同的分析方式对数据进行校正。同样,圆柱波导或轴向非正交端板偏心对谐振模具的影响可以用相同方程来确定。

2. 理想介电参比材料

理想介电参比材料的主要特征之一是复数介电常数在所有方向上都相同,或者说是电学各向同性的。各向同性的条件是该材料不具有晶格结构(或为非晶态),为隐晶(例如熔融石英)或具有等轴测系统的晶格结构。类似地,四方和六方晶系的材料本质上是单轴各向异性的,而正交、单斜和三斜晶系的材料则是双轴各向异性的。根据分子晶格结构的知识选择参比材料,就其各个方向的电性能而言,本质上是各向同性或有明确定义的各向异性。这一点很重要,因为在分子水平上具有相同晶格结构的无机物质也具有相同方向的介电性能。具有类似分子式且阳离子和阴离子相对大小相似的物质通常具有密切相关的晶格结构,一般称两者为同晶型物质。属于等距晶格结构系统的同晶型物将具有与参比材料或参考标准相同的各向同性特征。但是,由于不同晶型化合物的原子量和诱导偶极矩不同,所以同晶型材料不显示出相同的复极化率。

在不提及多态性的情况下,任何对参比材料的介电各向同性或各向异性的讨论都是不完整的。多态性是分子晶体结构而并非仅由化学组成决定的一种表达,以相同比例存在的原子或离子结构通常不止一种。从一种多晶型物到另一种多晶型物在很大程度上取决于温度和压力条件,并且这一多晶变化过程可能是可逆的,也可能是不可逆的。例如,干石英在不同温度和压力条件下具有等距、六方或三方的晶格结构。此处的重点是强调参比材料最好不要在小温度范围内是多晶型的。

目前,使用的介电体大多是各向异性的,因此必须采用一种"伪各向同性"来描述它们。例如,氧化铝(刚玉)是赤铁矿族的同晶型,被广泛用作高频的基材(由于其高的有效介电常数、低的介电损耗以及在化学、真空或热处理时的惰性),具备固有单轴各向异性的晶格结构。通过将细刚玉颗粒在高压和高温下烧结,微晶各向异性在陶瓷基板中被"平均化"。但是,这样做会使得微带传输线产品的表面光洁度下降,造成微带传输线产品的衰减。

参考材料的次要特性,例如可加工性、化学惰性和吸湿性也是重要的考虑因素。材料的可加工性取决于其硬度和韧性。硬度和晶格结构存在几种关系,首先,原子或离子的化合价或电荷越大,硬度越大;其次,原子或离子越小,硬度越大;最后,原子或离子的堆积密度越大,硬度越大。介电参比材料的莫氏硬度至少为 $5^{1/2}$。无机化合物的机械硬度与化学成分之间的相关关系使得无水氧化物和硅酸盐作为候选参比材料(与碳酸盐、硫酸盐、磷酸盐或硫化物相对)。由于大多数无机化合物是脆性的,这允许化合物在一定程度上具有可熔性,因此要牺牲可加工性。参比材料可能具有韧性,但其韧性表现为脆性且有弹性。因为可湿性材料会影响电性能测量,因此,理想介电参比材料要具有疏液性。如以共价键相连的固体(例如金刚石),并且具有化学惰性。此外,许多有机材料,如聚四氟乙烯或聚苯乙烯等也是疏液的。通常,具有离子键的材料是亲液性(可湿性)的,大多数有机物由于温度膨胀系数以及电离辐射发生变质退化等因素,必须在可加工性、润湿性以及可能的分散性等次要特征上做折中,尽可能地强调材料的电学线性、均匀性和各向同性。

对固体绝缘材料进行的许多介电测量,通常使用平行板电容器、透射反射和短路线以及空腔谐振器,汇总材料的成分、温度、实际有效介电常数、损耗角正切、线性热膨胀系数、软化点和吸湿率的数据。除钛酸钡外,所有材料都是低损耗的,并且在测量频率范围内弛豫可忽略不计。

本书总结了与极化机理以及频率和温度相关弛豫过程有关的基本电磁特性。由于非均质材料会导致电磁场分量的复杂耦合,而电磁场分量的介电特性是由电磁场分量定义的,因此提出了一种用于分析测量模具中不均匀性影响的方法,建议对具有空间差异的样品复介电常数进行测定。另外,用化学晶格物理学强调了各向同性和单轴或双轴各向异性的基本电磁概念。所有考虑因素以及测量数据均可用于选择合适的介电参比材料。

此外,对于宽带介电计量学的发展以及电磁场中材料介电性能的理解,还有许多值得进一步研究的领域。总结如下:

(1)测定介电同晶型的频率和温度依赖特性,并将宏观测量的介电性能与可计算的原子或分子极化率相联系。

(2)确定表现出 Debye 和非 Debye 弛豫机制的有损耗介电材料的实际有效介电常数和损耗角正切之间的有效性关系。可以由低频测量的特性(一种典型的计量问题)出发,预测高频(非过渡态)介电特性。显然,介电计量学的宽带学将是这项工作的一部分。

(3)研究离子键固体材料的频率依赖分布和温度依赖分布的介电当量。如果可能,可将这些性质与高温超导体的晶格结构相关联。

(4)国际上大多数介电测量都使用单独的样品来预先检查参比材料的均质性。但是,关于介电均匀性的假设总是受制于制造工艺的不可更改性。此外,由于大多计量技术都涉及解决电磁边界值问题,因此,必须精确加工样品几何形状,使其落在正交坐标系的理想表面内。这确保了复介电常数计算中电磁场分量的可分离性,以及极化场的分量。在这种情况下,介电材料的表征取决于测量模具与样品的几何形状的精度(与衰减、阻抗等的实际测量相反),这也是人们所不希望的。原则上,只要已知(测量)激发源的场和接收探针的系统特性,就可以撇开介电材料的几何形状来表征介电材料的空间均质性。介电计量学的基本问题是要检查在很宽的频率范围内可以在指定的源场中测量不均匀介电体介电性能的精度。

(5)本质上,各向异性的介电材料通常在高温下熔融或烧结形成宏观的"伪各向同性",这受制于专有的制备过程,质量的控制尚不确定。需要研究一般电磁场与单轴各向异性或双轴各向异性材料相互作用的计量学问题,以便弄清何时可以确定各向异性的主要方向,在精心控制的条件下介电各向异性的性质是否取决于电磁场行为,以及如何最好地实施实验室测量。

（6）现有介电计量技术误差预算都需要在广泛的温度和频率范围内开发。印刷电路贴片天线使用的介电基板必须在 $3\sim30\,GHz$ 带宽上具有 ±0.01 的实际有效介电常数,以免相位误差大于 $2°$（多元件天线阵列的相位误差通常可以测量为 $0.1°$）。这意味着介电测量应精确到 $\pm0.5\%$,实际应用中,很难达到如此高的精度,必须对特定测量技术的误差预算进行适当的量化。

本章参考文献

[1] 刘顺华,刘军民,董星龙.电磁波屏蔽及吸波材料[M].北京:化学工业出版社,2007.

[2] 郭瑞萍.国外陆军隐身技术发展动向[J].国外兵器动态,2000(4):1-4.

[3] 毕松,苏勋家,侯根良,等.涂覆型雷达/红外复合隐身材料研究现状[J].化工新型材料,2006,34(3):8-11.

[4] 李金偏,陈康华,范令强,等.雷达吸波材料的研究进展[J].功能材料,2005,36(8):1151-1154.

[5] 杨尚林,王俊,郑卫,等.结构吸波材料的设计与性能预报[J].哈尔滨工程大学学报.2003,24(5):544-547.

[6] 王智慧,骆武,夏志东,等.化学镀层与涂层复合多层结构雷达波吸收性能研究[J].兵器材料科学与工程,2006,29(1):61-64.

[7] 刘晓彤,曾元松,韦国科,等.SiO_2 包覆羰基铁粉电磁特性及吸波性能研究[J].航空制造技术,2019,62(22):82-87

[8] 景红霞.低频段复合吸波材料的制备及电磁性能研究[D].太原:中北大学,2013.

[9] 郭迎辉,蒲明博,马晓亮,等.电磁超构材料色散调控研究进展[J].光电工程,2017,44(1):3-22,124.

[10] 江冰,方岱宁,黄克智.考虑基体黏弹性与介电弛豫的铁电复合材料的本构模型:Ⅰ.理论[J].中国科学(A辑),1999(11):3-5.

[11] 王丽娜.小分子液体相变过程的理论与实验研究[D].南京:南京大学,2019.

[12] 李先浪.基于电介质响应法的油纸绝缘微水扩散特性研究[D].成都:西南交通大学,2014.

[13] 田衎,贺岩涛,张翬,等.环境标准样品均匀性检验数据漂移校正方法探讨[J].岩矿测试,2020,39(3):425-433.

[14] 徐微,李文忠,杨旭.能力验证样品的均匀性和稳定性评价[J].中国人造板,2020,27(4):33-36.

[15] 黎义,李建保,何小瓦.采用谐振腔法研究透波材料的高温介电性能[J].红外与毫米波学报,2004(2):157-160.

[16] 张卫珂,张敏,尹衍升,等.材料的压电性及压电陶瓷的应用[J].现代技术陶瓷,2005(1):38-41.

[17] 申俊峰,罗军燕.神奇的矿物热电性[J].矿物岩石地球化学通报,2019,38(4):870.

［18］郭瑞生，魏强兵，吴杨，等.材料表面润湿性调控及减阻性能研究［J］.摩擦学学报，
　　　2015，35(1)：23-30.

［19］薛健.压力对固体表面润湿性的影响研究［D］.南京：南京大学，2014.

［20］叶笃毅，王德俊，童小燕，等.一种基于材料韧性耗散分析的疲劳损伤定量新方法
　　　［J］.实验力学，1999(1)：3-5.

［21］李克艳，薛冬峰.从原子到晶体的材料硬度研究［J］.科学通报，2008(18)：
　　　2186-2190.

［22］杨兴旺.非线性磁电耦合分析的有限元法及其应用［D］.杭州：浙江大学，2017.

第 4 章　吸波材料设计基础

根据吸收机理,吸波剂可以分为三类:电阻型吸波剂、电介质吸波剂、磁性吸波剂。电阻型吸波剂主要是通过与电磁波的相互作用实现电磁波的有效吸收,其吸收率主要取决于材料的电导率和介电常数;电阻型吸波剂一般由炭黑(CB)、金属粉末与碳化硅组成。电介质吸波剂主要是通过介电材料中的弛豫现象将电磁波损耗掉,如钛酸钡和铁电陶瓷等。磁性吸波剂的作用主要来自谐振和磁滞损耗,如铁氧体和羰基铁。此外,含有高能粒子的放射性同位素的吸波涂层也可以通过电离附近的空气来衰减电磁波;但是,放射性同位素在实际应用中还存在许多困难需要克服,如工艺控制复杂、成本高等。

传统吸波材料最重要的特性是具有高的吸波性能。但对于新型吸波材料而言要求更为严格,如厚度更薄、质量更轻、吸收频带更宽以及强度更高。吸波剂的发展极大地影响了吸波材料的发展。因此,吸波剂对于吸波材料的发展具有非常重要的意义。

随着现代科学技术的发展,各种结构新材料不断涌现,为新型吸波材料的研制提供了有力的保证。目前新型吸波剂的研究领域主要有纳米材料、手性材料和导电高分子材料等。

4.1　吸波性能的表征

正确理解和描述吸波剂是研制吸波材料的重要组成部分,也是研究和改善吸波材料性能的物质基础。对研究、生产和材料选择非常重要。

电磁参数包括介电常数与磁导率,这是吸波材料的重要指标。吸波材料需要调整电磁参数来尽可能多地吸收电磁波。从电介质的角度来看,吸波材料在设计时必须充分考虑阻抗匹配特性。介电常数越大,磁导率也越大,吸波材料的性能越好。因此,选择性能最优的材料时,一般要看介电常数与磁导率数值匹配是否最优。

根据传输线理论,对于单层吸波金属背板模型,输入阻抗 Z_{in} 在空气界面可以通过式(4.1) 得出:

$$Z_{in} = \sqrt{\frac{\mu}{\varepsilon} \tanh\left(j\frac{2\pi}{\lambda} d\sqrt{\mu\varepsilon}\right)} \tag{4.1}$$

当 μ 是一个复磁导率($\mu' - j\mu''$) 时,电介质常数可以表述为 $\varepsilon(\varepsilon' - j\varepsilon'')$。

当入射波垂直入射到吸波材料中,反射损失 R 可以表述为

$$R = \frac{Z-1}{Z+1} \tag{4.2}$$

传播常数可以用 γ 表示为

$$\gamma = \alpha + j\beta = j\frac{2\pi f}{c}\sqrt{\varepsilon\mu} \tag{4.3}$$

$$\alpha = \frac{\pi f}{c}(\mu'\varepsilon')^{0.5} \cdot$$

$$\{2[\tan\delta_\varepsilon \tan\delta_m - 1 + (1 + \tan\delta_\varepsilon \tan\delta_\varepsilon + \tan\delta_m \tan\delta_m + \tan\delta_\varepsilon \tan\delta_\varepsilon \delta_m)]^{0.5}\}^{0.5}$$

$$(4.4)$$

式中,α、β、c、f 分别为衰减系数、相位系数、光波速率以及光的频率;$\tan\delta_\varepsilon = \varepsilon''/\varepsilon'$ 与 $\tan\delta_\mu = \mu''/\mu'$ 分别为介电损耗与电磁损耗。从式(4.1)～(4.4)可以得出结论:满足阻抗匹配有利于实现电磁波的高效吸收,因此,合理设计界面间阻抗匹配是非常有必要的。

电磁参数的确认方法主要有两种,一种是理论计算法,另一种是直接测量法。计算电磁参数的方法一般也有两种,一种是直接计算法,另一种是间接计算法。直接计算法是根据吸波剂在电磁场中的极化强度和电场强度来估算电磁参数。间接计算主要通过透射法、反射法、多态法以及多厚度法来估算电磁参数。透射/反射法一般用于测量样品的波导和同轴电缆的 S 参数,之后再根据相关公式计算复介电常数 ε 与复磁导率常数 μ。由于计算 S_{11} 和 S_{21} 的振幅以及相位非常困难,所以需要改变样品的形态以及薄厚来反复测量性能指标,从而得到复介电常数及复磁导率常数。

直接测量法有两种,一种是把吸波剂与黏合剂制成涂层或有一定厚度的块状材料,测试性能从而获得 ε 与 μ 值,测量的参数实际上是复介电常数及复磁导率,因此,材料的质量、混合比例以及尺寸大小应保持一致;另一种方法是测量吸收剂的电磁参数 ε 和 μ。对于粉末状材料,ε 与 μ 是最直观表征吸波材料性能的方法,因此,需要准备一个长方体状的波导,波导的两端用高透射材料薄片密封,形成一个矩形空腔,把粉末状的吸波剂填入空腔内,反复压实,随后测试吸波剂的复介电常数和复磁导率。

为了获取吸波材料的电磁参数与吸波剂体积的百分比之间的精确关系,需要总结相关的表达式。此处假设 μ'、μ''、ε'、ε'' 为吸波材料的电磁参数;μ_1'、μ_1''、ε_1'、ε_1'' 为吸波剂的电磁参数;ε_g'、ε_g'' 为基体的介电常数;V_1 与 V_g 分别为吸波剂与基质的体积百分数;f 为工作频率,上述参数之间没有任何的依赖关系。

$$\begin{cases} \mu' = f_1(\mu_1', V_1, f) \\ \mu'' = f_2(\mu_1'', V_1, f) \\ \varepsilon' = f_3(\varepsilon_1', \varepsilon_g', V_1, V_g, f) \\ \varepsilon'' = f_4(\varepsilon_1'', \varepsilon_g'', V_1, V_g, f) \end{cases}$$

$$(4.5)$$

式中,μ_1'、μ_1''、ε_1'、ε_1'' 表示吸波剂在吸波材料中占 100% 含量时的电磁参数。

吸波剂通常是粉末材料,无法被压缩成薄片材料,因此,μ_1'、μ_1''、ε_1'、ε_1'' 参数无法直接测量。但是可以通过计算的方法得到 V_1 和 V_g 值以及测试 μ_1'、μ_1''、ε'、ε'' 参数与 ε_g'、ε_g'' 参数,不考虑上述公式中参数的显式函数表达式,可以测量不同频率下参数的数值,因此可以通过式(4.5)分别计算出 μ_1'、μ_1''、ε_1'、ε_1''。

然而,由于上述关系式是未知的,所以需要多个样品确定 μ_1'、μ_1''、ε_1'、ε_1'' 的具体参数值。如果给定的函数是正确的,对于一种材料的不同样品得到的 μ_1'、μ_1''、ε_1'、ε_1'' 参数是一致的。实际上,由于测量误差与样品不均匀性误差,这些值是封闭的,少数几个值可能存在较大的差异。在实际处理过程中,需要对偏差较大的值进行剔除,然后计算平均值,将值带入上述方程中,根据方程曲线可以确定 μ_1'、μ_1''、ε_1'、ε_1'' 与 V_1 参数值。在实际实验中,体积分数可以根据各组分的密度和质量的比值来确定。如果吸波剂和基体的密度分别为 ρ_1 与 ρ_g，吸波材料的密度为 ρ_s；基体的介电常数可以写成 $\varepsilon'_g - j\varepsilon''_g$；吸波剂与基质的质量比率分别为 G_1 与 G_g，并且 $G_1 + G_g = 1$。吸波剂、基质以及空气体积的百分数分别用 V_1、V_g、V_k 表示并可以根据式(4.6)计算：

$$
\begin{cases}
V_1 = \rho_s \dfrac{G_1}{\rho_1} \\[2mm]
V_g = \rho_s \dfrac{G_g}{\rho_g} \\[2mm]
V_k = 1 - V_1 - V_g
\end{cases}
\tag{4.6}
$$

在选择吸波剂时要考虑以下因素。

1. 吸波剂的密度

吸波剂的密度包括表观密度、振实密度和真实密度。表观密度是指粉末自由填充指定的标准容器时所得到的密度；如果在填充过程中对容器进行振动使其变紧，则得到的密度称为振实密度；真实密度是指物体的质量与体积之比计算出的密度。对不同密度的吸波剂进行电磁参数测量时往往得到不同的电磁参数值。因此，在表征电磁参数时，需要说明在何种状态下进行表征。此外，吸波剂的密度对电磁波的整个吸收效果有很大影响。在复合材料中，吸波剂的密度是吸波剂的组成百分数。在电磁参数和阻抗匹配的基础上，吸波剂的密度对微波吸收性能存在一个最优值。

2. 吸波剂的颗粒尺寸

吸波剂的粒径对电磁波的吸收性能和吸收频率的选择有很大的影响。当前，吸波剂粒径的选择有两种：首先，吸波剂的粒径趋向于微型化和纳米化，界面极化和多次散射是纳米材料具有微波吸收性能的主要原因；当一个颗粒被细化成纳米颗粒时，由于颗粒的尺寸小，比表面积大，纳米颗粒表面的原子数量多，悬空化学键多，增强了纳米材料的活性，使其吸波性能得到较大提升。其次，不连续的吸波单元，吸波剂在基体细化后的渗滤点出现较早，形成了导电网络，这种结构可以在表面有效地将电磁波进行反射，使电磁波难以进入材料内部。当吸波剂含量控制在渗滤点以下时，不能对电磁波进行充分吸收，因此，吸波材料中应形成不连续的毫米级吸收单元，并尽可能增加各吸收单元中吸收剂的含量。当吸波剂与自由空间阻抗匹配良好时，电磁波可最大限度地进入材料，使吸收带频变宽，从而大幅提高吸波剂的吸收效率。

3. 吸波剂的形状

除了颗粒密度、颗粒尺寸和团聚体状态，吸波剂颗粒的形状无疑对其吸收性能产生重要影响。吸波剂颗粒的形状通过影响材料的电磁参数和散射效应，从而影响吸波材料的吸波性能。吸波剂的主要形状有球形、菱形、片状、针状等。研究结果表明，当粒子以圆盘和针状结构存在时，其吸波性能比其他形状的吸波材料要好得多。

4. 工艺性能

吸波剂一般不单独使用，而是与其他基体材料结合形成某种结构形式。因此，吸波剂应该具备易与其他物质加工结合的特点。为了拓宽吸收带、提高吸波性能，通常采用几种吸收剂复合的方法，主要包括简单混合、涂覆、包覆和改性等。

5.化学稳定性与环境稳定性

吸波剂需要具有良好的化学稳定性和环境稳定性,以保证其在各种极端应用环境下保持性能稳定。吸波剂在制备过程中通常与溶剂或其他材料混合,在制备或使用过程中也不可避免地要使用高温,吸波剂在武器系统中使用时面临包括大气、海水、油污、酸碱等的腐蚀;因此,保持良好的稳定性对吸波剂而言是十分必要的。

综上,在选择吸波剂时,必须充分考虑吸波剂的性能、频带和使用环境等条件。此外,在保证性能的基础上,还应尽可能降低生产成本,实现大批量生产。

4.2 电导率和复介电常数

对于有电气工程背景的读者来说,如果将场方程和宏观的本构关系纳入分析,关于极化机制的频率依赖性的讨论可能会变得更清晰。因此,接下来本书将在介电材料中引入宏观电磁场方程进行研究。

4.2.1 时间－谐波场

假设源和场的时间依赖性为正弦关系,Maxwell 方程的微分性质就变得简单得多,时间的导数意味着角频率乘以 90° 相位移。然而,电气工程师通常使用复向量,因为这样就可以用复标量的代数乘法来代替关于时间的微分。根据 $\exp(j\omega t)$ 随时间变化的规律,ω 为角频率,这说明导数等于时间乘以 $j\omega$。

随着复杂场的引入,材料参数也可能变得复杂。在分析时可进行简化,材料的复介电常数是一个非常有用的概念。当均匀电场作用于这种介质,电荷就开始运动,形成电流。电流密度 J 与电场 E 之间的关系呈线性欧姆定律,有

$$J = \sigma E \tag{4.7}$$

式中,σ 为介质的电导率。

Maxwell 方程为

$$\nabla \times H = J + \frac{\partial D}{\partial t} \tag{4.8}$$

这里存在两个电流项:原始安培定律传导的电流和作为磁通密度时间导数的 Maxwell 位移电流。把电流写成时间谐波场,用电场 E 表示,可以得到

$$J + \frac{\partial D}{\partial t} = \sigma E + j\omega\varepsilon E = j\omega\left(\varepsilon - \frac{j\sigma}{\omega}\right)E \tag{4.9}$$

最终实现了电导率与介电常数的结合,从而可以进一步推导出介电常数,即导电性对其虚部有贡献。

若传导电流与电场同向,则说明电场的能量出现损失,一般来说,如果介电常数是复数,介质是有耗散的,但导电电流并不是唯一的损耗机制。正如 4.1 节讲到的,分子极化机制涉及摩擦,表明电能以热能的形式被损耗,因此,倘若知道某种材料的复介电常数,便可以计算出材料内传播的电磁波衰减值大小。

沿 z 方向传播的平面波具有函数依赖性 $\exp(jkz)$,并且是各向同性的。非磁性材料

的色散方程可以通过式(4.4)得到

$$k^2 = \omega^2 \mu_0 \varepsilon \tag{4.10}$$

当介电常数是复标量时,波呈指数衰减。有

$$\exp(-\left|\mathrm{Im}\{k\}\right|z)$$

这说明在传播距离 $\dfrac{1}{(\omega\sqrt{\mu_0\varepsilon_0}\left|\mathrm{Im}\sqrt{\varepsilon_\tau}\right|)}$ 之后,场的振幅减小到其原始值的 37%,这个距离称为穿透深度。然而,对于耗散材料,介电常数 ε 的虚部和波数 k 均是负数。在实践中,可以通过以下方式分离介电常数的实部和虚部来补偿信号,即

$$\varepsilon = \varepsilon' - \mathrm{j}\varepsilon'' = \varepsilon_0(\varepsilon'_\tau - \mathrm{j}\varepsilon''_\tau) \tag{4.11}$$

式中, ε' 和 ε'' 都是实数。

微波研究中经常使用耗散度量,即损耗正切 $\tan\delta$。由下式定义为

$$\tan\delta = \frac{\varepsilon''_\tau}{\varepsilon'_\tau} \tag{4.12}$$

4.2.2　频散

因为电极化的物理机制很大程度上依赖激发场,所以材料的介电常数依赖于场频率的变化,称此为频散。频散表现在介电常数实部和虚部的角频率的函数中。材料的典型频散曲线表征其各种极化机制,如图 4.1 所示。

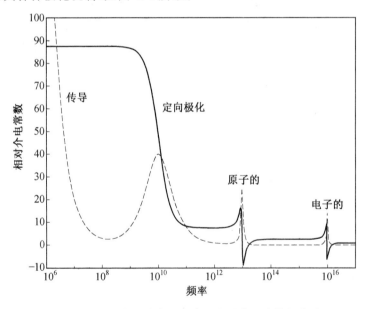

图 4.1　材料实部和虚部的频率和相对介电常数的关系

实部和虚部的频率之间的关系可以准确地表示出来。从因果关系的基本物理原理出发(即物质对电激励的偏振响应不能先于原因),介电常数的实部和虚部必须满足下列Kramers－Kronig 函数关系:

$$\mathrm{Re}\{\varepsilon(\omega)\} = \varepsilon_\infty + \frac{2}{\pi}\mathrm{PV}\int_0^\infty \frac{\omega'\mathrm{Im}\{\varepsilon(\omega')\}}{\omega'^2 - \omega^2}\mathrm{d}\omega' \qquad (4.13)$$

$$\mathrm{Im}\{\varepsilon(\omega)\} = -\frac{2\omega}{\pi}\mathrm{PV}\int_0^\infty \frac{\mathrm{Re}\{\varepsilon(\omega')\} - \varepsilon_\infty}{\omega'^2 - \omega^2}\mathrm{d}\omega' \qquad (4.14)$$

式中,PV 代表主值部分,意味着积分;奇点 $\omega' = \omega$ 是对称排除的。

这些关系与希尔伯特变换相联系,对于分析材料的频散特性起到很多作用。例如,可以通过介电常数实部的宽带测量来收集关于虚部及其频率依赖性的信息。

4.2.3　复电阻率

把电导率与材料介电常数的虚部联系起来是可以颠倒的。比起介电常数,强调欧姆特性的文献并不少见,因为电学特性主要是从导电的角度来看的。如果介质为导体而不是绝缘体,则在式(4.7)中,传导电流项支配位移电流。随后可自然推出电导率与介电常数的虚部以及频率的关系,如式(4.15)所示。在电磁学应用中,定义了复电阻率 ρ 的量为

$$\rho = \frac{1}{\sigma + \mathrm{j}\omega\varepsilon} \qquad (4.15)$$

式中,ρ 被简化为理想导体或直流电流电阻率的倒数,电阻率的单位为 $\Omega \cdot \mathrm{m}$。对于良导体,复电阻率可以近似地写为

$$\rho \approx \frac{1}{\sigma} - \mathrm{j}\frac{\omega\varepsilon''}{\sigma^2} \qquad (4.16)$$

这种有损耗材料电容的特性反映为复电阻率的虚部。

将介电常数或电阻率延续到复数域中(尽管描述不那么严格)对分析材料的介电特性非常有帮助,特别是对非均质材料。正如本书后面将要说明的,混合物的宏观介电常数的混合规则可以用于有损耗的材料,因此介电常数就包含了关于损耗虚部的信息。

4.2.4　高阶偏振机制

目前为止,材料对电激励的响应被认为是线性的、空间局域性的和各向同性的。当物质(原子、分子、导电区)中的极化单元暴露在电场 E 中,产生的电偶极矩 p 与场线性相关时,就会有

$$p = \alpha E \qquad (4.17)$$

材料对电磁场的响应是非常简单的,但材料在电磁场中往往有多种响应方式叠加,从而表现得十分复杂。因此,接下来的章节中将从混合物的观点来讨论,这里简要地介绍一下均匀物质中各种复杂的极化机制。

4.2.5　各向异性和多极矩

各向异性意味着物质的介电响应取决于电场的方向。在各向异性情况下,如果极化率是并矢或张量,则 P 与 E 可保持线性关系。当从电场计算偶极矩分量时,必须使用极化率并矢的展开矩阵。许多电介质都是各向异性的,这可以理解为电介质中微结构的几何效应使得电荷容易在某些方向积累,如果电场矢量指向另一个方向,则可能很难产生

极化。

　　假设物质在宏观上是中性的(或物质上的净电荷为零),静电能量主要来自介质中的偶极矩。然而,偶极矩并不能对物质的极化状态进行完全表征,因为真实材料中的电荷分布往往非常复杂,以至于在可极化单元中产生了更高阶的多极。其中,四极或更多极的静电能量在均匀电场中为零,如果电场在空间上是不恒定的,则多极将贡献能量,这时,必须用电场梯度的分量对电四极进行加权来考虑电四极分量。

　　如果以不完全表征的偶极矩来处理自极化元素组成的物质,那么要特别考虑偶极矩宏观的平均。除了偶极矩的平均值引起的偏振外,宏观磁通密度 D 还包含来自高阶多极的贡献。

　　若物质中包含比偶极子更高阶的多极子,其在方程中的响应要用对偶函数和矩阵的关系来描述。物质结构具有的对称性反映在所有阶的介质张量的性质中。

4.2.6　磁极化的其他极化效应

　　电场在物质中引起电极化,静电场只是电磁学的一部分,电磁学的规律是由 Maxwell 方程所支配的,通常电场和磁场及其效应是耦合的。材料中的磁效应有时很强不能忽略。由于其响应与非磁性对应物是不同的,因此在微波工程应用中,可以利用材料中的磁极化来设计器件。材料的磁极化是由磁矩集中造成的,尽管磁效应的起源是量子力学,但宏观磁矩出现在电流环路中有助于理解物质的磁性。

　　物质是由原子组成的,原子由电子、质子和中子组成,电子围绕着原子核旋转,因为电子带电荷,所以产生了轨道磁矩。但是在磁化过程中,这种"运动"是不必要的,因为自旋的电子会产生额外的磁矩。事实上,原子和物质的磁效应一般并不局限于电子性质。

　　度量材料磁的响应可通过磁化率 χ_m 表示,即平均磁化强度与磁场之间的关系。在电气工程中,一个有用的概念是磁导率,可由磁化率定义为

$$\mu = \mu_0 (1 + \chi_m) \qquad (4.18)$$

式中,μ_0 为真空磁导率,$\mu_0 = 4\pi \times 10^{-7} \ \text{N/A}^2$。

　　材料有两种重要的"非磁性"特性:抗磁性和顺磁性。抗磁性是由于部分轨道的电子磁极化造成的。根据电动力学的 Lenz 定律,感应磁化与磁场的响应方向相反。因此,抗磁材料的磁化率为负值。典型的材料有铜、银和水,磁化率在 $\chi_m \approx -1 \times 10^{-6}$ 数量级。

　　典型的顺磁材料是镁,它的磁化率很小,但却是正数。对于顺磁材料,磁偶极矩的平均取向与入射磁场方向相同。在独立的永磁矩对磁激励有反应的材料中出现顺磁性。然而,由于热运动会使偶极取向随机化,产生的磁化强度仍然非常小,只有在低温下(如液氮),才能观察到 10^{-3} 量级的顺磁磁化率。

　　在材料结构中,相邻磁矩之间存在耦合的材料具有更大的磁性。铁磁性材料是所有磁矩都对齐并且彼此平行的材料,铁磁耦合可以产生非常大的磁极化,在没有外部磁场的情况下,铁磁材料也可能发生自发极化。在某些软磁材料中,磁化率可以达到数千甚至百万数量级。由于铁磁性材料自身的强非线性,其极化率依赖于场幅大小。铁磁耦合被限制在由 Bloch 壁约束的介质中,这一特殊特性以及这种磁性的各向异性和损耗机制是由

材料的畴结构造成的,在壁的后面还有其他磁畴。

反铁磁性材料也有耦合力矩,是反平行的,因此不会形成较大的偏振。对于铁磁材料(铁氧体及其不导电特性在无线电工程中非常重要)而言,磁矩的净密度不会消失,但耦合仍然会导致自发磁化。此外,磁性材料对温度非常敏感,在足够高的温度下,铁磁性和反铁磁性都会消失。因此,对磁和介电有响应的材料,电和磁极化都由电和磁激发,这不仅取决于电场和磁场,还取决于时间和空间导数。然而磁效应的特征在于,时间反转会导致磁场和磁矩反转,而电场和电矩却并非如此。

除磁效应外,电极化现象也可能比线性各向同性或各向异性响应更为复杂。电偶极子的出现不一定只是由于电场和磁场或其派生因素。一般而言,非电因素引起的极化效应幅度比直接效应小得多。下面简要讨论其中的一些原因。

1. 铁电

铁电类似于铁磁性而得名,但铁和其他铁磁材料并不是铁电,事实上很少有铁电材料中含有铁元素。铁电是通过相互作用自发排列的电偶极子,其具有很高的相对介电常数(可以达到 10^3 甚至 10^4)。与铁磁材料不同,铁电性在居里温度以上会消失,典型的例子是 Rochelle 盐和钛酸钡。最近,钛酸钡已作为初始粉末通过烧结而成陶瓷,适用于微波工程。驻极体和永磁体较为类似,是一种末端带有相反极性电荷的物质。由于空气吸引的自由电荷削弱了极化作用,因此驻极体倾向于消除极化,而永久磁铁不会受此影响。

由于在交变电场中绘制的平均极化曲线不是单条曲线而是一个磁滞回线,说明铁电材料畴结构的不可逆性使其电响应依赖于时间而呈非线性。铁电材料的非线性和饱和特性说明在低电场强度下,介电常数比高电场强度下的介电常数大得多。

2. 非线性

材料的非线性在电磁频谱的另一端(可见光频率)也非常重要。在 20 世纪后期,固态物理学和激光技术的进步对物质的非线性特性有了更深入的了解。

非线性材料的本构关系比线性材料还要复杂。电场产生的电极化取决于电场的二阶和更高阶的场功率,极化可以是各向异性的,这主要取决于电场分量的组合。此外,介质对称性可以用于降低非线性材料特性张量的复杂性,例如三阶磁化率张量在中心对称介质中消失,由此可以得出普克尔斯效应,但是,具有四阶本构关系的下一阶非线性(克尔效应)是允许的。从本书的角度来看,由于在间隙和其他尖角附近的几何边界效应,场振幅会出现较大幅度提高,同时混合物的异质结构会大大增强材料的非线性特性,因此需要更加注意。

3. 压电

压电是居里兄弟在 1880 年发现的,即通过在某些方向上进行机械压缩,在某些不对称晶体中产生电场。电气石具有很强的各向异性并显示二向色性,是一个典型的压电案例:从不同轴观察,其颜色不同,因此被标记为直接压电效应。在机电谐振器和换能器中通常利用压电现象,如麦克风和压力传感器。由于机械应力和应变本身是二阶张量,因此与电场和通量密度的关系必须由三阶张量来表示,这就使得压电材料的本构关系比普通各向异性材料更为复杂。

电场作为原因,机械应变作为结果,二者之间的关系可能包含非线性项;此外,物质压缩会造成密度增大,也可能导致介电常数的增加。因此,压电性材料呈非线性。

4. 热电

热电指材料在加热时产生电极化现象。然而,在没有外部电场的情况下,材料也可能表现出极化。热膨胀通过压电效应改变样品的永久力矩,具有极轴的晶体除了压电外,还具有热释电性,这些机制是将各种晶体学点群分类的基础。热电最早于 1824 年在石英中观察到,可以用作温度计中的传感器。若想仔细研究,就必须区分一次和二次热电,电极化可能是温度变化(一次热电)的直接结果,还有可能是间接结果(假热电)。

5. 非局部性

材料响应的另一个重要概念是局部性和非局部性。前面已经讨论了介电极化效应,由于物质的响应总是很慢,因此感应的偶极矩不仅取决于同一时刻的电场,还取决于之前的电场值,这种"暂时非局部"的特性使得介电常数函数取决于频率的大小。此外,时域描述材料的属性在频域具有对应物。

电磁场不仅取决于时间,还取决于三个空间坐标。因此,傅立叶变换函数的通用方法不仅作用于波的频率 ω,也作用于平面波的频谱,对空间变量的依赖性隐藏在波矢 k 的函数中。材料响应就意味着必须将介电常数写为两个傅立叶变量的函数: $\varepsilon = \varepsilon(\omega, k)$。由于频率和波矢是两个独立变量,因此必须区分时间和空间色散。空间色散是指介质的介电极化除了取决于场值外,还取决于空间的场变化;空间色散是一种设计复杂响应人造材料的方法,因此,可以在介质的相邻点产生强制极化,例如可将足够数量的传输线元素混合到局部响应材料的微观结构中。

有关不同类型的极化机制此处并不做过多介绍。人造材料和其他天然材料存在一些现象,如磁致伸缩、压阻、光电以及电流／热磁效应(例如 Hall、Ettingshausen 和 Nernst 效应)。尽管研究者付出了巨大的努力,但是在实际使用中仍然存在一些问题。因此,本书的重点将主要放在由电场和磁场引起的极化。

6. 存在的问题

Kramers － Kronig 式(4.13) ～ (4.14) 可以写成如下形式

$$\mathrm{Re}[\varepsilon(\omega)] = \varepsilon_\infty + \frac{1}{\pi}\mathrm{PV}\int_0^\infty \frac{Im[\varepsilon(\omega')]}{\omega' - \omega}\mathrm{d}\omega' \tag{4.19}$$

$$\mathrm{Im}[\varepsilon(\omega)] = -\frac{1}{\pi}\mathrm{PV}\int_0^\infty \frac{Re[\varepsilon(\omega')] - \varepsilon_\infty}{\omega' - \omega}\mathrm{d}\omega' \tag{4.20}$$

在 $\omega_1 < \omega < \omega_2$ 频率范围内假设材料介电常数虚部为常数 ε'' 而介电常数的实部是分段常数,使用 Kramers － Kronig 关系计算材料介电常数的实部,需绘制作为频率的函数的 ε'、ε'' 曲线。

$$\varepsilon'(\omega) = \varepsilon_0, \quad \omega < \omega_1$$
$$\varepsilon'(\omega) = \varepsilon', \quad \omega_1 < \omega < \omega_2$$
$$\varepsilon'(\omega) = \varepsilon_0, \quad \omega > \omega_1$$

当传导电流密度项与位移电流相关联,介电常数可以描述为复数。尽管具有显著的实际价值,但等离子体介电常数的简单模型可以使用类似的推理得出,即

$$\varepsilon = \varepsilon_0\left(1 - \frac{\omega_p^2}{\omega^2}\right)$$

在推导关系时,假设在真空中带电粒子(带电荷 Q 和数密度 n) 被迫跟随正弦变化的电场移动。设电场变化的角频率为 ω,对带电粒子使用非相对论牛顿定律:$F = ma$,其中 F 为力,m 和 a 为粒子的质量和加速度矢量,ω_p 为等离子的频率。

4.3 经典混合方式

在介绍物质介电行为的基本类型后,将注意力转移到异质介质上。在本章中,首先分析介电混合物的最简单模型:各向同性的介电球体被嵌入各向同性的介电环境中。混合物的两种物质成分有不同的名称:吸波剂和基体。如果以大尺度来看待这种几何形状,即仅对物质求平均,将宏观介电常数与混合物关联起来是很自然的,如果已知这两个组分的介电常数,则可以计算出该物质的介电常数。

因此,基于混合规则,即 Maxwell $-$ Garnett 公式,在后面的章节中,将针对物质的几何形状或材料更加复杂的情况进行推广,以得到简单的混合规则。但是,即使在更复杂的情况下,混合公式的数学形式仍保留下来。接下来,将讨论更复杂的混合原理,其中涉及致密材料与夹杂物的相互作用。

本章首先揭示主要结果,即 Maxwell $-$ Garnett 规则,之后讨论支持该结果的理论有效性和一致性,并引入了一个非常重要的概念:电介质球的极化率。需要特别关注电介质球在均匀电场中的静态问题,原因有两个:首先,极化率是由混合引起的;其次,混合的原理和结构可以转移到由更复杂的材料或形状制成的夹杂物中。

4.3.1 平均场和 Maxwell Garnett 规则

球型吸波剂在基体中的分散示意图如图 4.2 所示,在混合物中介电常数为 ε_i 的球形夹杂物在介电常数为 ε_e 的基体中随机分布。若吸波剂占据的总体积分数为 f,则基体所占的体积分数为 $1 - f$。

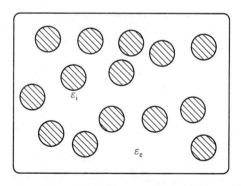

图 4.2 球型吸波剂在基体中的分散示意图

下面计算该混合物的有效宏观介电常数有效值。将 ε_{eff} 定义为(体积)平均场与通量密度之间的关系,即

$$\langle D \rangle = \varepsilon_{\text{eff}} \langle E \rangle \tag{4.21}$$

平均场和通量密度可以通过相应体积分数的场权重给出,即

$$\langle D \rangle = f\varepsilon_i E_i + (1 - f)\varepsilon_e E_e \tag{4.22}$$

$$\langle E \rangle = f E_i + (1 - f) E_e \tag{4.23}$$

假设场 E_e 和 ε_i 是常数,可以写出有效介电常数为

$$\varepsilon_{eff} = \frac{f\varepsilon_i A + \varepsilon_e (1 - f)}{f A + (1 - f)} \tag{4.24}$$

式中,A 为内部场与外部场之间的场比;$E_i = A E_e$。

假设场比为 $A = 3\varepsilon_e / (\varepsilon_i + 2\varepsilon_e)$,则有效介电常数可以写为

$$\varepsilon_{eff} = \varepsilon_e + 3 f\varepsilon_e \frac{\varepsilon_i - \varepsilon_e}{\varepsilon_i + 2\varepsilon_e - f(\varepsilon_i - \varepsilon_e)} \tag{4.25}$$

式(4.25)被称为 Maxwell−Garnett 混合公式。为了证明它的正确性,需要观察电介质球对电场的响应,分析单个球形介电粒子的行为。

要详细分析场的解,需按图 4.3 沿 z 轴定位外部电场 E_e。为了简化分析,将半径为 a 的球面位于球坐标系的原点。

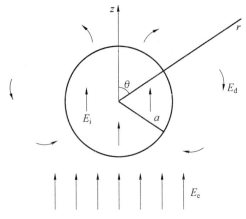

图 4.3　均匀介电球引起的偶极子场扰动示意图

整个场体系可认为由三个场组成,原始的外部均匀场 E_e、内部场 E_i(球体内的总场)以及扰动场 E_d(该基体中球对基体的影响)。那么吸波剂之外($r > a$)的总场为 $E_e + E_d$。

$$E_e = u_z E_e \tag{4.26}$$

$$E_i = u_z \frac{3\varepsilon_e}{\varepsilon_i + 2\varepsilon_e} E_e \tag{4.27}$$

$$E_d = \frac{\varepsilon_i - \varepsilon_e}{\varepsilon_i + 2\varepsilon_e} \left(\frac{a}{r}\right)^3 E_e (2\cos\theta u_r + \sin\theta u_\theta) \tag{4.28}$$

式中,u_z 为沿 z 轴的单位向量,类似地 u_r 和 u_θ 分别为沿 r 和 θ 方向的单位向量。

由于其空间依赖性,场 E_d 也可以称为偶极场,来自偶极子的场衰减与偶极子距离的倒数呈立方关系。

检查式(4.26)～(4.28)解的正确性。静态场解是无卷曲的:$\nabla \times E = 0$,并且很容易看出三个场函数都满足此条件。远离吸波剂($r \gg a$),仅保留场 E_e 时,球的扰动可以忽略不计。满足 $r = a$ 的边界条件,解集是一致的。

首先,总电场的切向分量(沿界面的分量)在界面两侧必须相同,即

$$u_\theta \cdot E_i = u_\theta \cdot (E_e + E_d) \quad (4.29)$$

同样，作为第二边界条件，通量密度的法线分量（垂直于界面的分量）必须在界面上连续。因为通量密度是介电常数乘以电场，必须满足以下条件：

$$u_r \cdot \varepsilon_i E_i = u_r \cdot \varepsilon_e (E_e + E_d) \quad (4.30)$$

通过观察 $u_\theta \cdot u_z = -\sin\theta$ 和 $u_r \cdot u_z = -\cos\theta$ 可以看出，两个边界条件都满足 $r=a$。

综合上述过程，可以证明式（4.26）～（4.28）的正确性，并且场比率的预期结果是合理的。

$$A = \frac{|E_i|}{|E_e|} = \frac{3\varepsilon_e}{\varepsilon_i + 2\varepsilon_e} \quad (4.31)$$

4.3.2 极化率和偶极矩

假设空间均匀的电场 E_e 分布在介电常数为 ε_e 的均匀空间。在这种无限的背景下引入异物，因此，原始情况由于这种不均匀性而发生变化，不均匀性附近的场将受到干扰。尤其是在粒子内部，在同一个点处的电场与不存在粒子时的扰动值完全不同。

如果仅考虑粒子外的场，则可以用一个等效问题代替：整个空间再次充满介电数为 ε_e 的物质，但现在并非是不均匀的，而是存在一个电偶极子源。偶极矩 p 与外部场呈线性关系，其系数称为极化率，用符号 α 表示，即

$$p = \alpha E_e \quad (4.32)$$

因此，夹杂物的可极化性是其对电场响应的最简单度量。极化率是一个重要的概念，在本章和后续章节中都将使用。

对于均匀球体，极化率很容易计算。偶极矩与吸波剂内的内部电场，其体积及吸波剂与基体之间的介电对比度成正比：

$$p = \int (\varepsilon_i - \varepsilon_e) E_i dV \quad (4.33)$$

注意，极化是指介电常数为 ε_e 的基体，不必在真空环境中。这种定义的优点是易于处理具有任意介电常数吸波剂的混合物。

因为吸波剂和基体之间的介电比仅在球体体积内不为零，所以积分仅限于该体积。对于内部场 E_i，是球体在均匀且静态的外部场 E_e 中感应产生的，是均匀的、静态且平行于外部场的：

$$E_i = \frac{3\varepsilon_e}{\varepsilon_i + 2\varepsilon_e} E_e \quad (4.34)$$

那么，偶极矩可以写成如下形式：

$$p = (\varepsilon_i - \varepsilon_e) \frac{3\varepsilon_e}{\varepsilon_i + 2\varepsilon_e} E_e V = 4\pi a^3 \varepsilon_e \frac{\varepsilon_i - \varepsilon_e}{\varepsilon_i + 2\varepsilon_e} E_e \quad (4.35)$$

可以得出极化率为

$$\alpha = V(\varepsilon_i - \varepsilon_e) \frac{3\varepsilon_e}{\varepsilon_i + 2\varepsilon_e} \quad (4.36)$$

式中，ε_i 和 ε_e 为吸波剂的介电常数及其基体，V 为球的体积。

注意，极化率是标量。因为吸波剂是各向同性的，并且形状是球对称的，所以介电各

向同性意味着介质的响应并不取决于电场的方向,仅取决于其幅度。

4.3.3 外部法解偶极矩

通过对基体极化密度的整个区域积分,可计算出介电球的偶极矩和极化率,即式(4.36)。这种求解 α 的方法称为内部法。

此外,还可以用外部法,即式(4.35)的结果可以通过散射体外部的场得出。在介电常数为 ε_e 的均质各向同性环境中,偶数矩为 $p=u_z p$ 的静态偶极子会产生偶极子场:

$$E_d = -\nabla \frac{p \cdot r}{4\pi\varepsilon_e r^2} = -\nabla \frac{p\cos\theta}{4\pi\varepsilon_e r^2} \tag{4.37}$$

式中,$\dfrac{p \cdot r}{4\pi\varepsilon_e r^2}$ 为静态偶极子的标量电势。

注意:当分母的介电常数为 ε_e 时,该偶极子会在环境材料(不一定是真空)中产生场。对式(4.33)和式(4.37)的比较可以提供式(4.35)振幅的偶极矩。

通过内部法和外部法两种方法来推导介电球的偶极矩看起来可能作用不大,并且在各向同性情况下,相关的代数计算并不复杂。但是,从概念上区分外部法和内部法是很有用的。内部法适合各向同性的吸波剂,偶极矩可以用内部法直接表述。当问题涉及更复杂的吸波剂(例如,各向异性或异质颗粒)时,内部场可能变得不均匀,并且积分不再减小为与颗粒体积的乘积。此时,采用外部法研究围绕吸波剂的偶极子场的空间依赖性和振幅会更加有利。

4.4 球形夹杂混合物

在理解单一散射体极化能力的相关知识后,可以解决含有包裹物的混合物问题。混合物均匀化的思想是,用平均电极化的偶极矩代替散射体。Clausius − Mossotti 关系给出了混合物的有效介电常数与极化率的函数,而 Maxwell−Garnett 公式则用包裹体的明确材料参数代替极化率。

4.4.1 Clausius − Mossotti 关系

若已知单个球体的极化率(式(4.36)),那么许多此类球体嵌入背景介质的混合物,其有效介电常数就能够被计算出来。如图 4.2 所示的异质材料,用球数密度 n 来描述包裹物存在状态的物理量,单位为 m^{-3}。

如何定义这种非均匀样品的有效或宏观介电常数呢?换句话说,如何用图 4.4 中的介质替换图 4.2 中的介质呢?

确定混合物有效介电常数的经典方法是遵循介电材料的本构关系,也就是电场 E 和磁通密度 D 之间的关系。取两者的平均值,可以根据式(4.21)定义有效介电常数为

$$\langle D \rangle = \varepsilon_{eff}\langle E \rangle = \varepsilon_e\langle E \rangle + \langle P \rangle \tag{4.38}$$

式中,函数 $f(r)$ 为体积上的空间平均值,则

$$\langle f \rangle = \frac{1}{V_{mix}} \int_{V_{mix}} f(r)\,dV \tag{4.39}$$

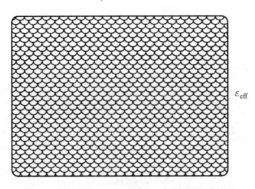

图 4.4 非均匀介质样品的有效介质描述

混合物诱导的平均电极化密度 $\langle P \rangle$ 与混合物的偶极矩密度有关,即

$$\langle P \rangle = n p_{\text{mix}} \tag{4.40}$$

式中,p_{mix} 为混合物中单个包裹体的偶极矩,通常与先前在自由环境中计算的偶极矩 p 不同。

这里假设所有偶极矩的强度相等;n 为偶极子的数密度。

参量单位分别为 $[D] = [P] = \text{As/m}^2$,$[p_{\text{mix}}] = [p] = \text{Asm}$,$[E_e] = \text{V/m}$,$[n] = \text{m}^{-3}$,$[\alpha] = \text{Asm}^2/\text{V}$。

下一步是建立平均极化密度与平均电场的关系。虽然知道单个粒子的偶极矩和外场之间的关系,但由于相邻和混合粒子的随机性,情况变得更为复杂。因此,在混合物中,特别是稠密的混合物,不能假设激发场中的包裹体与分析的包裹体相同。

在计算激发混合物中给定夹杂场的方法时,夹杂都被混合物的平均极化所代替,将激发电场视为具有夹杂形状的虚拟空腔中的局部电场。球形空腔在偏振场(平均极化率 $\langle P \rangle$)中的场 E_L 分布如图 4.5 所示。

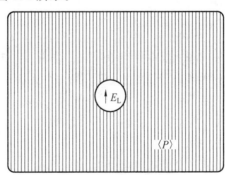

图 4.5 球形空腔在偏振场(平均极化率 $\langle P \rangle$)中的场 E_L 分布

现在可以计算出周围的极化对场的贡献,从而增加外平均场的振幅,它取决于空腔的形状,对于球形为

$$E_L = \langle E \rangle + \frac{1}{3\varepsilon_e} \langle P \rangle \tag{4.41}$$

式中,$1/3$ 为球的去极化因子。

由于激发场大于平均场,混合偶极矩 p_{mix} 也大于自由环境偶极矩 p,因为偶极矩和场

之间的极化率 α 保持相同,即

$$p_{\mathrm{mix}} = \alpha E_{\mathrm{L}} \tag{4.42}$$

结合方程,得到平均极化 $\langle P \rangle = n\alpha E_{\mathrm{L}}$,然后可以写出有效介电常数(式(4.52))为

$$\varepsilon_{\mathrm{eff}} = \varepsilon_{\mathrm{e}} + \frac{n\alpha}{1 - \dfrac{n\alpha}{3\varepsilon_{\mathrm{e}}}} \tag{4.43}$$

式(4.43)也可以写为

$$\frac{\varepsilon_{\mathrm{eff}} - \varepsilon_{\mathrm{e}}}{\varepsilon_{\mathrm{eff}} + 2\varepsilon_{\mathrm{e}}} = \frac{n\alpha}{3\varepsilon_{\mathrm{e}}} \tag{4.44}$$

式(4.44)为 Clausius—Mossotti 公式,也被称为 Lorenz—Lorentz 公式。

如果夹杂的密度很小,则混合物是稀浓度的。那么 Clausius—Mossotti 公式可以通过取 n 很小时的极限来改写,即

$$\varepsilon_{\mathrm{eff}} \approx \varepsilon_{\mathrm{e}} + n\alpha \tag{4.45}$$

注意:式(4.45)的近似值相当于使用平均场 $\langle E \rangle$ 而不是局部场 E_{L} 来计算诱导偶极矩,由此 $p_{\mathrm{mix}} = p = \alpha\langle E \rangle$。

4.4.2 Maxwell—Garnett 混合定律

Clausius—Mossotti/Lorenz—Lorentz 公式包含物质分子相关的微观量,如极化率和散射密度。然而,对于宏观工程应用来说,在使用时不是很方便;因此,最好使用混合物组分的介电常数进行计算。为了达到这个目的,Clausius—Mossotti 公式(式(4.44))和极化表达式(式(4.40))的组合如下:

$$\frac{\varepsilon_{\mathrm{eff}} - \varepsilon_{\mathrm{e}}}{\varepsilon_{\mathrm{eff}} + 2\varepsilon_{\mathrm{e}}} = f\frac{\varepsilon_{\mathrm{i}} - \varepsilon_{\mathrm{e}}}{\varepsilon_{\mathrm{i}} + 2\varepsilon_{\mathrm{e}}} \tag{4.46}$$

式中,f 为无量纲量,是混合物中夹杂物的体积分数,$f = nV$。

与 Clausius—Mossotti 公式比较,Rayleigh 方程不包含单散射体的信息。只有客体相的体积分数和介电常数。事实上,在使用 Rayleigh 方程时,只要这些球体(包括最大的球体)与工作场的波长相比很小,就可以放宽混合物中球体大小相同的假设。

Maxwell—Garnett(麦克斯韦—加内特)混合公式适用于式(4.46)的简单代数。根据混合方程,混合物的有效介电常数 $\varepsilon_{\mathrm{eff}}$ 遵循以下规则:

这与第 3.1 节遇到的情况一样,式(4.25)在很多领域中都得到了广泛应用。Maxwell—Garnett 混合公式的优点在于其简单的外观和广泛的适用性,相对于 ε_{e},有效介电常数仅由两个参数确定,即相对于背景的夹杂介电常数 $\varepsilon_{\mathrm{i}}/\varepsilon_{\mathrm{e}}$ 和夹杂的体积分数 f:

$$\frac{\varepsilon_{\mathrm{eff}}}{\varepsilon_{\mathrm{e}}} = 1 + 3f\frac{\dfrac{\varepsilon_{\mathrm{i}}}{\varepsilon_{\mathrm{e}}} - 1}{\dfrac{\varepsilon_{\mathrm{i}}}{\varepsilon_{\mathrm{e}}} + 2 - f\left(\dfrac{\varepsilon_{\mathrm{i}}}{\varepsilon_{\mathrm{e}}} - 1\right)} \tag{4.47}$$

Maxwell—Garnett 混合公式满足夹杂相消失的极限过程,即 $f \to 0$ 时

$$\varepsilon_{\mathrm{eff}} \to \varepsilon_{\mathrm{e}} \tag{4.48}$$

以及宿主媒介消失的极限过程,即 $f \to 1$

$$\epsilon_{\text{eff}} \to \epsilon_i \tag{4.49}$$

极限($f \to 1$)是一个理想的情况,由于空间不能充满单分散的球体,所以高体积分数可能很难与图 4.2 的模型联系起来,因此,对于 Maxwell—Garnett 混合公式来说,$f \to 1$ 的情况是不存在的,其适用性普遍受到质疑。然而,从几何上来说,通过使用较小的球体来填充大球体之间的孔隙,可以利用客体相来实现空间的完全填充,连续的分形填充过程导致宿主相无限趋近于消失。

Maxwell—Garnett 混合公式(4.46)的微扰展开式给出了稀混合物的混合方程($f \ll 1$),即

$$\epsilon_{\text{eff}} \approx \epsilon_e + 3 f \epsilon_e \frac{\epsilon_i - \epsilon_e}{\epsilon_i + 2\epsilon_e} \tag{4.50}$$

介电常数为 ϵ_i 的球形夹杂混合物的磁化率预测如图 4.6 所示。给出的磁化率为

$$\frac{\epsilon_{\text{eff}} - \epsilon_e}{\epsilon_i - \epsilon_e}$$

它在 $f=0$ 时消失,在 $f=1$ 时统一,独立于包覆体与背景的对比度。图中清楚地显示了这样一个事实:介质比大时,有效介电常数成为体积分数的非线性的函数。这意味着从背景值增加混合物的介电常数的相对效应对于“弱”介电球比“强”介电球更强。

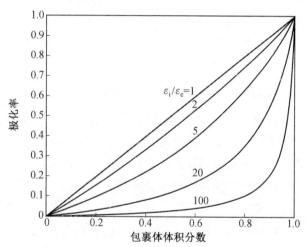

图 4.6　介电常数为 ϵ_i 的球形夹杂混合物的磁化率预测

相间的介电比也可能相反:如图 4.7 比较了两相混合物的相对等效介电常数,其中一相为空气(ϵ_0),另一相的介电常数为 $20\epsilon_0$。

如果混合物的几何结构是对称的,图 4.7 中的两条曲线应在对应于体积分数为 50% 的点处相交。然而,由于混合物的几何结构大多是非对称的,即主客体对有效介电常数的贡献并不相等,因此,Maxwell—Garnett 混合公式是不适用的。

1. 晶体中空腔的形状

前文对 Maxwell—Garnett 混合公式的推导是将混合物视为流体。假设混合物没有规则的晶格,包裹体在环境中随机分布,对于给定形状的夹杂物,从以下两个方面进行分析:首先,极化率是由内部电场决定的,这取决于包裹体的形状;其次,作用在球形空腔内

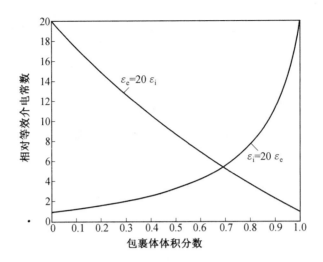

图 4.7 两相混合物的相对等效介电常数

的局部场也取决于产生偶极矩的虚拟空腔。

当计算固态晶体内局部电场时,必须考虑电场腔的形状,这不一定是球体,可能是平行六面体,在特殊情况下也可能是立方体。由于立方体的对称性,可根据类似球形腔的公式来计算局部场。然而,对于不同形式的对称腔,局部场也可能不同。

如果外部电场 E 作用于物质,产生均匀的极化 P,并且在极化物质中存在空穴,那么空穴场也可以称为局部场,可以用去极化并矢 $\bar{L}$ 计算,即

$$E_L = E + \frac{1}{\varepsilon_0} \bar{L} \cdot P \tag{4.51}$$

通常,多维数据集中很难计算,需要数值解。然而,如果只考虑中心点的场,去极化并矢将是单位并矢的 1/3;而局部场与球体相同,为球面排斥体积分析立方晶格提供了基础。然而,在立方情况下必须将局部场点固定在包裹体的中心;对于球形空腔,由于去极化并矢与场点位置无关,所以场在任何地方都是相同的。

2. 混合物分析 Q_2 函数

前面分析混合物得出的公式,以类似形式出现的差与和的商常被用来定义一个有理关系的函数,有助于简化混合关系。因此,把下面的关系称为 Q_2 函数:

$$Q_2(x) = \frac{1-x}{1+2x} \tag{4.52}$$

式(4.52)是一个双线性形式,意味着当 Q_2 对一个复杂的参数进行运算时,会保持循环。Q_2 函数一个很重要的性质是其本身的逆,即

$$Q_2(Q_2(x)) = x \rightarrow Q_2^{-1}(x) = Q_2(x) \tag{4.53}$$

这个性质对于解决与 Maxwell—Garnett 混合公式和其他混合规则有关的问题意义很大。此外,Q_2 函数的其他属性包括 $Q_2(1)=0$ 及 $Q_2(\infty)=Q_2(-\infty)=-\frac{1}{2}$。图 4.8 为 Q_2 函数的行为。

利用 Q_2 函数关系,Maxwell—Garnett 混合公式可以写成如下形式:

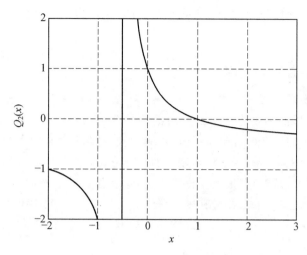

图 4.8 Q_2 函数的行为

$$Q_2\frac{\varepsilon_e}{\varepsilon_{eff}} = f\,Q_2\frac{\varepsilon_e}{\varepsilon_i} \tag{4.54}$$

此外,利用 Q_2 函数的逆性质,也可以看出有效介电常数遵循以下规律:

$$\varepsilon_{eff} = \frac{\varepsilon_e}{Q_2\left(f\,Q_2\dfrac{\varepsilon_e}{\varepsilon_i}\right)} \tag{4.55}$$

但很明显,夹杂介电常数遵循类似的规则,即

$$\varepsilon_i = \frac{\varepsilon_e}{Q_2\left[(1-f)\,Q_2\dfrac{\varepsilon_e}{\varepsilon_{eff}}\right]} \tag{4.56}$$

这种关系在反演问题中是很有用的。因为在反演问题中,宏观特性是已知的(例如在复合材料设计问题中)或可测量的(例如在遥感应用中),元件的介电常数也是已知的。

(1)平均场和平均通量密度。

Maxwell—Garnett 混合公式的规范性及其经典地位,使其在电磁学中得到了广泛研究,但对这一结果的论证并不十分清楚。

Maxwell—Garnett 混合公式是基于极化率和静态场推导出来的。此外,内部场与恒定外部场的场比中默认的另一个假设是,在场的平均值中忽略了偶极场的贡献。

(2)能量守恒。

Hashin 和 Shtrikman 研究出另一种获得 Maxwell—Garnett 混合公式的方法。假设有效介电常数为 ε_{eff} 的均匀介质被一个复合球体代替,复合球体由介电常数为 ε_i 的球核部分和 ε_e 的球壳组成。现在提出以下问题:如果在不改变体系总电能情况下,进行上述替换,那么替换球的组成应为什么条件?一致性的要求导致介电常数不同的两部分的体积分数恰好是 Maxwell—Garnett 混合公式预测的比例。

4.4.3 对基本场的讨论

前面几节对混合分析尚停留在一个简单的层面,目的是让读者了解混合规则推导过程的基本步骤。但是在推导过程中包含近似值,在本书的以下章节中会对这部分进行部分修正。

首先要了解同质化原则在分析中使用的概念和术语,并将它们与 Maxwell—Garnett 混合公式的分析联系起来。

1. 宏观场和微观场

在经典电磁学中,使用麦克斯韦方程时的场是宏观场量。但是,物质不是一个连续体。当在分子和原子的尺度内观察材料时,连续会被分解,随之而来的是场宏观和平滑的形貌。原子大小约为 10^{-10} m,原子核是原子的一部分,约为 10^{-15} m。如果能用这个距离尺度来描绘电场,结果肯定会有很大变化。因为,场在靠近原子核时很大,在原子之间时较小。虽然,对于宏观应用不需要对其进行详细分析。但是在处理中,要讨论更大尺度的电场和磁场,不受原子和分子的影响。这就要求粒子的尺寸(例如图 4.2 中的球体)大于原子尺寸。

尽管本书中提及的是宏观电磁学,但有时也会从物质的分子角度出发使用场术语。就局部场而言,分子与电介质混合物中的宏观粒子之间存在某种相似性,通过已知的极化关系,可将计算的局部场用于激发偶极矩的场。在研究固体晶格分子响应时,通常假定立方晶体具有相同的局域场。

需要强调的是,作用于混合物中特定物周围的场,除了本节出现的场概念外,还有其他场概念,比较常见的是外加电场和平均电场之间的区别。在讨论更复杂的混合物之前,详细地分析这些场的作用也是有用的。

一般来说,应用在给定的散射体、包合物、分子或物体上的场由物体外部的固定电荷产生;此外,平均场是混合物在代表性体积上平均的微观场,如晶体单元体积上的场。由于外电荷可引起偶极矩和极化,因此,这两种场的振幅在物质的同一点上是不同的。下面的解释有助于理解这一点。

如图 4.9 所示,假设外电荷均匀分布在两个平行平面上,两个平面在自由空间中以距离 L 隔开。平面的面积相等,为 A,所带电荷相反,分别为 $+Q$ 和 $-Q$,表面电荷密度为常数,即 $\rho_s = \pm Q/A$。假设与距离 L 相比,平板非常宽广,则可以忽略由平板的开放边引起的场,那么两个平面之间的应用电场强度 E_{appl} 是均匀的。

$$E_{appl} = \frac{\rho_s}{\varepsilon_0} = \frac{Q}{\varepsilon_0 A} \qquad (4.57)$$

式中,ε_0 为真空介电常数。

如果一个均匀的介电体放置于外加电荷之间,将被极化,产生有序的电偶极子阵列。设偶极子的数目为 $N = N_x N_y N_z$,其中 N_z 是沿板之间的线的偶极子数目,而 N_x、N_y 是两个横向方向上的偶极子数目。如果一个偶极子由两个相反的电荷 $\pm q$ 组成,在 z 方向上相隔距离为 d,则可以计算出两个平板之间的平均场。

假设偶极子沿电场方向彼此"几乎接触",如图 4.10 所示,可以得出应用场和平均场之间的关系。也就是偶极子长度 d 和自由电荷距离 L 之间的关系为 $L = N_z d$(假设介电体填满了平面电荷的整个空间)。那么在 z 方向上,相邻偶极子的相反电荷将抵消,剩下的是平面上的额外负电荷量 $+Q$,以及另一端的等幅正电荷量。电荷密度是电荷数除以面积,即 $N_x N_y q/A$,说明物质内的平均场 E_{av} 是由初级电荷密度引起的。

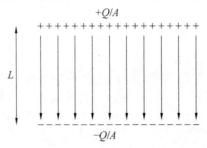

图 4.9 外部电荷引起的外加电场与平板电荷密度的关系

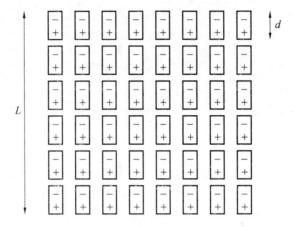

图 4.10 应用场和平均场的关系

$$E_{av} = \frac{\rho_s - \dfrac{N_x N_y q}{A}}{\varepsilon_0} = E_{appl} - \frac{N_x N_y N_z q d}{\varepsilon_0 A d N_z} = E_{appl} - \frac{N\rho}{\varepsilon_0 AL} = E_{appl} - \frac{\rho}{\varepsilon_0} \quad (4.58)$$

式中,P 为体积 V 的偶极矩密度,在几何体中体积为 AL,$P = N\rho/V$。

这一结果表明,在电介质混合物中所讨论的应用场和平均场之间存在明显的差异。

若在电容板之间引入一个电位差,则在足够大的体积上会产生一个均匀的场,这个电场等于电压除以板间距离。如果物质均匀或不均匀地被带到平板之间,在电压不变的情况下,平均场不会改变。因此,不必考虑外加电场。

2.内偶极子

在推导给定分子上的局部电场时,通常有许多不同成分效应,其中一些已经在前面介绍过。然而,在对称情况下,移除极化带来的影响消失。通过对偶极子场积分,可以计算出位于所需计算点附近的偶极子扰动场。内偶极子几何结构示意图如图 4.11 所示,其中体积 V 包含在之前分析中排除的偶极子。

所以内、外表面的贡献是相等相反的,即 $E_{int} = 0$。

这就需要在某种意义上激发给定夹杂的电场,这个场称为局部场 E_L,通过图 4.11 的中心点可以计算得到。源分布在球之外的体积上,场点如图中的体积 V。由于偶极子引起的场是偶极子势 φ_d 的负梯度,因此由这些内部偶极子引起的总场效应为

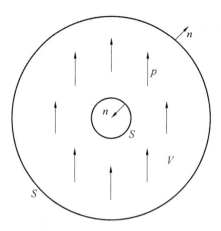

图 4.11 内偶极子几何结构示意图

$$E_{\mathrm{int}} = -\int_V \nabla \varphi_{\mathrm{d}} \mathrm{d}V \tag{4.59}$$

注意,这里的计算是考虑源位于中心点和分布在体积上场的等效情况来计算的。随后使用高斯定律积分

$$E_{\mathrm{int}} = -\oint_S \varphi_{\mathrm{d}} n \mathrm{d}S \tag{4.60}$$

其中,积分在包围穿孔体的两个表面上,单位法向量 n 从 V 向外。偶极势与 $r^{-2}\cos\theta$ 成正比(参见式(4.36)),其中 θ 是场点与极化方向的夹角。由于面元与 r^2 成正比,所以内、外表面的贡献是相等且相反的,即 $E_{\mathrm{int}} = 0$。

4.5 混合理论的改进

本章介绍了 Maxwell−Garnett 混合公式并对其理论进行分析说明。通常混合物由两相组成,并且夹杂物被假定为球形,所以混合理论在许多方面都被理想化,现放宽这些假设,并尝试对混合物进行更多介绍。在本章节中,将推广 Maxwell−Garnett 理论,以允许混合物的结构和材料发生变化。

4.5.1 多相混合

多相混合物包含两种以上的均质材料。如果将其中一个组分作为主相,则有效介电常数计算就变得更容易,如图 4.12 所示。解决多相混合物问题的一种方法是对包含相(现在每个客体相)进行重复极化率计算,这可遵循先前对两相混合物的分析。

平均关系将包含物的场项和偶极矩联系起来。但是从单个包含物的角度来看,尽管其与周围的偶极子显得格格不入,但是相邻的极化密度都被平均极化所取代。因此,局部场表达式为

$$E_{\mathrm{L}} = \langle E \rangle + \frac{1}{3\varepsilon_{\mathrm{e}}}\langle P \rangle \tag{4.61}$$

由于包含物被近似为球形,因此出现了系数 1/3。虽然,形状取决于去极化因子,但

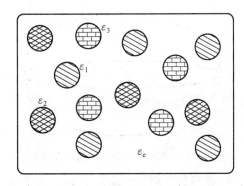

图 4.12　多相混合物的物质分布图

是平均极化密度 $\langle P \rangle$ 必须考虑混合物的不同成分。因此,每个非主相将贡献一个如下的项:

$$\langle P \rangle = \sum_{k=1}^{K} n_k p_{k,\text{mix}} \tag{4.62}$$

式中,n_k 为第 k 个夹杂物的密度;$p_{k,\text{mix}}$ 为该相的偶极矩。

由于混合物中不同材料的数量为 $K+1$,所以有效介电常数的最终结果为

$$\frac{\varepsilon_{\text{eff}} - \varepsilon_{\text{e}}}{\varepsilon_{\text{eff}} + 2\varepsilon_{\text{e}}} = \sum_{k=1}^{K} \frac{n_k \alpha_k}{3\varepsilon_{\text{e}}} = \sum_{k=1}^{K} f_k \frac{\varepsilon_k - \varepsilon_{\text{e}}}{\varepsilon_k + 2\varepsilon_{\text{e}}} \tag{4.63}$$

式中,f_k 为混合物中第 k 相夹杂物的体积分数;a_k 为 k 种夹杂物的极化率;ε_k 为介电常数。可以通过有效介电常数解这个关系,即

$$\varepsilon_{\text{eff}} = \varepsilon_{\text{e}} + 3\varepsilon_{\text{e}} \frac{\displaystyle\sum_{k=1}^{K} f_k \frac{\varepsilon_k - \varepsilon_{\text{e}}}{\varepsilon_k + 2\varepsilon_{\text{e}}}}{1 - \displaystyle\sum_{k=1}^{K} f_k \frac{\varepsilon_k - \varepsilon_{\text{e}}}{\varepsilon_k + 2\varepsilon_{\text{e}}}} \tag{4.64}$$

尽管所有相的夹杂物大小不一定相同,但都假定为球形。

4.5.2　椭球体夹杂物

许多介质都具有其他形式的夹杂物,因此需要放宽对夹杂物的球形假设。小颗粒的可极化性虽然可以根据形状进行计算,但是通常需要进行数值计算。椭球体允许许多特殊情况,例如圆盘和针头。因此,椭球体是得到简单分析方法的手段。

1.去极化因素

椭球体几何形状中的重要参数是去极化因子。根据图 4.13,在三个正交方向上椭球体的半轴分别为 a_x、a_y 和 a_z,则去极化系数 N_x(a_x 方向的系数)为

$$N_x = \frac{a_x a_y a_z}{2} \int_0^\infty \frac{\text{d}s}{(s + a_x^2)\sqrt{(s + a_x^2)(s + a_y^2)(s + a_z^2)}} \tag{4.65}$$

对于去极化因子 N_y(N_z),在上述积分中互换 a_y 和 a_x(a_z 和 a_x)。

椭球体的三个去极化因子满足

$$N_x + N_y + N_z = 1 \tag{4.66}$$

因此,一个具有三个相等的球的去极化因子均为 1/3。两种特殊情况是圆盘(去极化

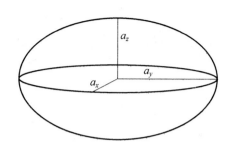

图 4.13　椭球体夹杂物的笛卡儿坐标系

系数为 1、0、0)和一维针状(去极化系数为 0、1/2、1/2)。对于旋转椭球体、长椭球体和扁椭球体,可以在文献[1-2]中找到积分式(4.66)的闭式表达式。

对于长椭球体($a_x > a_y = a_z$)有

$$N_x = \frac{1-e^2}{2e^3}\left(\ln\frac{1+e}{1-e} - 2e\right) \tag{4.67}$$

以及

$$N_y = N_z = \frac{1}{2}(1-N_x) \tag{4.68}$$

其中,离心率 $e = \sqrt{1 - \dfrac{a_y^2}{a_x^2}}$。

对于偏心率较小的近球形扁长球体,有以下条件:

$$N_x \approx \frac{1}{3} - \frac{2}{15}e^2 \tag{4.69}$$

$$N_y = N_z \approx \frac{1}{3} + \frac{1}{15}e^2 \tag{4.70}$$

对于扁球体($a_x = a_y > a_z$),有

$$N_z = \frac{1+e^2}{e^3}(e - \arctan e) \tag{4.71}$$

$$N_x = N_y = \frac{1}{2}(1-N_z) \tag{4.72}$$

式中,$e = \sqrt{\dfrac{a_x^2}{a_z^2} - 1}$。

同样,对于近球形扁球形球体,

$$N_z \approx \frac{1}{3} + \frac{2}{15}e^2 \tag{4.73}$$

$$N_x = N_y \approx \frac{1}{3} - \frac{1}{15}e^2 \tag{4.74}$$

椭球体、扁椭球体的去极化因素如图 4.14 和图 4.15 所示,去极化因子的行为是轴比值的函数。

对于具有三个不同轴的普通椭球体,必须根据式(4.74)计算去极化因子。以椭球体的半轴顺序选择坐标:

$$a_x > a_y > a_z$$

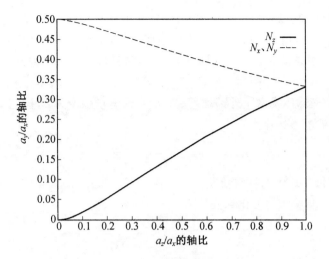

图 4.14   椭球体的去极化因子

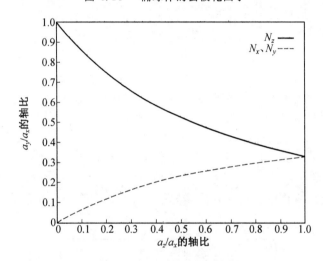

图 4.15   扁椭球体的去极化因子

其他可参见 Fricke 的早期研究和 Weiglhofer 的最新研究。

其中,去极化因子为

$$N_x = \frac{a_x a_y a_z}{(a_x^2 - a_y^2)\sqrt{a_x^2 - a_z^2}} \left[F(\varphi, k) - E(\varphi, k) \right] \tag{4.75}$$

$$N_y = 1 - N_x - N_z \tag{4.76}$$

$$N_z = \frac{a_y}{a_y^2 - a_z^2} \left[a_y - \frac{a_x a_z}{\sqrt{a_x^2 - a_z^2}} E(\varphi, k) \right] \tag{4.77}$$

不完整的椭圆积分定义为

$$F(\varphi, k) = \int_0^\varphi \frac{\mathrm{d}\theta}{\sqrt{1 - k^2 \sin^2\theta}} \tag{4.78}$$

$$E(\varphi, k) = \int_0^\varphi \sqrt{1 - k^2 \sin^2\theta} \, \mathrm{d}\theta \tag{4.79}$$

2.椭球体的极化率分量

由于椭球体的几何对称性破坏,因此可以预期,椭球体感应的偶极矩取决于激发的电场方向。通常,偶极矩矢量的方向与磁场方向不同,磁场仅在三个主轴方向上产生与其对齐的偶极矩。

假设图4.13的椭球体暴露于外部均匀、方向为x、电场强度为E_e的电场中。因此,内部场E_i也均匀且指向x,场比为

$$E_i = \frac{\varepsilon_e}{\varepsilon_e + N_x(\varepsilon_i - \varepsilon_e)}E_e \tag{4.80}$$

当$N_x = 1/3$时,是球体的特殊情况。

对于x定向场,椭球体的极化率分量为

$$\alpha_x = \frac{4\pi a_x a_y a_z}{3}(\varepsilon_i - \varepsilon_e)\frac{\varepsilon_e}{\varepsilon_e + N_x(\varepsilon_i - \varepsilon_e)} \tag{4.81}$$

通过将N_x替换为N_y和N_z,可以写入总极化率y和z方向的分量。极化率可以用矩阵形式表示,在xyz坐标系中为对角阵:

$$\boldsymbol{\alpha} = \begin{pmatrix} \alpha_x & 0 & 0 \\ 0 & \alpha_y & 0 \\ 0 & 0 & \alpha_z \end{pmatrix} \tag{4.82}$$

极化率矩阵$\boldsymbol{\alpha}$的分量取决于坐标轴的选择。常用二元表示法表示。

如果使用与坐标无关的二元符号,则极化率表示为

$$\overline{\overline{\alpha}} = \frac{4\pi a_x a_y a_z}{3}(\varepsilon_i - \varepsilon_e)\sum_{j=x,y,z}\frac{\varepsilon_e}{\varepsilon_e + N_j(\varepsilon_i - \varepsilon_e)}u_i u_j \tag{4.83}$$

式中,双杠代表二元。

二元极化率可以看作是作用在外部场矢量上产生的另一个矢量的算符,偶极矩为

$$p = \overline{\overline{\alpha}}E_e \tag{4.84}$$

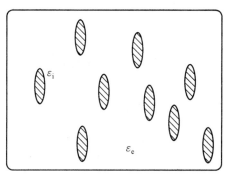

图 4.16　混合物中椭球体夹杂物定向排列图

4.5.3　排列方向

假设介电常数为ε_i的椭球体夹杂物嵌入介电常数为ε_e的环境中,所有的椭球体以图4.16对齐,且有效介电常数是各向异性的,即在不同方向上具有不同的介电常数。那么该混合物有效介电常数x分量的Maxwell—Garnett公式为

$$\varepsilon_{eff,x} = \varepsilon_e + f\varepsilon_e \frac{\varepsilon_i - \varepsilon_e}{\varepsilon_e + (1-f)N_x(\varepsilon_i - \varepsilon_e)} \qquad (4.85)$$

对于 $\varepsilon_{eff,y}$ 和 $\varepsilon_{eff,z}$,分别用 N_y 和 N_z 代替 N_x。

同样,使用二元符号,则有效介电常数为

$$\overline{\overline{\varepsilon}}_{eff} = \sum_{j=x,y,z} u_j u_j \varepsilon_{eff,j} \qquad (4.86)$$

许多天然和人造材料都具有各向异性结构,然而,由于构成混合物的材料是各向同性的。几何形状并不对称,组分显示各向异性,如许多有机物质包含定向的鞘和薄片,介质的宏观特性高度依赖于分布场的方向。

式(4.86)以下列形式给出:

$$\frac{\dfrac{\varepsilon_{eff,x}}{\varepsilon_e} - 1}{\dfrac{\varepsilon_{eff,x}}{\varepsilon_e} + u} = f \frac{\dfrac{\varepsilon_i}{\varepsilon_e} - 1}{\dfrac{\varepsilon_i}{\varepsilon_e} + u} \qquad (4.87)$$

式中,u 为取决于椭球体形状的系数,$u = \dfrac{1-N_x}{N_x}$。

对于球体,式(4.86)中 $u=2$,并且在各个方向上椭球体可以从零到正无穷大。

1. 随机方向

另一种常见的情况是含有椭球体夹杂物的混合物中椭球体随机取向。例如,在没有外力使夹杂物取向时(这会在流性基体材料中发生),有序混合物先前的各向异性将不复存在,从宏观上讲,不再有任何择优取向。混合物是各向同性的,有效介电常数 ε_{eff} 是标量。每个极化率分量对宏观极化密度均分,均为 $1/3$,并且介电常数的表达式为

$$\varepsilon_{eff} = \varepsilon_e + \varepsilon_e \frac{\dfrac{f}{3}\displaystyle\sum_{j=x,y,z} \dfrac{\varepsilon_i - \varepsilon_e}{\varepsilon_e + N_j(\varepsilon_i - \varepsilon_e)}}{1 - \dfrac{f}{3}\displaystyle\sum_{j=x,y,z} \dfrac{(\varepsilon_i - \varepsilon_e)N_j}{\varepsilon_e + N_j(\varepsilon_i - \varepsilon_e)}} \qquad (4.88)$$

例如,随机定向一维的情况为

$$\varepsilon_{eff} = \varepsilon_e + f(\varepsilon_i - \varepsilon_e) \frac{\varepsilon_i + 5\varepsilon_e}{(3-2f)\varepsilon_i + (3+2f)\varepsilon_e} \qquad (4.89)$$

对于随机定向的盘形(二维),有

$$\varepsilon_{eff} = \varepsilon_e + f(\varepsilon_i - \varepsilon_e) \frac{2\varepsilon_i + \varepsilon_e}{(3-f)\varepsilon_i + f\varepsilon_e} \qquad (4.90)$$

为了证明夹杂物形状对有效介电常数有影响,图 4.17 和图 4.18 为针状和圆盘状夹杂物的有效介电常数的极化率。

标准极化率为

$$(\varepsilon_{eff} - \varepsilon_e)/(\varepsilon_i - \varepsilon_e)$$

可以看到 $\varepsilon_{eff}(f)$ 的非线性取决于夹杂物和环境的对比度。

与图 4.6 比较,如果介电对比度 $\varepsilon_i/\varepsilon_e$ 很小,接近于1,则混合物的有效介电常数几乎不依赖于夹杂物的形状。但是,当对比度较大,宏观介电常数会受夹杂形式的影响:球体的介电常数最低,针状的介电常数更大,而圆盘状的介电常数最大。如果夹杂物的形状不同于针状或圆盘状,则有效介电常数将介于圆盘状和球体之间。

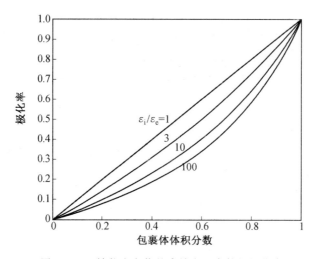

图 4.17　针状夹杂物的有效介电常数的极化率

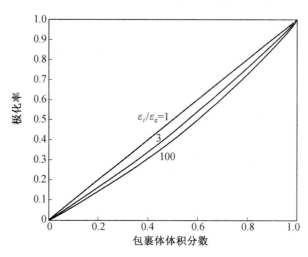

图 4.18　圆盘夹杂物的有效介电常数的极化率

图 4.19 为不同形状夹杂物的有效介电常数对比。对于给定包裹体的体积分数,针状夹杂物产生的有效介电常数比球形大。对于圆盘状夹杂物,这种效应更加明显。球形的极值特性是变分原理的结果:介电能是电场的固定函数,与球形的偏差都能增加其平均极化率。

2. 定向分布

如果夹杂物仅遵循取向分布,既没有排列也没有随机取向,则不一定出现有效介电常数的各向同性。必须使用方向分布函数对偶极矩进行加权积分以获得平均极化密度。这里为了简化,假设所有椭球体都相同。设函数 $n(\Omega)$ 包含方向依赖性,该函数通常取决于三个角度参数,即

$$<P> = \int_{4\pi} \mathrm{d}\Omega\, n(\Omega)\, p_{\mathrm{mix}} \tag{4.91}$$

因此,必须在三个角度参数上积分。

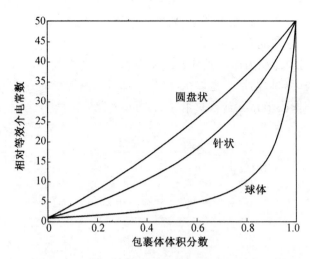

图 4.19　不同形状夹杂物的有效介电常数对比

有效介电常数二阶张量在分子和分母中包含这些积分,对应式(4.88)的两个和。

4.6　非均匀包裹体

前文计算假设混合物中的包裹体是均匀的电介质,这一点可以在一定程度上放宽。3.3 节中介绍了激发包含物的局部场计算。由于局部场是空腔型场,可以认为其仅取决于散射体的外边界形状。因此,该局部场不受夹杂物内部结构的影响。那么非均匀散射体仅取决于夹杂物的极化率。实际上,确实存在某些不均匀的结构,可以在静电问题中找到解决方案。

4.6.1　分层球的极化率

分层球是部分不均匀结构的一个示例,可以解决极化率的问题。在本节中重点介绍分层和其他径向不均匀的球形结构的表征。

对于介电常数相等的均匀球体,极化率为

$$\alpha = 3\varepsilon_e V \frac{\varepsilon_i - \varepsilon_e}{\varepsilon_i + 2\varepsilon_e} \tag{4.92}$$

在介电常数为 ε_e 的均匀环境中,$V = 4\pi a^3/3$ 是该球的体积。

如果球核外有另一种材料的球壳,如图 4.20 所示,电磁学中有计算这类球的极化方法。下列公式也可以计算:

$$\alpha = 3\varepsilon_e V \frac{(\varepsilon_1 - \varepsilon_e)(\varepsilon_2 + 2\varepsilon_1) + \dfrac{a_2^3}{a_1^3}(2\varepsilon_1 + \varepsilon_e)(\varepsilon_2 - \varepsilon_1)}{(\varepsilon_1 + 2\varepsilon_e)(\varepsilon_2 + 2\varepsilon_1) + 2\dfrac{a_2^3}{a_1^3}(\varepsilon_1 - \varepsilon_e)(\varepsilon_2 - \varepsilon_1)} \tag{4.93}$$

式中,下标 1 和 2 分别为层和核。

对于可能的特殊情况,显然式(4.92)采取式(4.93)的形式:

(1)$a_2/a_1 \to 0$ 趋向于介电常数为 ε_1 的均匀球体。

(2)$a_2/a_1 \rightarrow 1$ 趋向于介电常数为 ε_2 的均匀球体。

(3)$\varepsilon_2 \rightarrow \varepsilon_1$ 均匀球体的介电常数 $\varepsilon_2 = \varepsilon_1$。

(4)$\varepsilon_2 \rightarrow \varepsilon_e$ 相当于体积为原体积分数的 a_2^3/a_1^3，且介电常数为 ε_2 的均匀球体。

事实上，不管均匀球体的层数是多少，极化率都可以用解析的方法求解。对于图4.21所示的球体，极化率取决于介电常数和半径比，可以写为

$$\alpha = 3\varepsilon_e V \frac{(\varepsilon_1 - \varepsilon_e) + (2\varepsilon_1 + \varepsilon_e)\dfrac{\dfrac{(\varepsilon_2 - \varepsilon_1)a_2^3}{a_1^3} + (2\varepsilon_2 + \varepsilon_1)\dfrac{\dfrac{(\varepsilon_3 - \varepsilon_2)a_3^3}{a_1^3} + \cdots}{(\varepsilon_3 + 2\varepsilon_2) + \cdots}}{(\varepsilon_2 + 2\varepsilon_1) + 2(\varepsilon_2 - \varepsilon_1)\dfrac{\dfrac{(\varepsilon_3 - \varepsilon_2)a_3^3}{a_2^3} + \cdots}{(\varepsilon_3 + 2\varepsilon_2) + \cdots}}}{(\varepsilon_1 + 2\varepsilon_e) + 2(\varepsilon_1 - \varepsilon_e)\dfrac{\dfrac{(\varepsilon_2 - \varepsilon_1)a_2^3}{a_1^3} + (2\varepsilon_2 + \varepsilon_1)\dfrac{\dfrac{(\varepsilon_3 - \varepsilon_2)a_3^3}{a_1^3} + \cdots}{(\varepsilon_3 + 2\varepsilon_2) + \cdots}}{(\varepsilon_2 + 2\varepsilon_1) + 2(\varepsilon_2 - \varepsilon_1)\dfrac{\dfrac{(\varepsilon_3 - \varepsilon_2)a_3^3}{a_2^3} + \cdots}{(\varepsilon_3 + 2\varepsilon_2) + \cdots}}}$$

$$(4.94)$$

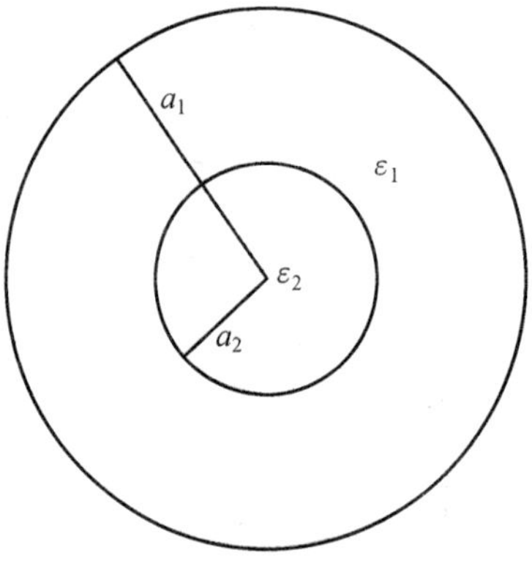

图 4.20　球体的极化率 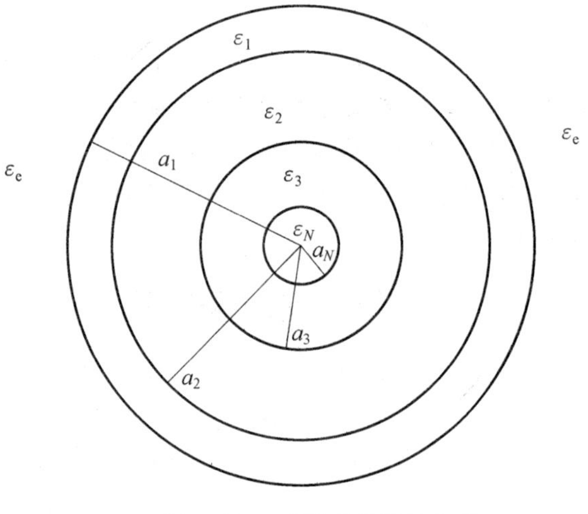　　　　图 4.21　多层球体的极化率

当内芯介电常数达到 ε_N 时，在分子中，最后一个项带有 a_N^3/a_1^3，在分母中带有 a_N^3/a_{N-1}^3。

可以用层状球的介电极化率求解方法解决夹杂物的问题。假设图 4.21 类型的夹杂物在介电常数为 ε_e 的环境中所占体积分数为 f。当前 $N+1$ 组分夹杂物的有效介电常数服从广义的 Maxwell－Garnett 公式，则

$$\frac{\varepsilon_{eff} - \varepsilon_e}{\varepsilon_{eff} + 2\varepsilon_e} = f \frac{(\varepsilon_1 - \varepsilon_e) + (2\varepsilon_1 + \varepsilon_e) \dfrac{\dfrac{(\varepsilon_2 - \varepsilon_1) a_2^3}{a_1^3} + (2\varepsilon_2 + \varepsilon_1) \dfrac{\dfrac{(\varepsilon_3 - \varepsilon_2) a_3^3}{a_3^3} + \cdots}{(\varepsilon_3 + 2\varepsilon_2) + \cdots}}{(\varepsilon_2 + 2\varepsilon_1) + 2(\varepsilon_2 - \varepsilon_1) \dfrac{\dfrac{(\varepsilon_3 - \varepsilon_2) a_3^3}{a_2^3} + \cdots}{(\varepsilon_3 + 2\varepsilon_2) + \cdots}}}{(\varepsilon_1 + 2\varepsilon_e) + 2(\varepsilon_1 - \varepsilon_e) \dfrac{\dfrac{(\varepsilon_2 - \varepsilon_1) a_2^3}{a_1^3} + (2\varepsilon_2 + \varepsilon_1) \dfrac{\dfrac{(\varepsilon_3 - \varepsilon_2) a_3^3}{a_3^3} + \cdots}{(\varepsilon_3 + 2\varepsilon_2) + \cdots}}{(\varepsilon_2 + 2\varepsilon_1) + 2(\varepsilon_2 - \varepsilon_1) \dfrac{\dfrac{(\varepsilon_3 - \varepsilon_2) a_3^3}{a_2^3} + \cdots}{(\varepsilon_3 + 2\varepsilon_2) + \cdots}}}$$

$$(4.95)$$

式(4.95)说明随着层数的增加,外形大大扩展,但可扩展的长度终究是有限的。夹杂物的亚结构如何影响混合物的有效介电常数呢? 以两种三相混合物为例,假设成分的体积浓度相同,但几何形状不同。第一种混合物是在 ε_e 下嵌入单层夹杂物,这意味着 $N = 2$,使用式(4.95),有效介电常数为

$$\frac{\varepsilon_{eff} - \varepsilon_e}{\varepsilon_{eff} + 2\varepsilon_e} = f \frac{(\varepsilon_1 - \varepsilon_e)(\varepsilon_2 + 2\varepsilon_1) + \dfrac{a_2^3}{a_1^3}(\varepsilon_2 - \varepsilon_1)(\varepsilon_e + 2\varepsilon_1)}{(\varepsilon_1 + 2\varepsilon_e)(\varepsilon_2 + 2\varepsilon_1) + 2\dfrac{a_2^3}{a_1^3}(\varepsilon_2 - \varepsilon_1)(\varepsilon_1 - \varepsilon_e)} \tag{4.96}$$

实际上,可以用混合物的 ε_1、ε_2 和内含物的体积分数 f_1、f_2 写为 $f = f_1 + f_2$ 和 $\dfrac{a_2^3}{a_1^3} = \dfrac{f_2}{f_1 + f_2}$。

在第二种混合物中,两夹杂物组分彼此独立,在环境中表现为单独的液体形态,即 $N = 2$,得到

$$\frac{\varepsilon_{eff} - \varepsilon_e}{\varepsilon_{eff} + 2\varepsilon_e} = f_1 \frac{\varepsilon_1 - \varepsilon_e}{\varepsilon_1 + 2\varepsilon_e} + f_2 \frac{\varepsilon_2 - \varepsilon_e}{\varepsilon_2 + 2\varepsilon_e} \tag{4.97}$$

三组分混合物的相对有效介电常数 $\varepsilon_{eff}/\varepsilon_e$ 变化关系如图 4.22 所示。以冰水混合物为模型,空气($\varepsilon_e = \varepsilon_0$)为背景,夹杂物是液态水($\varepsilon_1 = 88\varepsilon_e$)和冰($\varepsilon_2 = 3.2\varepsilon_e$)。曲线表示的函数为混合物中液态水的相对介电常数随体积分数的变化。当冰的体积分数保持恒定为 0.3,可清楚地看出,水覆盖冰的介电常数高于相同量的水和冰形成的夹杂物。

4.6.2 连续不均匀夹杂物

多层球体的极限情况是连续不均匀地夹杂。就极化率而言,可通过类似的分析方法,然后用介电常数曲线描述夹杂物的结构,换言之,介电常数与核距离的函数为

$$\varepsilon(r) = \varepsilon_r \tag{4.98}$$

对于 $r > a$,介电常数是环境的介电常数,$\varepsilon(r) = \varepsilon_e$,其中 a 为球体的半径。

如果此类型的球体以原点为中心并暴露在外部均匀电场 E_e 中,则该扰动场将是偶极子 $E_d(r)$ 的场,就像均匀球体一样。散射场以其负梯度与散射电位 $\varphi_d(r)$ 相联系,即

$$E_d(r) = -\nabla \varphi_d(r)$$

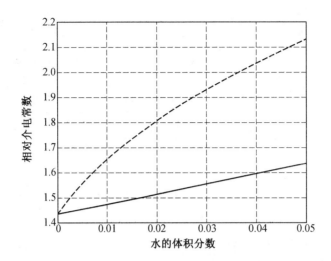

图 4.22　三组分混合物的相对有效介电常数 $\varepsilon_{\text{eff}}/\varepsilon_e$ 变化关系

总电场 E 是两个电场的总和。未知散射势的方程可以由电位移的无发散性表示为

$$\nabla \cdot [\varepsilon(r)E] = \nabla \cdot [\varepsilon(r)(E_e - \nabla \varphi_d)] = 0 \qquad (4.99)$$

因为 E_e 是一个不变的矢量，$\nabla E_e = 0$，所以可以写为

$$\nabla \cdot [\varepsilon(r)E_e] = \nabla \varepsilon \cdot E_e = \frac{d\varepsilon(r)}{dr} u_r \cdot E_e \qquad (4.100)$$

很明显，散布的偶极电势与余弦 θ 存在依赖关系，但径向依赖关系 $f_d(r)$ 仍然未知 $(\varphi_d(r) = f_d(r)\cos\theta)$。在式(4.99)消除所有 θ 项，有

$$\frac{d}{dr}\left[\varepsilon(r)r^2 \frac{df_d(r)}{dr}\right] - 2\varepsilon(r)f_d(r) = r^2 E_e \frac{d\varepsilon(r)}{dr} \qquad (4.101)$$

式中，E_e 为外场的振幅，$E_e = E_e u_z$。

为了求出球的极化率，必须与函数 $f_d(r)$ 的振幅成比例才能求解该常微分方程。式(4.101)在外部区域$(r > a)$简化为

$$\frac{d}{dr}\left[r^2 \frac{df_d(r)}{dr}\right] = 2f_d(r) \qquad (4.102)$$

解决围绕夹杂物的函数为

$$f_d(r) = Dr^{-2} \qquad (4.103)$$

式中，D 与球的极化率有关，则

$$\alpha = \frac{4\pi\varepsilon_e}{E_e}D \qquad (4.104)$$

在球体内部$(r < a)$，函数 $f_d(r)$ 取决于介电常数分布。式(4.102)表明 $f_d(0) = 0$，并且该二阶方程的两个边界条件是 f_d 在 $r = a$ 处是连续的，和对于在整个球面边界处介电常数都是连续的，其导数也应该是连续的。

具有线性介电常数分布的介电球：

现在考虑具有线性介电常数分布的介电球，当 $r \leqslant a$ 时：

$$\varepsilon(r) = \varepsilon_e\left(2 - \frac{r}{a}\right) \qquad (4.105)$$

介电常数在球体中心为 $2\varepsilon_e$，在球体的表面，降至环境值，并且在边界处没有间断。

当对该函数的微分方程式(4.101)求解时，解的振幅为 $f_d(a) \approx 0.073\ 2aE_e$。说明非均匀球的标准极化率为

$$\frac{\alpha}{4\pi a^3 \varepsilon_e} \approx 0.073\ 2 \tag{4.106}$$

将(4.106)结果与介电常数为 $2\varepsilon_e$ 的均质球极化率进行比较，可知极化率为 $\alpha/(4\pi a^3 \varepsilon_e) = 0.25$，较 0.073 2 大得多。这个差异是因为均匀球体也具有较大的介电质量。

将介电质 m_ε 定义为极化率的体积积分，即

$$m_\varepsilon = \int_V \left[\varepsilon(r) - \varepsilon_e\right] \mathrm{d}V \tag{4.107}$$

比较上述两个极化率，发现如果两个球(具有线性介电常数分布的球和均质的球)具有相同的体积平均极化率，则均质球的极化率 $\varepsilon - \varepsilon_e$ 应为具有线性夹杂物极化率的 1/4，即均匀球体的介电常数为 $\varepsilon = 1.25\varepsilon_e$。在这种情况下，极化率为 $\alpha/(4\pi a^3 \varepsilon_e) = 1/13 \approx 0.076\ 9$。

即使相对介电常数从 2 调整为 1.25，均匀球的极化率也更高。这意味着球体将可极化质量重新分配到球核而不是表面，以降低均质夹杂物的可极化性。

对不均匀球的极化率的分析可以扩展到椭球体，这说明该方法不仅可以分析层状甚至连续不均匀的椭球体极化率，还可以计算椭球体作为夹杂物的混合物有效介电常数。

但是，椭球体的不均匀性不是任意的。要求 Laplace 方程 $\nabla^2 \varphi(r) = 0$，即在各个区域内都是可分离的。同时，多层椭球体必须使得层之间的所有椭球体边界共焦。共焦面是椭球体坐标系中的常数坐标面。

椭圆坐标系的三个坐标 (ξ, η, ζ) 在笛卡儿坐标系中有如下关系：

$$\frac{x^2}{a_x^2 + u} + \frac{y^2}{a_y^2 + u} + \frac{z^2}{a_z^2 + u} = 1 \tag{4.108}$$

式中，a_x、a_y、a_z 为包含椭球体的半轴。

对于给定的空间点，式(4.108)中 u 的三个实根是三个椭圆坐标，坐标 ξ 是其中一个且 $\xi \geqslant -d^2$，d 是椭球体半轴 a_x、a_y、a_z 中的最小值。因此，ξ 恒定的椭球体曲面都与椭球体共焦，即

$$\frac{x^2}{a_x^2} + \frac{y^2}{a_y^2} + \frac{z^2}{a_z^2} = 1 \tag{4.109}$$

式(4.109)与 $\xi = 0$ 对应。由半轴椭球体 $a_{x,i}$、$a_{y,i}$、$a_{z,i}$ 定义，具有不连续边界的多层椭球体的共焦度为

$$a_{x,i}^2 - a_{x,j}^2 = a_{y,i}^2 - a_{y,j}^2 = a_{z,i}^2 - a_{z,j}^2 \tag{4.110}$$

上述对连续不均匀球体的分析可推广到连续不均匀椭球体，条件是椭球体的介电常数仅取决于坐标 ξ 函数：$\varepsilon(r) = \varepsilon(\xi)$。

4.6.3　损耗材料

前面几节的分析都将介质视为纯净介质，即当电场入射到材料上，未发生电荷流动。

这是理想化的情况,必须把分析拓展到某些实用材料上。电荷的传导产生电流,对于交变场,传导电流和位移电流彼此异相,因此可以按第 2 章中的方法将电导率项用介电常数虚部替代,即

$$\varepsilon_{compl} = \varepsilon - \frac{j\sigma}{\omega} \tag{4.111}$$

式中,ε 为复介电常数,即材料的普通介电常数;σ 和 ω 分别为电导率和角频率。

复介电常数的虚部反映出在电导率非零时,材料是有缺陷的,其存在导致波能量的吸收,是介电损耗的量度。这里,将遵循电气工程学传统,以如下方式区分复介电常数和实、虚部:

$$\varepsilon = \varepsilon' - j\varepsilon'' \tag{4.112}$$

式中,ε' 和 ε'' 均为实数。

如果混合物的相对介电常数由复介电常数组成,则混合规则会使有效介电常数变得复杂。Maxwell－Garnett 混合公式赋予了复介电常数的定义式,这里假设夹杂物是球状的,则有

$$\varepsilon_{eff} = \varepsilon'_{eff} - j\varepsilon''_{eff}$$
$$= \varepsilon'_e - j\varepsilon''_e + 3f(\varepsilon'_e - j\varepsilon''_e) \frac{\varepsilon'_i - \varepsilon'_e - j(\varepsilon''_i - \varepsilon''_e)}{(1-f)\varepsilon'_i + (2+f)\varepsilon'_e - j[(1-f)\varepsilon''_i + (2+f)\varepsilon''_e]} \tag{4.113}$$

图 4.23 和图 4.24 分别为无损球状夹杂物和有损耗夹杂物的有效介电常数,其中材料无损(ε_e 是实数),但夹杂物相有虚部。将其结果与相应的无损情况进行比较,图 4.23 清晰表明,当虚部较小时,不会明显改变有效介电常数的实部,实部和虚部都单调增加;但是,对于高损耗夹杂物,如图 4.24 所示,有效介电常数发生巨大变化。尽管 ε_{eff} 的虚部从零以一定规律增加到夹杂物介电常数的虚部值,但实部只显示出一个峰值;对于一定的混合比,该混合物的介电常数值 ε'_{eff} 可能比任何一种组分更大。

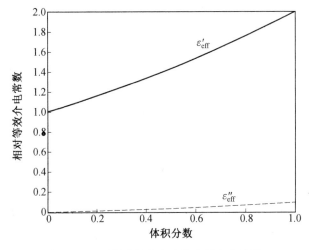

图 4.23 无损球状夹杂物的有效介电常数

值得注意的是,Maxwell－Garnett 混合公式可以正确(至少定性地)预测具有夹杂物

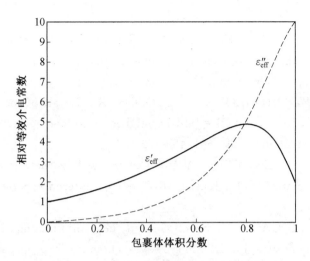

图 4.24　有损耗夹杂物的有效介电常数

相混合物的性质。考虑到无损耗条件下介电常数为 ε_e 的介电混合物,以及包含介电常数实部 ε_i' 和电导率 σ_i 的夹杂物,如果夹杂物相的体积分数较小,则有效电导率为 $\sigma_{eff}=\omega\varepsilon_{eff}''$,可由式(4.113) 计算得出,即

$$\sigma_{eff}=\frac{9\varepsilon_e^2 f\sigma_i}{(\varepsilon_i'+2\varepsilon_e)^2+\sigma_i^2/\omega^2} \tag{4.114}$$

结果表明,混合物的有效直流电导率消失(当 $\omega \to 0$ 时,$\sigma_{eff} \to 0$),这是因为在非导电基质中,不相互接触的导电颗粒不会使混合物导电。在绝缘条件下,导电的混合物会导致低频下的界面极化累积(已在第 2.1 节中提到),这是 kHz 频段下材料的重要耗散机制。在许多应用中,该现象称为 Maxwell—Wagner 效应。

对于交变场,将混合公式用于复介电常数的计算需要特别注意,Maxwell—Garnett的推导是基于内场对参数的依赖性。因此,对于有时间依赖性的场,损耗会导致场振幅的指数衰减,如果介质的损耗范围比穿透深度大,则损耗可能是相当大的。因此,对于随时间变化的场,在使用Maxwell—Garnett公式时,要求夹杂物磁导率为 μ_i,其尺寸不得大于有损耗介质波的趋肤深度 $\sqrt{2/\omega\mu_i\sigma_i}$。

本章参考文献

[1] BIRSS R R. Symmetry and magnetism[M]. North Holland:Amsterdam,1966.

[2] STRUKOV B A,LEVANYUK A P. Ferroelectric phenomena in crystals[M]. Berlin:Springer,1998.

[3] BLOEMBERGEN N. Nonlinear optics-4th edition [M]. Singapore:World Scientific,1996.

[4] LANDAU L D, LIFSHITZ E M. Electrodynamics of continuous media-second edition[M]. Oxford:Pergamon Press,1984.

[5] NYE J F. Physical properties of crystals. Their representation by tensors and

matrices[M]. Oxford:Clarendon Press,1985.

[6] KARLSSON A, KRISTENSSON G. Constitutive relations, dissipation and reciprocity for the maxwell equations in the time domain[J]. J Electromagnetic Waves and Applications,1992,6(5/6):537-551.

[7] GUTTLER B, MIHAILOVA B, STOSCH R. Local phenomena in relaxor-ferroelectric $PbSc_{0.5}B''_{0.5}O_3(B''=Nb,Ta)$ studied by Raman spectroscopy[J]. Journal of Molecular Structure,2003,661:469-479.

[8] NICOLAS G GREEN, XU F. A modified maxwell garnett model:Hysteresis in phase change materials[J]. Journal of Physics:Conference Series,2019,1322(1): 8-12.

[9] SHAVITT R,KOGAN A. Maxwell Garnett theory limitations in the analysis of bi-anisotropic composites[J]. IET microwaves,antennas & propagation,2019,13(1): 105-111.

[10] YAO Y B,LIU B H,YU M H. On the piezoresistive behavior of carbon fibers-Cantilever-based testing method and Maxwell-Garnett effective medium theory modeling[J]. Carbon:An International Journal Sponsored by the American Carbon Society,2019,141:283-290.

[11] MARKEL VADIM A. Maxwell Garnett approximation(advanced topics):Tutorial [J]. Journal of the Optical Society of America,A. Optics,image science,and vision,2016,33(11):2237-2255.

[12] MORADI A. Maxwell-Garnett effective medium theory:Quantum nonlocal effects [J]. Physics of plasmas,2015,22(4):1-5.

[13] 邹维科,李诺薇,韩崇. 介电常数[J]. 教育教学论坛,2020(4):166-168.

[14] 高冲,李恩,李灿平. 介质材料介电常数均匀性测试评价系统[J]. 宇航材料工艺, 2019,49(4):80-83.

[15] 童川. 谐振腔法测量材料介电常数的研究[D]. 上海:华东师范大学,2013.

[16] MARIO B. Nonlinear optics:Principles and applications,by Karsten Rottwitt and Peter Tidemand-Lichtenberg[J]. Mario Bertolotti,2017,58(2):190.

[17] MASAYOSHI N. Open-shell-character-based molecular design principles: Applications to nonlinear optics and singlet fission[J]. The Chemical Record, 2017,17(1):27-62.

[18] ANTON K,REUVEN S. Maxwell Garnett theory limitations in the analysis of bi-anisotropic composites[J]. 2019,13(1):105-111.

[19] BIRSS R R. Symmetry and magnetism[M]. Holland:Amsterdam North,1966.

[20] STRUKOV B A,LEVANYUK A P. Ferroelectric phenomena in crystals[M]. Berlin:Springer,1998.

[21] BLOEMBERGEN N. Nonlinear optics [M]. 4th edition . Singapore:World Scientific,1996.

［22］SHEN Y R. Principles of nonlinear optics［M］. New York：Wiley，1984.

［23］LANDAU L D，LIFSHITZ E M. Theory of elasticity［M］. Third edition. Oxford：Butterworth-Heinemann，1995.

［24］LANDAU L D，LIFSHITZ E M. Electrodynamics of continuous media［M］. Second edition. Oxford：Pergamon Press，1984.

［25］NYE J F. Physical properties of crystals. Their representation by tensors and matrices［M］. Oxford：Clarendon Press，1985.

［26］KARLSSON A，KRISTENSSON G. Constitutive relations，dissipation and reciprocity for the Maxwell equations in the time domain［J］. Electromagnetic Waves and Applications，1992，6(5/6)：537-551.

第5章　吸波体结构设计

科技的快速发展,如超宽带雷达、多频谱通信、第五代或第六代无线网络与人工智能等,不仅为生活带来便利,也使人们处于不同类型的电磁污染中。近年来,具有单一频段和单一角度的吸波材料越来越不能满足人们日常需求。为了更好地满足工程应用,急需开发出一批具有宽频与角度不敏感特性的吸波材料。

5.1　概　述

在过去几十年中,为了获得宽频吸波能力,浩如烟海般的实验材料被探索和实践,包括新材料的开发,如石墨烯、MOF和碳纳米管;也有传统材料的优化和设计,如碳纤维复合磁性颗粒;还包括不同微纳结构材料的研究,如中空结构、蛋黄结构、核壳结构、分级结构和网状结构。同时,厚度和添加分数还可以在一定程度上影响吸波峰值和吸波有效带宽所处的频段。以往的研究也表明,单独的磁性材料很难实现宽频和宽角度的吸收。但是结构可设计和可调节的碳材料却有望获得相对宽的吸收频带。研究表明,利用杨梅本身的分级多孔结构,通过高温碳化后做成的板型样品,其吸波性能在 $1 \sim 40$ GHz 时反射损耗(Reflection Loss,RL)小于 -8 dB,同时在 $8 \sim 40$ GHz 时 RL < -10 dB。超宽带微波吸收归功于分层多孔结构和与之相关联的良好阻抗匹配特性。

从材料的宏观结构设计入手,设计多层吸波和周期结构也是改善吸波性能的有效手段。多层吸波材料利用电磁波在传输中需要综合分析阻抗匹配和电磁衰减的特性,按照一定原则排布不同种类的吸波材料来达到宽频吸波效果。例如,阻抗渐变吸波材料主要采用阻抗渐变的多层材料来实现材料的宽带吸收。通过简单的设计,只需要两层结构就可以使得材料的反射率在 $8 \sim 18$ GHz 范围内小于 -10 dB。但多层材料具有工艺复杂及使用可靠性低等问题,限制了其进一步发展。周期结构是利用周期性排列的人工材料实现天然材料所不具备的特征,主要是基于电谐振或磁谐振来实现电磁波的吸收。周期结构的最大优势在于可逆向设计,主要体现在可以根据产品应用需求,设计出具备相应电磁特性的功能材料。在周期结构的设计中,纯金属被用作调控频率的材料。根据自由电子理论,纯金属的谐振频率处在非常窄的频率内,所以很难实现宽频的吸波性能。因此,结合材料本身性质与周期结构的逆向设计优点,可以构建一种超宽频周期结构吸波体。

雷达截面积缩减技术(Radar Cross Section Reduction,RCSR)的第一要点是改变形状,这样可以在一定角度减少信号。但如果要达到所设计的目标,就需要材料尽可能多地吸收入射的电磁能。因此,了解雷达吸收材料(Radar Absorbing Material,RAM)的设计和应用对于工程师至关重要。基本的散射现象可分为镜面和非镜面反射机制。在设计雷达吸收材料时,必须考虑散射机制。因此,本章将首先参考镜面反射来讨论 RAM 的设计和性能,然后考虑非镜面 RAM 的设计和性能。

在电磁方面,RAM 设计主要集中在介电或磁性材料的排列上,这些排列将会影响入射波的阻抗匹配。对 RAM 的研究就是对材料的研究,目的是在不断增加带宽的同时,实现理想的阻抗特性(并因此具有良好的吸收性能)。在本章,首先考虑镜面 RAM 设计的基础理论,并提出分析设计方法。然后,用该方法来说明当前 RAM 的典型结构以及可实现的性能。

虽然,对电磁波吸收的研究应该从材料的微观或量子理论开始,但本书以宏观的电磁学方法来阐述。尽管在本质上 RAM 损耗机制是微观的(在原子和晶体结构水平上),但采用经典传输线方法对吸收体的反射和传输特性建模,容易分析镜面 RAM。同样,对于非镜面 RAM 性能,通常基于介电波导理论。实际上,RAM 的设计只是一种有损分布式网络设计,以使自由空间的阻抗与被屏蔽导体的阻抗相匹配。

在某次战争中,美军 F117 隐身飞机以仅占 2% 的总出动驾次,完成了 40% 攻击目标的任务。结构吸波材料在其中起到重要的作用。图 5.1 所示为 F117 吸波材料残片,可以看出该吸波材料主要由蜂窝夹芯构成。这种吸波材料的结构优势是兼具力学承载和吸波性能一体化。但是其最大缺点是厚度较大,难以实现轻薄吸波。

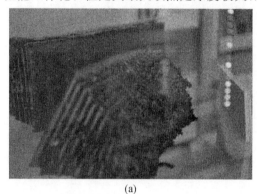 

(a)　　　　　　　　　　　　　　　　　(b)

图 5.1　F117 吸波材料残片

在飞行器高速飞行时,进气口将产生强烈的电磁辐射和红外辐射。为了改善这种状况,F117 工程师使用吸波材料格栅来减少进气口的电磁辐射。据报道,这种格栅可以吸收 10 cm 或者更长的电磁波。因为这个进气口具有相对大的面积,一方面保证供给发动机充足的气体;另一方面,由于大量冷空气进入,大大降低发动机的排气温度,减少红外辐射。但由于格栅材料多为金属材质,所以容易造成其他方向的电磁辐射。而且格栅多为渐变结构,也难以实现轻薄吸波。除了飞行器表面和大型腔体(进气道及尾喷管)需要重点隐身之外,机身内部的电子设备和精密仪器也需要吸收敌方的探测电磁波和机身内部产生的电磁干扰。如图 5.2 所示,在 F-35 战机上的 APG-81 雷达天线外面包覆一层较厚的黑色吸波材料。据观察,这种吸波材料类似于微波暗室中的吸波海绵,充分利用厚度优势,达到一种宽频吸波的效果。

单层涂层受到电磁衰减机理和结构厚度的限制,往往难以在 2 ~ 18 GHz 的频率范围内实现宽频覆盖。主要的解决办法是构建多层吸波结构与周期结构吸波体。

多层吸波结构利用不同介质层之间的电磁参数不同,通过合理控制堆叠顺序和优化介质层厚度,可以加强结构的阻抗匹配,从而提高吸波能力。但是,涂层材料界面结合强度和涂层之间的热失配在实际应用中受到一定的限制。因此,近年来越来越多的学者开发和提出了新型的吸波结构。

亚波长的超结构由于具有特殊的电磁特性,越来越受关注。如果再结合材料的本征特性,有望构建宽频的周期结构吸波体,这种结构主要由石墨烯 FSS(GFSS)表面、高

图 5.2　F－35 战机上的 APG－81 雷达周围的吸波材料

分子层与氧化物导电层构成,如图 5.3 所示。为了克服石墨烯薄膜的电阻不可控性,GFSS 使用通过化学气相沉积(CVD)方法生长的单层石墨烯,并通过使用 HNO_3 掺杂改变薄层电阻值。研究者利用等效电路模型和有限元仿真,揭示宽频归功于合适的电阻值与谐振损耗。其有效带宽可以覆盖 5 ～ 16 GHz。

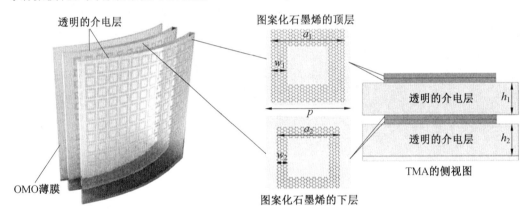

图 5.3　石墨烯超材料吸波体构成示意图

超结构单元通过在三维(Three－Dimensional,3D)打印的聚合物图案化外壳中填充石蜡基复合材料构成,如图 5.4 所示。这样既弥补了石蜡的力学性能差的不足,又使得这种结构具有可修复的特性。由于结合介电损耗机理和坚硬的图案化外壳的优点,这种超材料吸波体可以承受机械碰撞和压缩,并且展现出优异的宽频吸波特性。有效吸波带宽为 7 ～ 40 GHz 和 75 ～ 110 GHz。借助于实验和仿真方法,同时证明了这种 3D 打印壳具有显著提高电磁吸收性能的设计优势和机理。与此类似,碳纤维(CF)增强的柔性薄层阶梯状周期结构吸波体(Hierarchical Metastructure,HM),通过周期结构的优化,能够兼具宽频和良好的性能。如图 5.5 所示,材料有效带宽覆盖 2 ～ 4 GHz 和 8 ～ 40 GHz,其中在 2 ～ 40 GHz 的全频带内小于－8 dB,并且复合材料的断裂应变达到 550%。

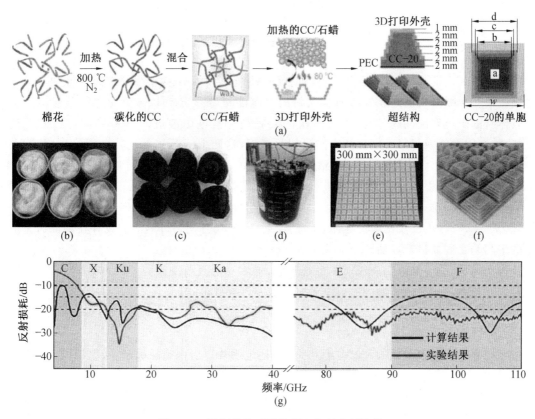

图 5.4　周期结构吸波体制备与超宽频性能

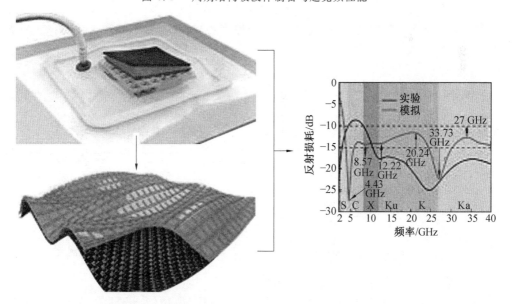

图 5.5　碳纤维(CF)增强的柔性薄层阶梯状周期结构吸波体的制备、吸波性能

5.2 介电多层膜的镜面散射

在 RAM 设计中,如果要达到目标的吸收性能,必须解决两个材料电磁性能的有关问题。第一个要解决的问题是如何将入射的电磁能量带入 RAM,这个问题涉及波进入吸收体时的阻抗匹配问题;第二个要解决的问题是一旦电磁波进入 RAM,如何吸收电磁能,这个问题涉及材料的电磁波衰减机制。然而,这两个问题并不是独立的,而是相互关联的。应当指出,在提高 ε_r'' 和 μ_r'' 值以提高电磁波衰减的同时,将增加复介电常数或磁导率,从而影响反射系数。例如,如果设计一种无磁材料,使其 $\varepsilon_r'=1,\varepsilon_r''=10$。则半无限平板上入射波的反射振幅为 $|R|=0.63$,仅比理想导体表面的反射低 4 dB。即使 ε_r'' 减少到 1,$|R|=0.21$,也仅仅比理想导体表面的反射低 13 dB。同时,RAM 的设计在前面讨论的两个问题之间要进行权衡。

实际情况下,输入的 RAM 能量被吸收,通常是通过改变吸收体的电性能,而电性能是波在材料中传播距离的函数。下面将提供两种等效形式。

5.2.1 薄层表征

许多镜面和非镜面的 RAM 设计都采用薄电阻片以引入损耗机制,通常以欧姆/平方为单位,以电阻或阻抗来描述薄板的特性。

如图 5.6(a) 所示,如果使用电阻率为 ρ Ω·m 的块状材料制造电阻器,则该块状材料的两个相对面之间的电阻为

$$R=\rho T/A=\rho T/(WL) \tag{5.1}$$

式中,L 为两个面之间的长度;W 为宽度;T 为厚度;定义 W 和 L 的乘积为块状材料的横截面面积 A。

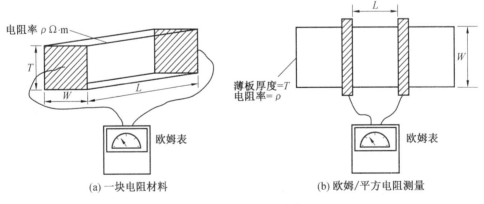

(a) 一块电阻材料   (b) 欧姆/平方电阻测量

图 5.6   电阻率符号的由来

如果在一块材料的宽度方向上放置导电条,如图 5.6(b) 所示,测量相距 W 的两端之间的电阻,则式(5.1)变为 $R=\rho/T=1/(\sigma T)$(在长度和宽度相等时抵消)。如果按照上述步骤测量任何一块正方形材料的电阻,则无论正方形尺寸如何,结果都是相同的,这样便产生了以每平方命名的方法。

　　在电磁性能模拟中,当薄片远小于波长时,无穷小的阻抗片才有效。例如,理论上 Dallenbach 层是由导电板前无限薄的电阻片(377 Ω/sq)制成的。片与片的间距为奇数个 $\lambda/4$ 时,法向入射时反射系数为零。当距离为 7.5 mm 时(在 10 GHz 的 $\lambda/4$),如果使用 $\varepsilon_r' = 5$ 或 0.1 mm 厚的电阻片,在 9.6 GHz 的频率下,最大 RCSR 可达到 31.6 dB。如果薄板厚为 1 mm,则在 6.9 GHz 时最大 RCSR 为 13.4 dB。注意,ε_r 的实部和虚部都将影响谐振频率的偏移以及 RCSR 的最大值。若将厚电阻片看作有限厚度的层,则其 ε_r 通常由基础材料决定,损耗分量由下式给出:

$$\varepsilon_r'' = \sigma/\omega\varepsilon_0 = (\rho\omega\varepsilon_0)^{-1}$$

1. 垂直入射散射

　　计算垂直入射波在无限大多层平面结构的反射时,其通解是将麦克斯韦方程的边界条件应用于各层电场和磁场。场的函数形式、复杂的指数形式以及多层的步进过程,都可在计算机(或可编程计算器)上获得方程的解。现有的或稍作修改后的传输线设计程序都可用于吸收体设计。

　　靠在金属背板上堆叠成的有限数量的电介质层,其顺序及基本几何形状如图 5.7 所示。这些介质层的特性可能不同,也可能相同,如图 5.8 所示。假设将零厚度的阻抗薄片夹在各层之间,薄片电阻值用 R 或电导率 G 来表征,有 $G = R^{-1}$。对于电路模拟吸收器,薄片可以提供复数阻抗,电阻 R 可由阻抗 Z 代替,电导 G 可由导纳 Y 代替。在下面的分析中,为了减少符号上的混淆,将用 G 来表示薄片导纳,以区别于介质层的本征导纳(Y)。

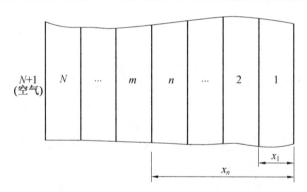

图 5.7　N 层的顺序及基本几何形状

　　在分析散射时,假定电阻片两边介质层中的电场和磁场的形式已知,并规定这些场必须满足一定的边界条件,且薄片一侧的场系数与另一侧相关。由于图 5.7 中的层是从背板向外开始编号的,所以向左增加 x 很方便。因此,正行波将与图 5.8 中的 B 系数相关联。

　　给定层中的电场和磁场分布可看作是

$$E = Ae^{-ikx} + Be^{-ikx} \tag{5.2}$$

$$H = Y(Ae^{-ikx} - Be^{-ikx}) \tag{5.3}$$

式中,A 和 B 为正向和反向波的振幅;Y 为层的固有导纳。

　　在界面处要满足的边界条件为

$$GE^+ = GE^- = J \tag{5.4}$$

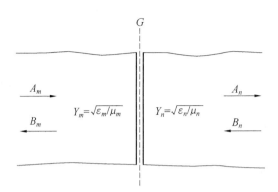

图 5.8   电阻片夹在两个介电层的中间

$$H^+ - H^- = J$$

式中,加号和减号上标表示薄片两侧的场;J 为薄片的电流。

如果电阻片位置或两层之间的边界由 x_n 表示,并将图 5.7 的下标附加到式(5.2)和式(5.3)中以识别两种介质,则式(5.4)产生两个方程:

$$\begin{cases} A_m e^{-ik_m x_n} + B_m e^{ik_m x_n} = A_n e^{-ik_m x_n} + B_n e^{ik_m x_n} \\ Y_m(A_m e^{-ik_m x_n} - B_m e^{ik_m x_n}) = (G + Y_n)A_n e^{-ik_m x_n} + (G + Y_n)B_n e^{ik_m x_n} \end{cases} \tag{5.5}$$

根据 A_n 和 B_n 可以得到 A_m 和 B_m:

$$\begin{cases} A_m = \dfrac{e^{ik_m x_n}}{2Y_m}\left[A_n(Y_m + Y_n + G)e^{-ik_n x_n} + B_n(Y_m - Y_n + G)e^{ik_n x_n}\right] \\ B_m = \dfrac{e^{-ik_m x_n}}{2Y_m}\left[A_n(Y_m - Y_n - G)e^{-ik_n x_n} + B_n(Y_m + Y_n - G)e^{ik_n x_n}\right] \end{cases} \tag{5.6}$$

步进过程首先将任意值分配给 A_1 和 B_1,即与金属板相邻的第一层中域的系数。对于金属衬底,总电场在薄板上消失,因此在式(5.2)中,有 $X=0$,$B_1=-A_1$。因此,当赋值 $A=-1$,$B=-1$ 时,满足该条件。如果没有金属背衬(如果背衬是自由空间),则不会有波向左传播,因此 $B_1=0$,$X=0$。在位于 $x=x_1$ 的第一界面处使用式(5.6),并计算 A_2 和 B_2(在计算机代码中,当穿越边界时,可以用表示变化的更新值来替换一对变量)。该序列被迭代,直到 $N+1$ 层,即结构外部的自由空间。

由于步进是使用 A_1 和 B_1 的任意值启动的,因此 A_{N+1} 和 B_{N+1} 的最终结果与 A_1 和 B_1 的误差量相同。可以假定入射波在结构外部具有单位振幅,而反射波振幅为 R(用于反射系数)。因此,所有的系数都可以通过对 A_{N+1} 标准化来修正。因为归一化常数已知,所以与结构相关联的反射系数 R 简单表示为

$$R = \frac{B_{N+1}}{A_{N+1}} \tag{5.7}$$

2. 斜入射散射

前面的讨论说明了平面多层结构散射中最简单的情况,即垂直入射。将其推广到更复杂的斜入射情况时,其几何结构与图 5.7 和图 5.8 相似,只是波的传播方向不一定垂直于层边界,如图 5.9 所示。在这种情况下,波形式为

$$E = A e^{ik(-x\cos\theta + z\sin\theta)} + B e^{ik(x\cos\theta + z\sin\theta)} \tag{5.8}$$

式中,x 垂直于层边界,向上为正;z 在图 5.9 中为右。

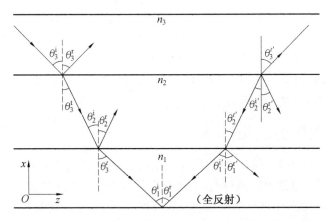

图 5.9 倾斜入射的电波在电介质多层膜中的传播和反射

当 $\theta = 0$ 时,式(5.8)可简化为式(5.2)。

除了前面关于场 z 分量的边界条件之外,Snell 定律还给出了一个额外的限定,即

$$k_m \sin \theta_m = k_n \sin \theta_n \qquad (5.9)$$

显然,如果 k_m 或 k_n 是复数(意味着损耗介质),角的正弦一般也是复数,这样等式才能成立。复角是恒定相位平面和恒定振幅平面不再重合的结果,也就是不存在平面波。虽然"复角"的概念难以把握,但允许 θ 具有复杂性,即

$$\theta = \theta' + i\theta'' \qquad (5.10)$$

$$\sin \theta = \cosh \theta'' \sin \theta' + i \sinh \theta'' \cos \theta' \qquad (5.11)$$

复角与复波的虚部有关,可在透射波的传播中引入衰减因子。

当波斜入射时,必须考虑两种情况:第一种是对于平行于界面的电场,存在一个系数公式,即

$$\begin{cases} A_m = \dfrac{e^{ik_m x_n \cos \theta_m}}{2 Y_m \cos \theta_m} \big[A_n (Y_m \cos \theta_m + Y_n \cos \theta_n + G)\, e^{-ik_n x_n \cos \theta_n} + \\ \qquad\quad B_n (Y_m \cos \theta_m - Y_n \cos \theta_n + G)\, e^{ik_n x_n \cos \theta_n} \big] \\ B_m = \dfrac{e^{-ik_m x_n \cos \theta_m}}{2 Y_m \cos \theta_m} \big[A_n (Y_m \cos \theta_m - Y_n \cos \theta_n - G)\, e^{-ik_n x_n \cos \theta_n} + \\ \qquad\quad B_n (Y_m \cos \theta_m + Y_n \cos \theta_n - G)\, e^{ik_n x_n \cos \theta_n} \big] \end{cases} \qquad (5.12)$$

第二种是对于平行于界面的磁场,其

$$\begin{cases} A_m = \dfrac{e^{ik_m x_n \cos \theta_m}}{2 Y_m \cos \theta_m} \big[A_n (Y_m \cos \theta_n + Y_n \cos \theta_m + G\cos \theta_n + \cos \theta_m)\, e^{-ik_n x_n \cos \theta_n} + \\ \qquad\quad B_n (Y_m \cos \theta_n - Y_n \cos\theta_m + G\cos\theta_n \cos \theta_m)\, e^{ik_n x_n \cos \theta_n} \big] \\ B_m = \dfrac{e^{-ik_m x_n \cos \theta_m}}{2 Y_m \cos \theta_m} \big[A_n (Y_m \cos \theta_n - Y_n \cos \theta_m + G\cos\theta_n + \cos \theta_m)\, e^{-ik_n x_n \cos \theta_n} + \\ \qquad\quad B_n (Y_m \cos \theta_n + Y_n \cos \theta_m - G\cos \theta_n \cos \theta_m)\, e^{ik_n x_n \cos \theta_n} \big] \end{cases}$$

$$(5.13)$$

对于垂直入射情况,首先使用步进程序,以最内层边界处的边界条件用于确定 A_1 和 B_1 之间的关系,然后再逐步穿过连续层,直到达到自由空间。然而,对于斜入射情况,通

常给出最外层入射角,计算第一个最内层的角度。这就存在双步过程,即必须从 $N+1$ 层(自由空间)开始,向内一步,使用 Snell 定律计算每个 θ 值。当程序从内层向外步进以计算 A 和 B 值时,可以被存储,然后根据需要调用。如前所述,反射系数由式(5.7)给出。注意,从图 5.9 可以看出,此过程计算的是镜面反射系数,而不是背向散射反射系数,只有在垂直入射情况下,两者才会重合。

5.2.2　散射的波矩阵法

计算平面多层介质散射的一种方法是波矩阵法。可以用串联矩阵(将双端口的输出侧与其输入侧关联)或散射矩阵(将入射和反射散射系数关联)的方式计算。Collin 很好地解决了串联矩阵法在计算反射和透射系数方面的问题,可以很好地描述散射矩阵参数,因为这些参数通常是双端口网络容易测量的。

图 5.10 所示的分流等效元件电路可以表示吸收器叠层的电路模拟表或电阻表。两个端口的反射波(b_1,b_2)通过散射矩阵 $[s]$ 与入射值(a_1,a_2)相关,其中

$$\begin{bmatrix} b_1 \\ b_2 \end{bmatrix} = [S] \begin{bmatrix} a_1 \\ a_2 \end{bmatrix} = \begin{bmatrix} S_{11} & S_{12} \\ S_{21} & S_{22} \end{bmatrix} \begin{bmatrix} a_1 \\ a_2 \end{bmatrix} \tag{5.14}$$

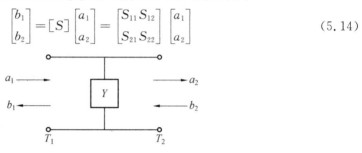

图 5.10　分流等效电路

在反射系数和透射系数方面,S_{11} 是入射到端口 2 的匹配终端时端口 1 处波的反射系数,类似地,S_{22} 是入射到端口 1 的匹配终端时从端口 2 看到的反射系数,并且 S_{21} 和 S_{12} 分别取自端口 2 到 1 和 1 到 2 的透射系数。对于具有导纳 Y 的并联电路,散射矩阵为

$$[S] = \frac{1}{2+Y} \begin{bmatrix} -Y & 2 \\ 2 & -Y \end{bmatrix} \tag{5.15}$$

多层电介质所需的散射矩阵是由电介质层之间的界面以及电介质层的相移定义的。根据界面在左侧($Y-$)和右侧($Y+$)的导纳来描述材料界面,方法是

$$[S] = \frac{1}{Y^- + Y^+} \begin{bmatrix} Y^- - Y^+ & 2Y^+ \\ 2Y^- & Y^+ - Y^- \end{bmatrix} \tag{5.16}$$

导纳取决于极化和入射角,垂直于由下式给出界面的电场时

$$Y_{TM}/Y_0 = \varepsilon_r \sqrt{\mu_r \varepsilon_r - \sin^2 \theta_0} \tag{5.17}$$

平行于界面的电场:

$$Y_{TE}/Y_0 = \sqrt{\mu_r \varepsilon_r - \sin^2 \theta_0 / \mu_r} \tag{5.18}$$

式中,θ_0 为界面左侧的入射角。

厚度为 d 的介质板可能引入相移和损耗,其散射矩阵由下式给出:

$$[S] = \begin{bmatrix} 0 & \exp(-ikd) \\ \exp(ikd) & 0 \end{bmatrix} \tag{5.19}$$

这里

$$k = k_0 \sqrt{\mu_r \varepsilon_r - \sin^2 \theta_0} \tag{5.20}$$

在吸收体设计中直接使用散射矩阵元件,对于计量程序特别有用。如前所述,在频带较宽时,可利用矢量网络分析仪快速测量散射矩阵参数。然而,将双端口器件两侧的反射信号与入射信号联系起来的散射矩阵(图 5.10 中的有关 b_1、b_2 以及 a_1 以及 a_2 的定义)不适用于计算多层结构的反射和透射特性。因此,需要一个矩阵公式,将两个端口一侧的输入和输出与另一侧的相关联(将 a_1 和 b_1 与 a_2 和 b_2 相关联)。为此,通常使用级联矩阵 $[R]$,因为并联元件和间隔器的级联属性由总级联矩阵 $[R_T]$ 给出,其仅仅是分量矩阵的乘积,即

$$[R] = \begin{bmatrix} R_{11} & R_{12} \\ R_{21} & R_{22} \end{bmatrix} = \frac{1}{S_{21}} \begin{bmatrix} (S_{12}S_{21} - S_{11}S_{22}) & S_{11} \\ -S_{22} & 1 \end{bmatrix} \tag{5.21}$$

$$[S] = \frac{1}{R_{22}} \begin{bmatrix} R_{12} & (R_{11}R_{22} - R_{12}R_{21}) \\ 1 & -R_{21} \end{bmatrix} \tag{5.22}$$

波矩阵方法在电路模拟(CA)设计中特别有用,对于电路模拟设计,通常使用 CA 片的测量特性。

5.2.3 近似散射分析程序

尽管当前的 RAM 设计通常基于计算机优化技术,但是仍期望能以尽可能最优的参数完成设计。这说明可以用解析解来确定"初始"导纳参数。此外,RAM 设计实践与过滤波理论密切相关,为此许多工具都可以使用。本节简要介绍一些工具在使用电阻片或电路模拟片(由低损耗双电间隔片隔开)设计宽带吸收材料中的应用。

图 5.11 为近似反射分析电路。如前所述,每个电阻或电路模拟表都可以表示为跨传输线分流的导纳。多元素宽带设计意味着每个分流导纳的反射系数都很小。因此,可以假设总反射系数仅仅是分流元件反射系数之和,并由线路长度的相移进行适当修正。有了这种假设,吸收体的反射系数就可以根据标准函数进行调整。这里的分析类似于 Collin 分析,都使用小反射理论设计多层变压器。事实上,吸收体可以认为是自由空间和极小阻抗之间的转换器。

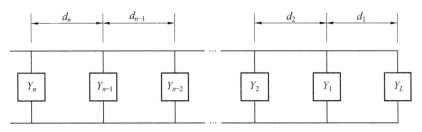

图 5.11　近似反射分析电路

吸收体电路的反射系数 R 近似为

$$R \simeq R_n + R_{n-1} \exp(\mathrm{i}2kd_n) + R_{n-2} \exp[\mathrm{i}2k(d_n + d_{n-1})] + \cdots + \\ R_L \exp[\mathrm{i}2k(d_n + d_{n-1} + \cdots + d_1)] \tag{5.23}$$

其中,多重反射已被忽略。功率反射是 R 绝对值的平方,对于一个并联元件和两个并联电路,功率反射由下式给出:

$$|R|^2 = \begin{cases} 1-2R_1\cos 2\theta, & n=1 \\ 1-2R_1\cos 2\theta - 2R_2\cos 4\theta, & n=2 \end{cases} \tag{5.24}$$

在假定所有线的长度相等($\theta = kd$)的情况下,反射系数假定为实数(为简化示例),并且较小,负载反射系数为 -1(短路)。对于 $n>2$ 的扩展很简单,可以使用标准恒等式将式(5.24)写成 $\cos\theta$ 幂的多项式,从而得出

$$\begin{cases} (1+2R_1) - 4R_1\cos^2\theta, & n=1 \\ |R|^2 = (1+2R_1-2R_2) + (-4R_1+16R_2)\cos^2\theta - 16R_2\cos^4\theta, & n=2 \end{cases} \tag{5.25}$$

当最高幂项外的项系数为 0,可以实现最大限度的扁平化设计:

$$\begin{aligned} R_1 &= 1/2, & n=1 \\ R_1 &= 2/3, & R_2 = 1/6, & n=2 \end{aligned} \tag{5.26}$$

同样,可通过将系数设置为 Chebyshev 多项式系数来实现 Chebyshev 设计(θ_1 在频带边界计算):

$$\left. \begin{aligned} R_1 &= -1/(2\sin\theta_1) \\ R_1 &= 4R_2\sin^2\theta_1 \\ R_2 &= 1/(2-8\sin^2\theta_1 - 2\cos^4\theta_1) \end{aligned} \right\} \begin{aligned} n&=1 \\ n&=2 \end{aligned} \tag{5.27}$$

小反射下,反射系数电导与归一化的通孔分流电导有关

$$R_n \simeq G_n/2 \tag{5.28}$$

当 Salisbury 屏的单位电导为单层最大平面时,这种近似可提供精确的结果。类似地,已知双层情况的精确结果为

$$G_1 = \sqrt{2}, \quad G_2 = 1 - 1/\sqrt{2} \tag{5.29}$$

这与式(5.26)推导出的 $G_1 = 4/3$ 和 $G_2 = 1/3$ 的结果非常接近。其重要性在于,它可以很容易扩展到复杂导纳、附加层和其他不可能精确分析的情况。图 5.12 为式(5.29)中给出的两层设计的精确解决方案,并显示了式(5.26)给出的近似结果。

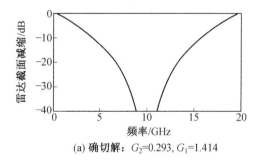
(a) 确切解:$G_2 = 0.293$, $G_1 = 1.414$

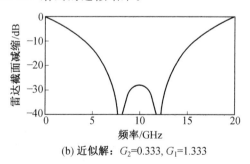
(b) 近似解:$G_2 = 0.333$, $G_1 = 1.333$

图 5.12　双层最大平面吸收体(层厚度 $d_1 = d_2 = \lambda_0/4$)

5.3 介质多层吸收器的设计与性能

理想的雷达吸收器应轻薄、耐用、易于使用、价格便宜且频率覆盖范围较宽。因此,希望能拥有一种结构合理的 RAM 类型,与标准材料相比,其尺寸、质量或成本不受影响,但这种理想的 RAM 尚未出现。自第二次世界大战以来(德国人在战争期间开发了一种磁性 RAM 涂料,用于减少潜艇指挥塔的雷达散射截面),研究人员已经投入了大量精力开发可用于军事应用的吸收器。

为了说明吸收体的设计和性能,本节使用广泛的 RAM 类型加以描述,并对其性能进行分析。重点在宽带吸收器上,从构成多层宽带吸收器的简单组件开始描述。其中,一个基本假设就是 RAM 容量的约束条件。

5.3.1 索尔兹伯里屏和 Dallenbach 层

索尔兹伯里(Salisbury)屏 和 Dallenbach 层是最原始、简单的两种吸收体。Salisbury 屏是通过将电阻片放置在金属板前面的低介电常数垫片上而形成的共振吸收器。Dallenbach 层由金属板支撑的均匀有耗层组成。下面将对两种方法进行分析。

Salisbury 屏的几何形状如图 5.13 所示。在对其性能进行分析时,假设将无限薄的电导为 G 的电阻片放置在距金属板距离为 d 的标准化自由空间。由于通常使用泡沫或蜂窝状垫片,因此介电常数一般在 $1.03 \sim 1.1$ 范围内。为了简化该分析,假定间隔物的标准介电常数为自由空间的标准介电常数,即 $\varepsilon_r = 1$

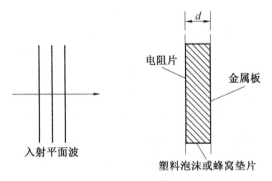

图 5.13 Salisbury 屏的几何形状

由式(5.7)可知,如果 B_{N+1} 为 0,则介质多层的反射系数为 0。对于简单的 Salisbury 屏情况,代入式(5.6)得

$$B_{N+1} = B_2 = \frac{e^{-ikd}}{2}\left[-Ge^{-ikd} - (2-G)e^{ikd}\right] \tag{5.30}$$

这里 $Y_1 = Y_2 = 1$(自由空间),$K_2 = K_0 = 2\pi/\lambda$(自由空间波数),只有当括号中的值为 0 时,$B_2 = 0$。这就要求括号中的两个指数值相等,相位角相反。在这种情况下,式(5.30)变成

$$B_2 = -e^{-ikd}\frac{e^{ikd} + e^{-ikd}}{2} = -e^{-ikd}\cos\frac{2\pi d}{\lambda} \tag{5.31}$$

$B_2 = 0$ 要求 $\cos(2\pi d/\lambda) = 0$,也就是

$$\begin{cases} 2\pi/\lambda = \dfrac{\pi}{2} + n\pi, \quad n = 0, 1, 2, \cdots \\ d = \dfrac{\lambda}{4} + \dfrac{n\lambda}{2} \end{cases} \qquad (5.32)$$

为了实现零反射率,Salisbury 屏需要一个 377 Ω/sq 的电阻片,该电阻片应放置在完全反射背衬前 1/4 电波长奇数倍位置处。

在满足式(5.31)的条件下,可以使用具有更高介电常数的间隔物,但是带宽将随之降低,因为在这种情况下,k 大于 k_0。因此,给定的频率变化将导致 B_2 的变化大于间隔物($\varepsilon_r = 1$)的变化。

Salisbury 屏的另一种计算方式是利用传输线理论。当传输线波长为电 1/4 时,金属板上的短路将转换为电阻片处的开路($G = 0$)。薄板和开路导纳的总和(通过入射波的值)恰好是薄板导纳即 1/377 Ω/sq,提供了与之相匹配的负载,因此避免反射发生。

隔栅距离为 1.27 cm 的 Salisbury 屏的理论性能如图 5.14 所示。注意,在 5.9 GHz($\lambda = 5.08$ cm)的频率下,反射系数达到最小值。当电阻率为 377 Ω/sq 时性能最好,电阻率降低 20%(300 Ω/sq)时,性能仍可达到 −18 dB。然而,当电阻率为 200 Ω/sq,在所设计的间距下反射系数仅为 −10 dB。

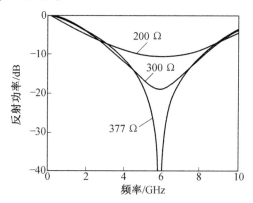

图 5.14　隔栅距离为 1.27 cm 的 Salisbury 屏的理论性能

为了在较低的频率下获得优异的性能,必须增大间距(波长变长),如图 5.15 所示。可以观察到一对零位,其中一个零位所在频率是另一个的 3 倍,最小反射率与图 5.14 相同。由于设计的间距可以是 1/4 波长的任意奇数倍,因此,零点将出现在最低频率的奇整数倍处。

Salisbury 屏已广泛应用于商业吸收材料。但是,大间隔的快速共振将使其在很宽的频率范围内失效。为了提高机械刚度,垫片可以使用塑料、蜂窝或更高密度的泡沫。为了保持电间隔,电阻片被安装在电介质层上,该电介质层的厚度为电 1/4 波长。如前所述,通过使用较高介电常数的隔离物获得机械刚度的增益和厚度的减小,是以减小吸收体带宽为代价的。

前面的分析假定平面波垂直入射到吸收体上。Salisbury 屏在非垂直角度的镜面性能也是值得探讨的。平行偏振和垂直偏振的反射系数大小可近似由下式给出

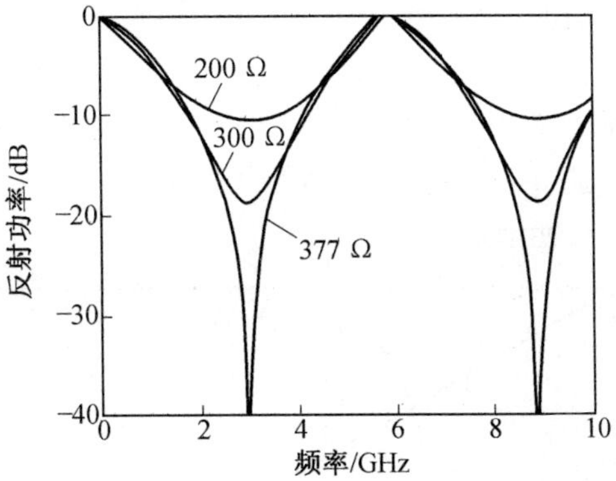

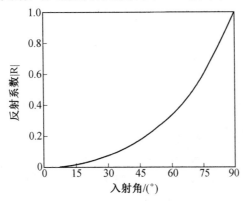

图 5.15　隔栅距离为 2.54 cm 的 Salisbury 屏的理论性能

$$|R_\perp| = |R_\parallel| \simeq \frac{1 - \cos\theta}{1 + \cos\theta} \tag{5.33}$$

式中，θ 为偏离法向的角度。

Salisbury 屏的反射系数与入射角的关系如图 5.16 所示。

图 5.16　Salisbury 屏的反射系数与入射角的关系

当角度为 $35°$，性能优于 20 dB（即 $|R| < 0.1$）。对一般 RAM 的性能与入射角的函数关系进行了更为精确的分析，但误差不会大于 5 dB，因此可以用来粗略估计 Salisbury 屏的角度特性。

另一个简单的谐振吸收器，即 Dallenbach 层，由金属背板和均匀损耗层构成。材料表面的反射归因于两种介质间界面波动引起的阻抗变化。因此，如果找到相对于自由空间阻抗为 1 的材料，则该表面将没有反射。在这种情况下，衰减将取决于材料的损耗特性和电介质厚度。

然而，在任何频率范围内很难找到相匹配的介电和磁特性的 RAM，因此问题变成如何利用现有材料优化给定频率下的损耗。对于由导电板支撑的单材料层，反射系数为

$$R = \frac{\sqrt{\mu_r/\varepsilon_r}\tanh(-ikd) - 1}{\sqrt{\mu_r/\varepsilon_r}\tanh(-ikd) + 1} \tag{5.34}$$

式中，d 为层厚度。

图 5.17 和图 5.18 提供了几种材料的反射曲线，反射率是用波长表示材料厚度的函

数,介电常数和磁导率可以用极坐标表示。

应注意,首先,对于非磁性材料($\mu_r=1$),当材料的厚度接近$1/4$波长时,RCSR性能最佳,图5.17中的实体曲线能够说明一点。纯磁性吸收体(如果可用)在半波长附近具有最佳厚度,如图5.18所示。此外,还应注意由对角线表示的$\varepsilon_r=\mu_r$所构成的材料随波长增加,提供的损失(dB)也呈线性增加。

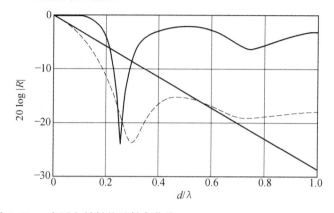

图 5.17   主要电材料的反射率曲线

实线为$|\varepsilon_r|=16$,$|\mu_r|=1$,$\delta_\varepsilon=20°$,$\delta_\mu=0°$;虚线为$|\varepsilon_r|=25$,$|\mu_r|=16$,$\delta_\varepsilon=30°$,$\delta_\mu=20°$;对角线为$|\varepsilon_r|=|\mu_r|=4$,$\delta_\varepsilon=\delta_\mu=15°$

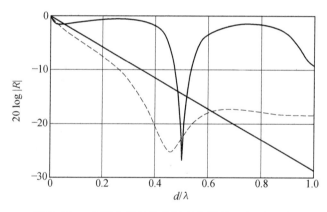

图 5.18   主要电材料的反射率曲线($|\varepsilon_r|=|\mu_r|$)

对于非法线入射,均质层的行为类似于 Salisbury 屏。当该层的折射率远大于 1 时,Dallenbach 层的角度性能比 Salisbury 屏性能更好。

另一个问题涉及 Dallenbach 吸收器可实现的分数带宽。Ruck 提出了理想 Dallenbach 层的近似带宽,假设材料厚度和最大 RCSR 的波长为λ_0,给定的反射水平 R,分数带宽 B 远小于 1,有

$$B=2\left[\frac{f-f_0}{f_0}\right]\simeq\frac{2|R|}{\pi|\mu_r-\varepsilon_r|(d/\lambda_0)} \tag{5.35}$$

图 5.19 为 RCSR 带宽与具有电或磁损耗的单层厚度的关系。注意,当材料厚度接近$\lambda/4$,具有纯介电损耗的材料分数带宽约为20%,比 Salisbury 屏小一些。对于磁性材料,

带宽随着材料厚度降低而增大。然而,在较小的厚度,计算值将不准确,因为较大的带宽与初始假设不符。但是,在极限范围内,无限薄的磁损耗层理论上等效于具有无限带宽的Salisbury屏。

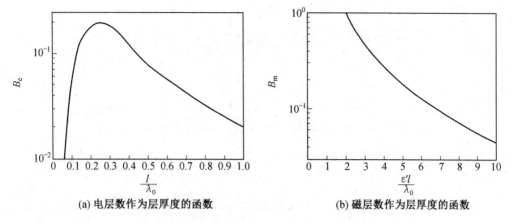

(a) 电层数作为层厚度的函数 (b) 磁层数作为层厚度的函数

图 5.19 RCSR 带宽与具有电或磁损耗的单层厚度的关系

高斯假设并分析了另一种单层吸收器,即将雷达吸收锡条的细丝混合在介电常数统一的固体黏合剂中。入射波的衰减通过长丝的电阻耗散实现此外,黏合剂中的细丝间距为细丝长度的 1/2 至 1/3。

对两种情况进行了分析,第一种情况是基体中有规则的细丝排列,第二种情况是具有随机取向的细丝排列。对于 2 cm 厚、有规则阵列的灯丝来说,计算的 RCSR 在 10 ～ 100 GHz 之间超过 30 dB。对于随机取向的灯丝,RCSR 在 10 GHz 时为 13 dB,并且 30 ～ 100 GHz 之间大于 30 dB。应该注意的是,所引用的 RCSR 值是理论值,并非样品的测量值。

5.3.2 多层介电吸收器

如前所述,使用薄的单层吸收器很难实现雷达吸收器所需要的带宽。因此,研究者在使用多层吸收器来扩展带宽方面已经进行了许多工作。所采用的方法与用于金字塔形和其他几何过渡吸收器的方法相同 —— 随进入材料的距离而缓慢改变有效阻抗,以使反射最小化。本小节将讨论两种重要的多层吸收体:Jaumann 吸收体和梯度介电吸收体。

添加额外的电阻片和垫片以形成 Jaumann 吸收器,来提高 Salisbury 屏的带宽。为了获得最优的性能,片材的电阻率应从前片的高值变化到后片的低值。带宽取决于所用的片材数量,如图 5.20 和表 5.1 所示。注意,所预期的性能是将片之间的间距固定为 7.5 mm(10 GHz 处的 1/4λ),并使用二次电阻获得的。表 5.1 中显示了性能的分数带宽略低于 20 dB,四层结构的带宽大约是单层的 4 倍,但是厚度是单层的 4 倍(3 cm 对 7.5 mm)。

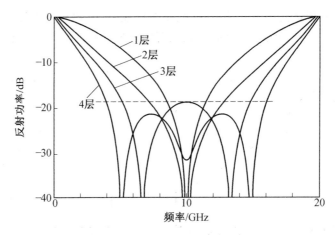

图 5.20　多层 Jaumann 吸收器的预期性能

表 5.1　Jaumann 吸收器的带宽

层数	分数带宽	总厚度 /cm
1	0.27	0.75
2	0.55	1.50
3	0.95	2.25
4	1.16	3.00

　　有文献报道的六层间隔物($\varepsilon_r = 1.03$),层间距为 3.56 mm(可能是聚苯乙烯泡沫塑料)的 RAM,Jaumann 吸收器的性能更好。表 5.2 为有损耗片的电阻率值,图 5.21 为六层 Jaumann 吸收器的预期性能曲线。注意,所使用的近似二阶锥会导致电阻率从前到后发生较大变化。如在 7 ~ 15 GHz 范围内测得的平均 RCSR 为 30 dB,在 8 GHz 时最小为 27 dB(预计平均 RCSR 为 34 dB)。文献中提出了一个重要的观点是,如果要在实践中达到较高的衰减程度,就需要均匀且各向同性的损耗层。

　　与 Jaumann 吸收体一样,薄层电阻值逐渐变小可减少反射,梯度电介质可用于匹配自由空间和理想导体之间的阻抗。设计这种吸收体的最佳方法是根据入射角和厚度分析进入材料所需的 ε 和 μ 与距离的函数,以给定频率范围内的 $|R|$。遗憾的是,这个问题还未得到解决。

表 5.2　有损耗片的电阻率值

层数	电阻率 /($\Omega \cdot sq^{-1}$)
前	9 425
2	2 513
3	1 508
4	943
5	471
后	236

　　一个比较成功的方法是假设模型中特征值为 ε 和 μ 的波进入吸收器,并与距离 z 存在

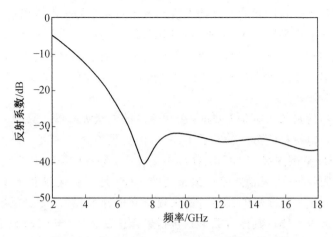

图 5.21　六层 Jaumann 吸收器的预期性能曲线

函数关系，然后求解反射系数。许多模型已被用于锥化（包括线性、指数和 Jacobs），以使材料每波长 ε_r 的变化率为常数。表 5.3 列出了从中选取的六种锥度，以及 20 dB RCSR 在最低频率下所需的厚度。注意，当最小厚度约为 0.3λ 时，意味着即使在理想情况下，20 dB 的性能在 2 GHz 以下，吸收体的厚度接近 5 cm。

表 5.3　几种分级介电 RAM 设计

变化类型	$\mu_r'(z)$	$\mu_r''(z)$	$\varepsilon_r'(z)$	$\varepsilon_r''(z)$	$R \leqslant 0.1$ 时 l/λ 最低限度
理想 Jacobs	1	0	$(1-z/l)^{-2}$	$\ll 1$	0.3
有限 Jacobs	1	0	$(1-0.95z/l)^{-2}$	1/2	0.42
线性	1	0	1	$3z/l$	0.55
指数	1	0	1	$0.285\mathrm{e}^{(2.73z/l)}$	0.35
指数	1	0	$2^{z/l}$	$5^{z/l}-1$	0.56
三层离散	1	0		$0.58(0.344l)$	
近似指数	1	0	1	$1.16(0.359l)$ $3.48(0.297l)$	0.33

　　通常，实际的 RAM 梯度介质是由不连续层构成的，每层的属性都会改变。目前商业领域已有相关产品问世（Emersion 和 Cuming 生产的一系列梯度介质吸收器）。例如，AN-74 是一种厚约 3 cm 的三层泡沫吸收器，可提供 20 dB 的 RCSR，最低可达 3.5 GHz。

　　实际上，还存在其他类型的 RAM，本质上都是分级介质吸收器。一种是表面看起来均匀的单层吸收体，由于生产方法不同，这种吸收器属于梯度介质；另外一种是使用几何过渡来提供有效的介电梯度。

　　减少平面吸收体正面反射的目的是产生本征阻抗接近于 1 的材料。两个常见的采用这种技术吸收器的例子是毛发型和碳负载低密度泡沫吸收器。这两种吸收器都在一定程度上使用了导电梯度。

　　最初的毛发型吸收器是由 NRL 在 20 世纪 40 年代末开发的，用于覆盖 2.5～25 GHz

的电波暗室。这种吸收器由卷曲的动物毛发和氯丁橡胶中的导电炭黑混合而成。制备工艺大致为在浸渍过程后平铺干燥,在重力作用下,往往会产生介电梯度,因为更多的导电混合物最终会流向背面。目前市面上可用的毛发型吸收剂的材料厚度大约为半个波长,其 RCSR 为 20 dB。与金字塔吸收体和梯度介质相比,毛发型吸收体的 RCSR 性能较差,使用量往往也更少。

毛发型吸收器的最新版本是 Plessey 公司生产的网状吸收器。具有 1.2 cm 厚的导电涂层的塑料网。导电材料的量从前到后不同,进而提供了介电梯度。该网络的 RCSR 性能在 6 ～ 100 GHz 范围内优于 10 dB,在 8 ～ 14 GHz 频段的 RCSR 性能优于 15 dB。

另一类单层吸收体(也是消声室中最常用的一种)是依靠碳载泡沫以提供损耗,但也使用从自由空间到高损耗介质的几何过渡来提供介电梯度,从而减少反射。最常用的消声室的形式如锥形吸收体。其他常见形状包括聚合正弦波(卷积)波前、锥形和非法向角度楔形。这些类型的吸收器可以提供超过 50 dB 的反射损耗,但厚度可能需要超过 10λ。

随着对灵敏度范围的要求不断提高,研究者需要对几何过渡吸收器性能的分析投入越来越多的精力。几种可用于暗室的吸收器中,对不同形状如矩形、正弦形和三角形的反射系数进行比较,假设构成吸收器的基础材料在前部轮廓后方延伸无限距离,由于入射波所达到的空间阻抗逐渐变小,三角形剖面的性能明显优于其他两种剖面。

本章参考文献

[1] 杨世海. 复角法存在的问题及其改进研究[D]. 北京:国防科学技术大学,2002.

[2] 周希朗. 基本电路单元得网络参量[D]. 上海:上海交通大学,2004.

[3] 林蒙. 基于分层矩阵的目标电磁散射特性的研究[D]. 哈尔滨:哈尔滨工程大学,2019.

[4] 刘晓菲. 单层吸波材料[D]. 西安:西北工业大学,2017.

[5] 叶昉. 结构吸波型 SiCf/Si(B)CN 得设计/制备基础与性能优化[D]. 西安:西北工业大学,2015.

[6] 刘晓菲. 高温材料吸波型 SiCf/Si₃N₄ 复材优化设计基础[D]. 西安:西北工业大学,2017.

[7] 王保成,戴革林,方延平,等. RCSR 技术及其军事应用研究[J]. 物理与工程,2007,17(5):1-2.

[8] 李凡. Jaumann 吸波结构的研究[J]. 航天电子对抗,1994(12):38-40.

[9] FANG X, ZHAO C Y, BAO H. Design and analysis of Salisbury Screens and Jaumann absorbers for solar radiation absorption[J]. Frontiers in Energy, 2018(12):158-168.

[10] CHARLES A, TOWERS M S, MCCOWEN A. Sensitivity analysis of Jaumann absorbers[J]. IEE Proceedings-Microwaves, Antennas and Propagation, 1999, 17:257-272.

[11] 韩美康. 电磁波吸收的基本理论[D]. 西安:西北工业大学,2018.

[12] 胡莉,席锋,唐裕霞. 散射矩阵法研究介质波阻抗对声子晶体传输特性的影响[J]. 材料导报,2013,27(11):143-146.

[13] 李京娓. 雷达散射截面积研究[J]. 研究与开发,2016(3):21-24.

[14] 吴顺君,梅晓春. 雷达信号处理和数据处理技术[M]. 北京:电子工业出版社,2008.

[15] 曾勇虎,王国玉,陈永光,等. 动态雷达目标 RCS 的统计分析[J]. 电波科学学报, 2007,22(4):610-613.

[16] WU M Z,ZHAO Z S,HE H H,et al. Preparation and microwave characteristics of magnetic iron fibers [J]. J Magnetism and Magnetic Materials,2000,217(1-3): 89-92.